Access 2010
数据库应用基础教程

骆焦煌 曹卿 陶庆凤 编著

清华大学出版社
北 京

内容简介

本书依据全国计算机等级考试二级 Access 数据库考试大纲的要求编写,同时增加了综合性管理系统开发与实现的介绍。本书以 Access 2010 版本为平台,详细介绍了数据库的基础知识和实践操作。本书共分为 9 章,包括数据库基础知识、Access 2010 数据库基本操作、数据表的创建与使用、查询、窗体、报表、宏、模块与 VBA 管理、学生成绩管理系统开发案例。

本书在内容上力求通俗易懂、图文并茂、循序渐进,书中每个例题和任务都通过了调试验证,易于学习与掌握。本书配有详细的教学课件、例题源码、习题答案、课程教学大纲、教案和视频等资源。

本书可以作为高等院校各专业入门级桌面型数据库的学习教材,也可以作为全国计算机等级考试的教材,还可以作为兴趣爱好者的自学指导用书。

图书在版编目(CIP)数据

Access 2010 数据库应用基础教程/骆焦煌,曹卿,陶庆凤编著. —北京:清华大学出版社,2020.9
(2024.7重印)

ISBN 978-7-302-55796-8

Ⅰ.①A… Ⅱ.①骆… ②曹… ③陶… Ⅲ.①关系数据库系统—教材 Ⅳ.①TP311.138

中国版本图书馆 CIP 数据核字(2020)第 110981 号

责任编辑:颜廷芳
封面设计:常雪影
责任校对:李 梅
责任印制:沈 露

出版发行:清华大学出版社

  网 址: https://www.tup.com.cn, https://www.wqxuetang.com
  地 址: 北京清华大学学研大厦 A 座 **邮 编:** 100084
  社 总 机: 010-83470000 **邮 购:** 010-62786544
  投稿与读者服务: 010-62776969, c-service@tup.tsinghua.edu.cn
  质量反馈: 010-62772015, zhiliang@tup.tsinghua.edu.cn
  课件下载: https://www.tup.com.cn,010-83470410

印 装 者: 涿州市般润文化传播有限公司

经 销: 全国新华书店

开 本: 185mm×260mm **印 张:** 23.25 **字 数:** 536 千字

版 次: 2020 年 9 月第 1 版 **印 次:** 2024 年 7 月第 3 次印刷

定 价: 59.00 元

产品编号:084539-01

前　言
FOREWORD

　　Access 是一款 Windows 环境下的桌面型数据库管理软件，是 Microsoft Office 系列办公软件之一，也是实际工作中常用的数据库软件之一。Access 提供了一组功能强大的工具，这些工具的功能十分完善，能够满足专业开发人员的需要。

　　Access 2010 是供零基础读者学习的常用桌面型数据库。本书依据全国计算机等级考试二级 Access 数据库考试大纲的要求编写，同时增加了综合性管理系统开发与实现的介绍。

　　本书详细介绍了 Access 2010 数据库的基础知识和实践操作，注重理论与实践相结合，通过大量的实例和任务，由浅入深、循序渐进地展开知识的讲解。

　　本书共分为 9 章，具体内容如下。

　　第 1 章包括数据库概述、关系数据库、数据库设计基础。

　　第 2 章包括 Access 2010 数据库的安装、Access 2010 数据库的创建。

　　第 3 章包括表的创建、建立表间的关系、表记录的操作、表的维护、数据的导出与导入。

　　第 4 章包括查询概述、选择查询、查询中的计算、交叉表查询、参数查询、操作查询、SQL 查询。

　　第 5 章包括创建简单窗体、使用设计视图创建窗体、窗体控件。

　　第 6 章包括报表概述、创建报表、使用"报表设计"创建报表、报表预览。

　　第 7 章包括宏的概述、宏的常用操作、宏的创建、宏的执行与调试。

　　第 8 章包括模块概述、VBA 程序设计基础、VBA 流程控制语句、数组、VBA 过程调用与参数传递、VBA 数据库访问技术、VBA 调试。

　　第 9 章包括系统分析与设计、数据库设计、学生成绩管理系统实现。

　　本书在内容上力求通俗易懂、图文并茂、循序渐进，便于教与学。书中每个例题和任务的操作步骤均阐述详细且通过了调试验证，易于学习与掌握。

　　本书可以作为高等院校各专业入门级桌面型数据库的学习教材，也可以作为全国计算机等级考试的教材，还可以作为兴趣爱好者的自学指导用书。为方便教学，本书配有详细的教学课件、例题源码、习题答案、课程教学大纲、教案和视频等资源。

本书由骆焦煌、曹卿、陶庆凤编著，由骆焦煌负责全书的统稿工作。本书的出版得到2017年福建省本科高校重大教育教学改革研究项目的资助（课题编号：FBJG20170333）。本书在编写时参阅了大量的书籍，在此特向作者表示感谢。

由于编著者水平有限，书中难免有疏漏之处，敬请广大同行和读者批评指正。

编著者

2020 年 5 月

目 录
CONTENTS

数据库基础知识

学习目标

1. 了解数据库的发展历程；
2. 理解数据库的基本概念；
3. 掌握数据模型的基本术语和表示方法；
4. 掌握关系数据库；
5. 理解数据库的设计步骤。

1.1 数据库概述

数据库技术产生于 20 世纪 60 年代末,是数据管理的有效技术,也是计算机科学的重要分支。目前,数据库技术已被广泛应用于各种日常管理信息中。数据库技术是信息系统的核心和基础,它是为实现一定目的而按某种规则组织起来的数据集合,比如,学生档案信息管理、酒店客户信息管理、银行客户信息管理等。

1.1.1 数据库发展历程

数据库技术的发展可以分为人工管理、文件系统和数据库管理系统 3 个阶段。

1. 人工管理

20 世纪 50 年代中期,计算机主要用于科学计算,当时的计算机硬件只有磁带、卡片和纸带等,还没有磁盘等直接存储设备;软件状况是没有操作系统和数据管理,数据处理方式是批处理。

2. 文件系统

20 世纪 50 年代后期到 60 年代中期,随着硬件、软件技术的发展,硬件方面已经有了磁盘、磁鼓等直接存储设备;软件方面已经有了专门的数据管理软件——文件系统;数据处理方式不但有批处理,而且能够联机实时处理。

3. 数据库管理系统

20 世纪 60 年代末,硬件方面有了大容量磁盘。软件方面,为编制和维护系统软件,应用程序所需成本相对增加,有了联机实时处理、分布式处理的应用需求。如果仍然用文件系统来管理数据,已不能满足应用的需求。为解决多用户、多任务共享数据的要求,实现大量的联机实时数据处理,数据库技术应运而生,出现了统一管理数据的专门软件系统——数据库管理系统。

1.1.2 数据库系统的组成

1. 数据

数据(Data)是数据库中存储的基本对象,是描述事物的符号。数据的形式可以是文字、图形、图像、声音等。数据包括两个方面:一是描述事物特征的数据内容;二是存储在某一种媒体上的数据形式。

2. 数据库

数据库(DataBase,DB)是指存储在计算机内、有组织、可共享的数据集合。数据库中的数据是按一定的数据模型组织、描述和存储的,具有较小的冗余度、较高的数据独立性和易扩展性,并且可以被多个用户、多个应用程序共享。

3. 数据库管理系统

数据库管理系统(Data Base Management System,DBMS)是用户与操作系统之间的数据管理软件。数据库在建立、使用和维护时由数据库管理系统统一管理和控制。

数据库管理系统的主要功能有以下 4 个方面。

(1) 数据定义功能。提供数据定义语言(Data Definition Language,DDL),用于定义数据库中的数据对象。

(2) 数据操纵功能。提供数据操作语言(Data Manipulation Language,DML),用于操纵数据,实现对数据库的基本操作,如查询、插入、更新和删除等。

(3) 数据库的运行和管理。保证数据的安全性、完整性、一致性和多用户对数据的并发处理等。

(4) 数据库的建立和维护功能。提供数据库数据输入、批量装载、数据库转储、介质故障恢复、数据库的重组织及性能监视等功能。

4. 数据库应用系统

数据库应用系统(DataBase Application System,DBAS)是指系统开发人员利用数据库系统资源开发的面向某一类实际应用的软件系统,如学生档案信息管理系统、酒店客户信息管理系统、银行客户信息管理系统等,都是以数据库为基础和核心的计算机应用系统。数据库应用系统主要是面向某领域的终端用户。

5. 数据库管理员

数据库管理员(DataBase Administrator,DBA)是指从事管理和维护数据库管理系统的相关工作人员的统称,主要负责业务数据库从设计、测试到部署交付的全生命周期管理。

6. 数据库系统

数据库系统(DataBase System,DBS)是指在计算机系统中引入数据库后的系统构成,一般由计算机系统(CS)、数据库、数据库管理系统、数据库管理员和用户(Users)组成的具有高度组织性的整体。

1.1.3 数据库系统的特点

与人工管理和文件管理相比,数据库系统管理数据具有以下特点。

1. 数据结构化

数据库系统实现了整体数据的结构化,这是数据库最主要的特征之一,也是数据库系统与人工管理和文件管理的本质区别。在数据库系统中,数据不再针对某一应用,而是面向全组织;不仅数据内部是结构化的,整体数据也是结构化的,数据之间存在着联系。

2. 数据的共享性

数据库系统从整体的角度看待与描述数据,使数据面向整体。这些数据可以被多个用户、多个应用程序共享使用,可以大大减少数据冗余,节约存储空间,避免了数据之间的不相容性与不一致性。

3. 数据的独立性

数据的独立性包括数据的物理独立性和逻辑独立性。物理独立性是指数据存储在磁盘的数据库中,由数据库管理系统进行统一管理,用户的应用程序只需使用简单的逻辑结构操作数据,无须考虑数据在存储器上的物理位置与结构。

逻辑独立性是指用户的应用程序与数据库的逻辑结构是相互独立的,即数据的逻辑结构发生改变,用户的程序可以不改变。

4. 数据的存储粒度

在文件系统中,数据存储的最小单位是记录,而在数据库系统中,数据存储的粒度可以小到记录中的一个数据项。因此,数据库中数据存取的方式非常灵活,便于对数据的管理。

5. 数据由 DBMS 统一管理和控制

数据库的共享是并发的(Concurrency)共享,即多个用户可以同时存取数据库中的数据,甚至可以同时存取数据库中的同一个数据。

6. 为用户提供了友好的接口

用户可以使用交互式的命令语言,如结构化查询语言 SQL(Structured Query Language)对数据库进行操作,也可以把普通的高级语言,如 C♯语言等和 SQL 结合起来,从而把对数据库的访问和对数据的处理有机地结合在一起。

1.1.4 数据模型

模型(Model)是现实世界的特征和抽象,如一架航模飞机、一辆汽车模型都是具体的事物模型。数据模型也是一种模型,只不过模拟的对象是数据。根据模型应用的不同层次和目的,可将模型分为概念模型和数据模型。概念模型用于数据库的设计,数据模型是对数据的建模,主要包括层次数据模型、网状数据模型和关系数据模型。

1. 概念模型

概念模型用于信息世界的建模,是现实世界到信息世界的第一层抽象。概念模型是数据库设计的有力工具,也是数据库开发人员与用户进行交流的语言,因此概念模型要有较强的表达能力。目前,最常用的概念模型是实体—联系模型。

(1)概念模型中的常用术语如下。

① 实体。指客观存在并可相互区别的事物。实体可以是具体的人、事或物,也可以是抽象的概念或联系。例如,一辆车、一名学生、一张数据表、一门课程等都是实体。

② 属性。指实体所具有的某一特性。一个实体可以由一个或多个属性构成。例如,一名学生是实体,他的姓名、性别、出生日期等为属性。

③ 关键字。用来唯一标识实体的属性或属性组合。例如,一名学生是实体,学生的学号就是这个实体的关键字。

④ 联系。指实体之间的对应关系,它反映了现实世界中事物之间的相互关联。

⑤ 实体型。属性值的集合表示一个实体,而属性的集合表示一种实体的类型,称为实体型。例如,学生(学号、姓名、出生日期、专业、就读学校)就是一个实体型。

⑥ 实体集。同一类型的实体集合称为实体集。例如,一所学校的全体学生就是实体集。在数据库中用数据表存储同一类实体,即实体集,表中包含的字段就是实体的属性,表中的每一行记录就是一个实体。

⑦ 域。指属性的取值范围。例如,学生的学号属性这个域就是由第一个学生的学号到最后一个学生的学号所构成的集合。

下面以学生表和成绩表为例,对上面的几个术语进行说明,学生表和成绩表信息如表 1.1 和表 1.2 所示。

表 1.1 学生表

学号	姓名	性别	班级
101	小明	女	18 信计
102	小骆	男	18 电商
201	小陈	女	18 信管

表 1.2 成绩表

学号	课程名	成绩	学分
102	网页设计	77	2
101	C 语言	80	2.5
201	数据库	79	2

学生表、成绩表是实体;学生表的属性有学号、姓名、性别和班级,成绩表的属性有学号、课程名、成绩和学分;学生表和成绩表的关键字是学号;学生表、成绩表都是实体型和实体集;学生表的性别属性域就是由男和女构成的集合,成绩表的成绩属性域就是由 0 ~ 100 构成的集合。学生表和成绩表之间的联系就是学号属性。例如,要查找小明 C 语言课程的成绩,首先在学生表中查找姓名属性,得到小明的学号是 101,然后通过学号 101 到成绩表查找学号属性,得到 C 语言成绩为 80。可见实体集(数据表)之间是有联系的,学生表依赖于成绩表,而学号是联系两个实体集的纽带,离开了成绩表,学生表的信息将

不完整;同样,离开了学生表,成绩表的信息也不完整。

(2) 概念模型的表示方法。概念模型设计的常用方法是实体关系方法(E-R 方法),也称为 E-R 图或 E-R 模型,用 E-R 图对具体数据进行抽象加工,将实体集合抽象成实体类型,用实体间的关系反映现实世界事物间的内在关系。

E-R 图有以下 3 个要素。

实体:用矩形表示,并在矩形框内标注实体名称。

属性:用椭圆表示,并用直线将其与相应的实体型连接起来。

联系:用菱形表示,并在菱形框内标注联系名,通过直线分别将与其有关的实体型连接起来,同时在直线上标注联系的类型($1:1$、$1:n$ 或 $m:n$)。图 1.1 所示为学生表和课程表这两个实体以及彼此之间的联系。

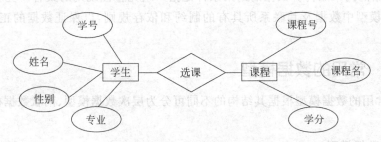

图 1.1 学生表与课程表的 E-R 图

联系的 3 种类型如下。

① 一对一($1:1$)联系。如果对于实体集 A 中的每一个实体,实体集 B 中只能有一个实体与之联系;反之亦然,则称实体集 A 与实体集 B 具有一对一联系,标记为 $1:1$。例如,人与身份证这两个实体型,一个人只能拥有一张身份证,一张身份证只能属于一个人拥有,因此,人与身份证之间存在一对一联系。

在数据库中,一对一联系表现为主表中的每一条记录只与相关表中的一条记录相关联。例如,人事部门的教师名单表和财务部门的教师工资表之间就是一对一联系,因为一所学校里的一名教师在同一时间只能领取一份工资。

② 一对多($1:n$)联系。如果对于实体集 A 中的每一个实体,实体集 B 中有 n 个实体(n 大于等于 0)与之联系;反之,对于实体集 B 中的每一个实体,实体集 A 中至多只有一个实体与之联系,则称实体集 A 与实体集 B 具有一对多联系,标记为 $1:n$。例如,一个班级拥有多个学生,一个学生只能够属于某个班级。

在数据库中,一对多联系表现为主表中的每一条记录与相关表中的多条记录相关联。即 A 表中的一条记录在 B 表中可以有多条记录与之对应,但 B 表中的一条记录最多只能与 A 表中的一条记录对应。

③ 多对多($m:n$)联系。如果对于实体集 A 中的每一个实体,实体集 B 中有 n 个实体(n 大于等于 0)与之联系;反之,对于实体集 B 中的每一个实体,实体集 A 中也有 m 个实体与之联系,则称实体集 A 与实体集 B 具有多对多联系,标记为 $m:n$。例如,一个学生可以选修多门课程,一门课程可以被多个学生选修。

在数据库中,多对多联系表现为主表中的多条记录在相关表中同样可以有多条记录与之对应。即 A 表中的一条记录在 B 表中可以对应多条记录,而 B 表中的一条记录在 A 表中也可以对应多条记录。

2. 数据模型的组成要素

数据模型由数据结构、数据操作和数据的约束条件 3 个部分组成。

(1) 数据结构。数据结构是所研究对象的集合,这些对象是数据库的组成元素,如表中的字段、记录、名称等。数据结构分为两类,一类是与数据类型、内容、性质有关的对象;另一类是与数据之间的联系有关的对象。

(2) 数据操作。数据操作是指对数据库中各种对象的实例(值)允许执行的操作的集合,包括操作及有关的操作规则。

(3) 数据的约束条件。数据的约束条件是指一组完整性规则的集合。完整性规则是给定的数据模型中数据及其联系所具有的制约和依存规则,以保证数据的正确、有效和保存。

1.1.5 常用的数据模型

目前,常用的数据模型根据其结构的不同可分为层次数据模型、网状数据模型和关系数据模型。

1. 层次数据模型

层次数据模型是指用一棵有向树的数据结构表示各类实体以及实体间的联系。树中每一个节点代表一条记录类型,树状结构表示实体型之间的联系,节点之间用有向线连接。层次数据模型是最早用于商品数据库管理系统的数据模型。

层次数据模型具有以下特征。

(1) 有且仅有一个节点,无父节点,它为树的根。有且仅有一个节点没有双亲,该节点就是根节点。

(2) 其他节点有且仅有一个父节点(根以外的其他节点有且仅有一个双亲节点)。这就使层次数据库系统只能直接处理一对多的实体联系。

在层次数据模型中,同一双亲的子节点称为兄弟节点,没有子节点的节点称为叶节点。

图 1.2 所示为学院、教师、学生之间的层次数据模型。

图 1.2 层次数据模型示例

2. 网状数据模型

网状数据模型是指用有向图的网络结构表示实体类型及其实体之间联系的模型。

现实世界中事物之间的联系更多的是非层次关系的联系,用层次数据模型表示这种关系很不直观,网状数据模型克服了这一弊端,可以清晰地表示这种非层次关系。

网状数据模型具有以下特征。

(1) 允许有一个以上的节点无双亲。

(2) 至少有一个节点可以有多于一个的双亲。

网状数据模型中每个节点表示一个记录型(实体),每个记录型可包含若干个字段(实体的属性),节点间的连线表示记录类型(实体)间的父子关系。

图 1.3 所示为学生与选修课程之间的网状数据模型。

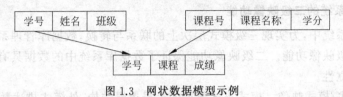

图 1.3 网状数据模型示例

3. 关系数据模型

关系数据模型是指用二维表表示的实体集,用关键字表示实体间联系的数据模型。二维表由行和列组成,通常一张二维表称为一个关系。关系数据模型的具体介绍详见1.2.1 小节。

1.1.6 数据库系统的体系结构

数据库系统的体系结构从不同的角度可有不同的划分方式。从数据库管理系统的角度可分为三级模式结构,从外到内依次为外模式、模式和内模式,如图 1.4 所示。

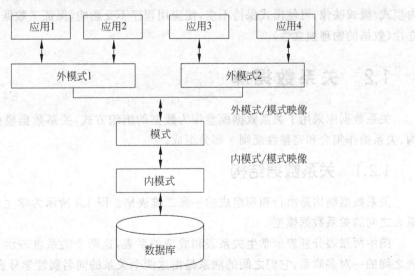

图 1.4 数据库系统的三级模式结构与二级映像

1. 数据库系统的三级模式结构

(1) 外模式也称为用户模式,是用户与数据库系统的接口,是用户和程序员最后看到并使用的局部数据逻辑结构和特征。一个数据库可以有若干个外模式。

(2) 模式也称为概念模式或逻辑模式。模式是数据库中全体数据的全局逻辑结构和特征的描述,是所有用户的公共数据视图,用以描述现实世界中的实体及其性质与联系,定义记录、数据项、数据的完整性约束条件及记录之间的联系。

(3) 内模式又称为存储模式,是数据库在物理存储方面的描述,是数据在数据库内部的保存方式。例如,数据是保存在磁盘、磁带还是其他存储介质上,索引按照什么方式组织,数据是否压缩存储,数据是否加密等。

2. 数据库系统的二级映像功能

在数据库系统中,为实现三级模式层次上的联系与转换,数据库管理系统在三级模式之间提供了二级映像功能。二级映像功能保证了数据库系统中的数据具有较高的逻辑独立性和物理独立性。

(1) 外模式/模式映像。模式描述数据的全局逻辑结构,外模式描述数据的局部逻辑结构。对于一个模式可以有任意多个外模式。对于每一个外模式,数据库系统都有一个外模式/模式映像,它定义了外模式与模式之间的映像对应关系。

应用程序是依据数据的外模式编写的,当数据库模式改变时,通过对各个外模式/模式映像作相应改变,可以使外模式保持不变,从而不必修改应用程序,保证了数据与程序的逻辑独立性(数据的逻辑独立性)。

(2) 内模式/模式映像。由于数据库只有一个模式,也只有一个内模式,所以数据库中的内模式/模式映像是唯一的。内模式/模式映像定义了数据全局逻辑结构与存储结构之间的对应关系。

当数据库的存储结构发生改变时,如选用了另一种存储结构,数据库管理员通过修改内模式/模式映像,可使模式保持不变,使应用程序不受影响,保证了数据与程序的物理独立性(数据的物理独立性)。

1.2 关系数据库

关系数据库采用了关系数据模型作为数据的组织方式,关系数据模型由关系数据结构、关系操作集合和完整性规则 3 部分组成。

1.2.1 关系数据结构

关系数据结构是由行和列组成的一张二维表格。图 1.5 所示为学生关系表和成绩关系表之间的关系数据模型。

图中两张表分别表示学生关系表和成绩关系表,这两个关系也表示了学生表和成绩表之间的一对多联系,它们之间的联系是由这两个关系的同名属性学号表示的。

关系数据模型具有以下特征。

(1) 关系可以看成由行和列交叉组成的二维表格,它表示一个实体集。

(2) 表中的一行称为一个元组,可用来表示实体集中的一个实体。

(3) 表中的列称为属性,列名即为属性名,表中的属性名不能相同,列的先后顺序无

学生关系表

学号	姓名	性别	班级	...
101	小明	女	18信计	...
102	小骆	男	18电商	...
201	小陈	女	18信管	...

成绩关系表

学号	课程名	成绩	学分	...
102	网页设计	77	2	...
101	C语言	80	2.5	...
201	数据库	79	2	...

图 1.5　关系数据模型示例

关紧要。

（4）列的取值范围称为域，同列具有相同的域，不同的列也可以有相同的域。如性别的域是男和女，职工年龄和工龄都为数据值域。

（5）表中的行（元组）不能相同，行的先后顺序无关紧要。

关系数据模型的基本术语如下。

关系：在关系数据模型中，一个关系就是一张二维表格，每个关系都有一个关系名。在数据库中，一个关系存储为一张数据表。

属性：表（关系）中的列称为属性，每一列有一个属性名，对应数据表中的一个字段。

域：表中一个属性的取值范围是该属性的域。

元组：表（关系）中的行称为元组，每一行就是一个元组，对应数据表中的一条具体记录，元组的各分量分别对应关系的各个属性。

候选码：如果表中的某个属性或属性组能唯一地标识一个元组，则称该属性或属性组为候选码（候选关键字）。

主码：若一个表中有多个候选码，可以指定其中一个为主码（主关键字）。

外码：如果表中一个属性（字段）不是本表的主码或候选码，而是另一个表的主码或候选码，则这个属性（字段）称为外码（外部关键字）。

关系模式：一个关系的关系名及其全部属性名的集合简称为关系模式，也就是对关系的描述。关系模式的一般格式如下：

关系名（属性名 1，属性名 2，…，属性名 n）

图 1.5 所示的学生关系表中的每一行就是一条学生的记录，是关系的一个元组。学号、姓名、性别、班级等均是属性名。其中，学号是唯一识别一条记录的属性，是此表的关键字。对于学号属性，其域是 000～999；对于姓名属性，其域是由 2 个汉字组成的字符串；对于性别属性，其域是男或女的取值。

学生关系表的关系模式可记为：学生表（学号，姓名，性别，班级）。

图 1.5 所示的成绩关系表中的学号为成绩关系表的外部关键字。

1.2.2 关系操作集合

在关系数据模型中,常用的关系操作集合包括查询操作和更新操作。查询操作有选择、投影、连接、除、并、交、差等;更新操作有增加、删除、修改等。

1.2.3 完整性规则

关系数据模型的完整性规则是对关系的某种约束条件。关系数据模型有 3 类完整性约束,即实体完整性、参照完整性和用户自定义完整性。其中,实体完整性和参照完整性是关系数据模型必须满足的完整性约束条件,被称作关系的两个不变性,应该由系统自动支持。

1. 实体完整性

每个关系都有一个主关键字,每行元组主关键字的值是唯一的。主关键字的值不能为空,否则无从识别元组。

例如,在图 1.4 中的学生关系表(学号,姓名,性别,班级)中,学号属性为主关键字,则学号不能取空值。成绩关系表(学号,课程名,成绩,学分)中,学号和课程名属性组合为主关键字,则学号和课程名两个属性不能取空值。

对于实体完整性规则说明如下。

(1)实体完整性规则是针对基本关系而言。一个基本表通常对应现实世界中的一个实体集。例如,学生关系表对应学生的集合。

(2)现实世界中的实体是可区分的,即它们具有某种唯一性标识。例如,学生关系表中的学号,虽然学生的名字相同,但学生的学号却是唯一的。

(3)在关系数据模型中,以主关键字作为唯一性标识。

(4)主关键字中的属性值不能为空值或者无意义的值。

2. 参照完整性

现实世界中的实体之间往往存在着某种联系。在关系数据模型中,实体及实体间的联系都是用关系进行描述的,所以存在着关系与关系之间的引用。例如,教师实体和部门实体可以用下面的关系表示,其中主关键字用下划线标识。

教师(教师编号,姓名,性别,年龄,专业,部门编号,职称)
部门(部门编号,部门名称)

这两个关系之间存在着属性间的引用,即教师关系引用了部门关系的主关键字部门编号。显然,教师关系中的部门编号属性的取值必须是部门关系中确实存在的部门编号。教师关系的部门编号与部门关系的主关键字部门编号相对应,因此,部门编号属性是教师关系的外部关键字。这里的部门关系是被参照关系,教师关系是参照关系。

需要注意的是,外部关键字不一定要与相应的主关键字同名,但在实际应用中,为了便于理解,当外部关键字与相应的主关键字属于不同关系时,往往取相同的名字。

参照完整性规则就是外部关键字与主关键字之间的引用规则。

参照完整性规则:若属性(或属性组)F 是基本关系 R 的外部关键字,且它与基本关系 S 的主关键字 K 相对应(基本关系 R 和 S 不一定是相同的关系),则 R 中的每个元组在 F 上的值必须为空值(F 的每个属性值均为空值),或者等于 S 中的某个元组的主关键字值。

例如,教师关系中每个元组的部门编号属性只能取空值(未给教师分配部门)或非空值(其取值必须是部门关系中某个元组的部门编号值)。

3. 用户自定义完整性

用户自定义完整性是指针对某一具体关系数据库系统的约束条件,反映某一具体应用所涉及的数据必须满足的语义要求。当某个属性的取值必须唯一时,某些属性值之间应满足给定的条件关系,如成绩关系表中规定成绩的属性值不得大于 100。

1.2.4 关系运算

对关系数据库进行查询时,若要找到需要的数据,需要对关系进行一定的关系运算。在关系数据库中,关系运算有传统的集合运算和专门的关系运算。

1. 传统的集合运算

进行传统的集合运算时,两个关系必须具有相同的关系模式,即元组具有相同的结构。

(1)并运算。两个具有相同结构的关系 R 和 S,它们的并是由所有属于 R 和 S 这两个关系的元组组成的集合。

(2)差运算。两个具有相同结构的关系 R 和 S,它们的差是由属于 R 但不属于 S 的元组组成的集合。

(3)交运算。两个具有相同结构的关系 R 和 S,它们的交是由属于 R 又属于 S 的元组组成的集合。

下面以表 1.3 为关系 R,表 1.4 为关系 S,对并、差和交运算进行说明。

表 1.3 关系 R

学号	姓名	性别
1001	王丽	女
1002	陈华	女
1003	骆毅金	男

表 1.4 关系 S

学号	姓名	性别
1004	李小龙	男
1005	田震	女
1003	骆毅金	男

关系 R 和关系 S 的并运算如表 1.5 所示。

表 1.5 并运算(R∪S)

学号	姓名	性别	学号	姓名	性别
1001	王丽	女	1004	李小龙	男
1002	陈华	女	1005	田震	女
1003	骆毅金	男			

关系 R 和关系 S 的差运算如表 1.6 所示。

关系 R 和关系 S 的交运算如表 1.7 所示。

表 1.6	差运算(R−S)	
学号	姓名	性别
1001	王丽	女
1002	陈华	女

表 1.7	交运算(R∩S)	
学号	姓名	性别
1003	骆毅金	男

2. 专门的关系运算

在关系数据库中,提供了 3 种基本的关系运算:选择、投影和连接。

(1) 选择。从关系中找出满足条件的元组的操作,即在二维表中选择满足指定条件的行。

例如,从表 1.3 关系 R 中选择性别为"男"的记录,结果如表 1.8 所示。

(2) 投影。从关系中找出需要的属性组成新的关系,即在二维表中选择某些属性组成新的二维表。

例如,从表 1.3 关系 R 中选择属性为学号和姓名的记录,结果如表 1.9 所示。

表 1.8	选择运算结果	
学号	姓名	性别
1003	骆毅金	男

表 1.9	投影运算结果
学号	姓名
1001	王丽
1002	陈华
1003	骆毅金

(3) 连接。连接运算需要两个关系作为操作对象。连接是指将第一个关系中的所有元组逐个与第二个关系中的所有元组进行连接,生成一个新的关系,新关系中的所有属性是被连接的两个关系属性的并集或并集的子集。新关系中包含的元组是满足连接条件的所有元组的集合。连接运算有等值连接和自然连接两种。

① 等值连接是指按照属性值对应相等的条件进行的连接。

例如,从表 1.3 关系 R 和表 1.4 关系 S 中查找学生的学号、姓名、性别,结果如表 1.10 所示。

表 1.10	等值连接				
R.学号	R.姓名	R.性别	S.学号	S.姓名	S.性别
1003	骆毅金	男	1003	骆毅金	男

② 自然连接是将等值连接中的重复属性删除的连接,它是一种特殊的等值连接,也是最常用的连接。

例如,从表 1.3 关系 R 和表 1.4 关系 S 中查找学生的学号、姓名、性别,结果如表 1.11 所示。

表 1.11	自然连接	
学 号	姓 名	性 别
1003	骆毅金	男

1.3 数据库设计基础

数据库设计是指对于一个给定的应用环境,构造优化的数据库逻辑模式和物理结构,并建立数据库及其应用系统,使之能够有效地存储和管理数据,满足各种用户的应用需求,包括信息管理需求和数据操作需求。

1.3.1 设计原则

为了合理组织数据,应遵从以下基本设计原则。

(1) 关系数据库的设计应遵循概念单一化的原则,一个表只描述一个实体或实体间的联系。

(2) 避免在表之间出现重复字段。除了保证表中与其他表进行联系的外部关键字之外,应尽量避免在表之间出现重复字段,目的是减少数据冗余,以免在插入、删除和更新数据时出现数据不一致的现象。

(3) 表中的字段必须是原始数据和基本数据元素,尽量不要包括通过计算得来的"二次数据"或多项数据的组合。

(4) 用外部关键字保证有关联的表之间的联系。表之间依靠外部关键字来联系,使设计的表结构合理,不仅可以存储所需要的实体信息,还可以反映实体之间客观存在的联系。

1.3.2 设计步骤

利用 Access 开发数据库应用系统一般需要以下 5 个步骤。

(1) 需求分析。确定建立数据库的目的,这有助于确定该数据库中需保存哪些信息。

(2) 确定需要的表。可以着手将需求信息划分成多个独立的实体,每个实体可以设计为数据库中的一个表。

(3) 确定所需字段。确定在每个表中应保存哪些字段,通过对这些字段的显示或计算能够得到所有需要的信息。

(4) 确定联系。对每个表进行分析,确定一个表中的数据和其他表中的数据有何联系。

(5) 设计求精。对设计进一步分析,查找其中的错误,需要时可调整设计。

1.3.3 数据库设计实施过程

根据下面介绍的学生信息管理基本情况,设计"学生信息管理"数据库。

某学校学生信息管理的主要工作包括学生个人基本信息、选修课信息和成绩信息等。学生管理所涉及的主要数据见表 1.12～表 1.14。由于该校对学生信息管理比较混乱,信息无法及时查看和被有效利用,因此,使用数据库组织和管理数据信息解决此问题。

表 1.12　学生信息表

学号	姓名	性别	出生日期	籍贯	政治面貌	班级编号	入学分数	简历	照片
2018010101	李明	男	1999 年 10 月 12 日	福建	党员	180101	563	喜爱运动、摄影	
2018010102	刘阳	男	1998 年 6 月 7 日	江西	团员	180101	570	绘画	
2018010103	张明	男	2000 年 12 月 22 日	湖北	团员	180102	609		
⋮	⋮	⋮	⋮	⋮	⋮	⋮	⋮	⋮	⋮

表 1.13　课程信息表

课程号	课程名	学分	选修课
1001	ASP.NET 程序设计	3	计算机基础
1002	大学英语	2	
1003	C 语言程序设计	3	计算机基础
⋮	⋮	⋮	⋮

表 1.14　学生成绩表

学号	课程号	学期	成绩
2018010101	1001	2	55
2018010102	1001	2	89
2018010103	1001	1	51
⋮	⋮	⋮	⋮

1. 需求分析

确定建立数据库的目的,以确定数据库中要保存哪些信息。需求分析是指从调查用户单位着手,深入了解用户单位数据流程,数据的使用情况,数据的数量、流量、流向、数据性质,并且做出分析,最终给出数据的需求说明书。

用户的需求主要包括以下 3 个方面。

(1) 信息需求。即用户从数据库获得的信息内容。

(2) 处理需求。即需要对数据完成的处理功能及处理方式。

(3) 安全性和完整性需求。在定义信息需求和处理需求的同时必须相应地确定安全性、完整性约束。

根据需求分析的内容,对本任务所描述的学生信息管理情况进行分析可以确定,建立"学生信息管理"数据库的目的是为了了解学生的个人基本情况和课程学习情况。主要包括学生个人信息管理、课程信息管理和成绩信息管理等。

2. 确定需要的表

确定数据库中的表是数据库设计过程技巧性最强的一个环节。因为根据用户希望从数据库中得到的结果(包括要打印的报表、要使用窗体、要数据库回答的问题)不一定能得到如何设计表结构的线索,还需要分析对数据库系统的要求,推敲那些需要数据库回答的问题。分析的过程是对所收集的数据进行抽象的过程,抽象是对实际事物或事件的人为处理,抽取共同的本质特性。

针对学生信息管理业务的描述,不难发现在业务分析中提到的是学生个人信息、课程信息和成绩信息,如果将这些信息全部保存在一张学生信息表中,必然会出现大量的重复,且不符合信息分类的原则,因此将"学生信息管理"数据分别存放在 3 张表中,分别为学生信息表、课程信息表和学生成绩表。

3. 确定所需字段

对已经确定的每一张表,还要设计它的结构,即要确定每张表应包含的字段。由于每张表所包含的信息都属于同一主题,因此在确定所需字段时,要注意每个字段包含的内容应该与表的主题有关,而且应包含相关主题所需的全部信息。在确定字段时需要注意以下3点。

(1) 每个字段直接和表的实体相关;

(2) 以最小的逻辑单位存储信息;

(3) 表中的字段必须是原始数据。

根据以上分析,按照字段的命名原则,可将"学生信息管理"数据库中3张表的字段确定下来,如表1.15所示。

表 1.15　"学生信息管理"数据库表

学生信息	课程信息	学生成绩
学号	课程号	学号
姓名	课程名	课程号
性别	学分	学期
出生日期	选修课	成绩
籍贯		
政治面貌		
班级编号		
入学分数		
简历		
照片		

4. 确定主关键字段

关系数据库系统能够迅速查找存储在多个独立表中的数据并将这些信息进行组合。为达到此目的,数据库的每个表必须有一个或一组字段可以唯一确定储存在表中的每条记录,即主关键字。

在表1.12～表1.14中都要设计主关键字,学生信息表中的主关键字是学号,课程信息表中的主关键字是课程号,学生成绩表中的主关键字是学号和课程号。

5. 确定联系

在确定表、表结构和主关键字后,还需要确定表之间的联系,这样才能将不同表中的数据关联起来。表与表之间的联系需要通过一个共同字段,因此为确保两个表之间能够建立联系,应将其中一个表的主关键字添加到另一个表中。

例如,学生成绩表中有学号和课程号,而学号是学生信息表中的主关键字,课程号是课程信息表中的主关键字。这样,学生信息表与学生成绩表、课程信息表与学生成绩表就建立了联系。

图 1.6 所示为"学生信息管理"数据库中 3 张表之间的联系。

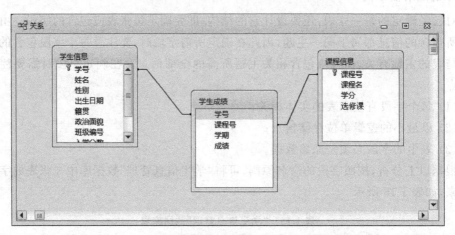

图 1.6　"学生信息管理"数据库中 3 张表之间的联系

通过前面各个步骤确定了所需要的表、字段和联系,经过反复修改之后,就可以开发数据库应用系统的原型了。

1.4　任务实现

任务 1　课程管理系统设计

某课程管理系统中有 5 个实体,分别是学生、课程、教室、选修及教科书,请写出这些实体的属性和主关键字,以及实体间联系的 E-R 图。

实施步骤如下。

(1) 对课程管理系统进行业务分析,确定 5 个实体的各自属性如下。

学生(学号,姓名,年龄,性别,入学时间),学号为主关键字。

课程(课程号,课程名,学时数),课程号为主关键字。

教室(教室编号,地址,容纳人数),教室编号为主关键字。

教科书(书号,书名,作者,出版时间),书号为主关键字。

(2) 实体间联系的 E-R 图如图 1.7 所示。

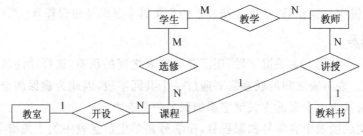

图 1.7　课程管理系统 E-R 图

任务2 学籍管理系统设计

某学籍管理系统中有6个实体,分别是学生、宿舍、档案材料、班级、班主任和教室,请写出这些实体的属性和主关键字,以及实体间联系的E-R图。

实施步骤如下。

(1) 对学籍管理系统进行业务分析,确定6个实体的各自属性如下。

学生(学号,姓名,性别,出生日期,就读专业,入学时间,平均成绩),学号为主关键字。

宿舍(宿舍编号,地址,人数),宿舍编号为主关键字。

档案材料(档案编号,简历),档案编号为主关键字。

班级(班级编号,人数),班级编号为主关键字。

班主任(教师编号,姓名,性别,职称),教师编号为主关键字。

教室(教室编号,地址,容纳人数),教室编号为主关键字。

(2) 实体间联系的E-R图如图1.8所示。

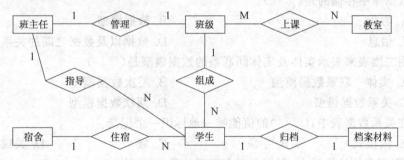

图1.8 学籍管理系统E-R图

1.5 习题

1. 选择题

(1) 以下关于概念模型的描述,错误的是( )。

  A. 常用的概念模型表示方法是实体—联系图

  B. 概念模型在数据库设计需求分析阶段建立

  C. 概念模型是现实世界到信息世界的第一层抽象

  D. 概念模型是对信息世界建模

(2) 关系数据库的数据和更新操作必须遵循的完整性规则是( )。

  A. 实体完整性、参照完整性和用户自定义完整性

  B. 实体完整性和用户自定义完整性

  C. 实体完整性和参照完整性

  D. 参照完整性和用户自定义完整性

(3) 按照数据的组织形式,数据库中的数据模型可分为 3 种,它们是(　　)。

    A. 层次数据模型、网状数据模型和关系数据模型

    B. 网状数据模型、环状数据模型和链状数据模型

    C. 小型、中型和大型

    D. 独享数据模型、共享数据模型和实时数据模型

(4) (　　)不是关系数据模型的完整性规则。

    A. 用户自定义完整性　　　　　　　　B. 参照完整性

    C. 字段完整性　　　　　　　　　　　　D. 实体完整性

(5) (　　)不属于关系数据模型的完整性规则。

    A. 属性完整性　　　　　　　　　　　　B. 用户自定义完整性

    C. 参照完整性　　　　　　　　　　　　D. 实体完整性

(6) 以下不属于数据库系统三级模式结构的是(　　)。

    A. 外模式　　　　B. 概念模式　　　　C. 内模式　　　　D. 现实模式

(7) 数据库中存储的是(　　)。

    A. 数据　　　　　　　　　　　　　　　B. 数据模型

    C. 信息　　　　　　　　　　　　　　　D. 数据以及数据之间的关系

(8) 用二维表来表示实体及实体间联系的数据模型是(　　)。

    A. 实体—联系数据模型　　　　　　　　B. 层次数据模型

    C. 关系数据模型　　　　　　　　　　　D. 网状数据模型

(9) 在关系数据表中,(　　)的值能唯一地标识一个记录。

    A. 内模式　　　　B. 字段　　　　　　C. 域　　　　　　D. 关键字

(10) 下列实体的联系中,属于多对多联系的是(　　)。

    A. 学校与校长　　　　　　　　　　　　B. 学生与课程

    C. 住院的患者与病床　　　　　　　　　D. 职工与工资

(11) 在关系数据库中,主码标识元组通过(　　)实现。

    A. 用户自定义完整性规则　　　　　　　B. 参照完整性规则

    C. 实体完整性规则　　　　　　　　　　D. 域完整性规则

(12) 在关系数据模型中,主键可由(　　)。

    A. 至多一个属性组成

    B. 一个或多个其值能唯一标识该关系数据模型中任何元组的属性组成

    C. 多个任意属性组成

    D. 其他 3 个选项都不是

(13) 若要查询学生表中所有学生的姓名,需要进行的关系运算是(　　)。

    A. 选择　　　　　　B. 投影　　　　　　C. 连接　　　　　　D. 交叉

(14) 将两个关系拼接成一个新的关系,生成的新关系中包含满足条件的元组,这种操作称为(　　)。

    A. 连接　　　　　　B. 投影　　　　　　C. 交叉　　　　　　D. 选择

(15) 下列对关系数据模型的性质描述错误的是(　　)。

    A. 关系中不允许存在两个完全相同的记录

  B. 任意的一个二维表都是一个关系

  C. 关系中元组的顺序无关紧要

  D. 关系中列的次序可以任意交换

(16) 下列对关系数据模型性质的描述,错误的是(　　)。

  A. 一个关系中不允许存在两个完全相同的元组

  B. 关系中各个属性值是不可分解的

  C. 一个关系中不允许存在两个完全相同的属性名

  D. 关系中的元组不可以调换顺序

(17) 在数据库系统的三级模式结构中,用户看到的视图模式被称为(　　)。

  A. 概念模式   B. 内模式   C. 存储模式   D. 外模式

(18) 用树形结构表示各类实体及实体间联系的数据模型为(　　)。

  A. 关系数据模型   B. 网状数据模型

  C. 层次数据模型   D. 面对对象数据模型

(19) 一个学生可以选修多门课程,而一门课程也可以有多个学生选修,为了反映学生选修课程的情况,学生表和课程表之间的联系应该设计为(　　)联系。

  A. 多对多   B. 一对一   C. 一对多   D. 多对一

(20) 数据库(DB)、数据库系统(DBS)、数据库管理系统(DBMS)之间的关系是(　　)。

  A. DB 包含 DBS 和 DBMS   B. DBMS 包含 DB 和 DBS

  C. DBS 包含 DB 和 DBMS   D. 没有任何关系

2. 填空题

(1) 数据库系统中数据的特点是_____、_____、_____。

(2) 关系数据模型的完整性规则包括_____、_____、_____。

(3) E-R 图中,用_____表示不同实体间的联系,用_____表示实体的属性,用_____表示实体。

(4) 关系数据库管理系统中的关系是指满足一定条件的_____。

(5) _____是数据库系统内部对数据的物理结构与存储模式的描述。

(6) _____是可用于描述、管理和维护数据库的软件系统。

(7) 开发数据库应用系统时,根据用户需求设计 E-R 模型属于_____。

(8) 开发数据库应用系统时,需求分析阶段的主要任务是确定_____。

(9) 数据库管理系统是_____。

(10) 在数据库应用系统开发过程中,_____的主要任务是将 E-R 模式转化为关系数据库模式。

3. 操作题

(1) 某教学管理系统中有 4 个实体,分别是学生、教师、选课成绩和课程,请写出这些实体的属性和主关键字,以及实体间联系的 E-R 图。

(2) 某服装厂人事管理系统中有 3 个实体,分别是职工、部门和车间,请写出这些实体的属性和主关键字,以及实体间联系的 E-R 图。

Access 2010数据库基本操作

学习目标

1. 熟悉 Access 2010 的安装步骤；

2. 掌握数据库的创建和管理。

2.1 Access 数据库的安装

    Microsoft Access 2010 有 32 位和 64 位两种版本，具体安装哪一种版本，可根据用户实际的需求和安装的软件与 Access 之间的兼容性来选择。一般系统自带的是 32 位，因为 32 位能与绝大多数的软件兼容，而 64 位的 Access 与其他的 32 位 Office 无法兼容。Microsoft 公司规定同一台计算机不能同时安装 32 位的 Office 和 64 位的 Office，但是可以同时安装相同位数的不同 Office 版本，比如，可以在同一台计算机上安装 32 位的 Office 2003 和 32 位的 Office 2010。安装时必须先安装 Office 2003 低版本，然后再安装 Office 2010 高版本，且两个版本的安装目录不能相同。

    下面以单版本的 Access 2010 安装为例进行介绍。Access 与 Excel、Word 和 PPT 一样，都是 Office 的成员，如果想要安装 Access，要先下载 Office 2010 版本，然后再进行安装，具体操作步骤如下。

图 2.1　解压缩 Office 2010

    (1) 将已经下载的 Office 2010 解压缩放在计算机桌面上，如图 2.1 所示。

    (2) 打开 Microsoft Office 2010 安装包，如图 2.2 所示。

    (3) 双击 Office 2010 安装图标，弹出如图 2.3 所示的 Office 2010 安装界面。

    (4) 单击"自定义"按钮，选择安装方式，弹出如图 2.4 所示"安装选项"选项卡界面。

图 2.2 Office 2010 安装包

图 2.3 Office 2010 安装界面

（5）在"安装选项"选项卡下展开 Microsoft Access，有很多可以选择的安装项，如图 2.5 所示，按需求选择安装的项目。

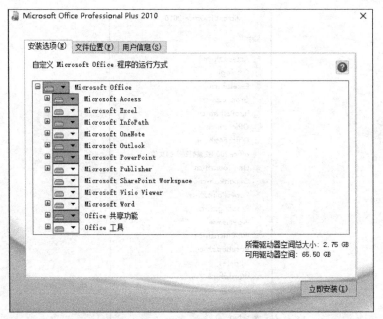

图 2.4　"安装选项"选项卡界面

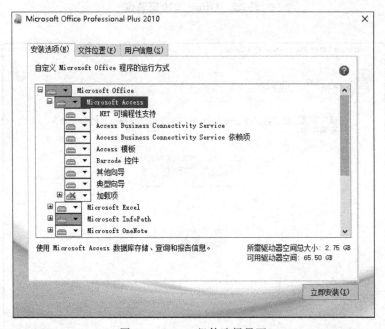

图 2.5　Access 组件选择界面

.NET 可编程性支持：选择安装此功能，Access 可以在.NET Framework 2.0 以及更高版本下进行编程操作。

Access Business Connectivity Service：选择安装此功能，Access 可以与 Business Connectivity Service 数据源进行链接。

Access Business Connectivity Service 依赖项：选择安装此功能，Access 可以与 Business Connectivity Service 依赖项进行链接。

Access 模板：选择安装此功能，在创建数据库时，可以直接使用内置的模板创建新数据库。

Barcode 控件：安装该控件，在 Microsoft Office Access 的窗体和报表中可以显示其条码符号。

"其他向导"和"典型向导"：专门为用户提供的数据库安装向导，向用户询问一些高级项目创建的问题，并且能够实现自动创建的过程。

加载项：用来安装一些解决问题的小工具以及应用程序。

（6）按实际需求需要安装的组件选择"从本机运行"，不安装的组件选择"不可用"，如图 2.6 所示。

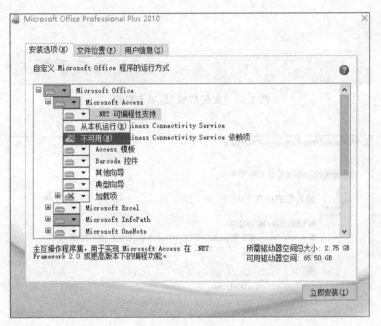

图 2.6　运行组件界面

从本机运行：指安装完成后，该组件会存储在计算机硬盘上。

不可用：指不安装该组件，Access 安装完成后，该组件不会存储在计算机硬盘中。

（7）选择"文件位置"选项卡，如图 2.7 所示。该选项卡的功能是确定 Microsoft Access 2010 安装的路径。文件默认安装在 C 盘，且安装所需要的磁盘空间为 837MB，程序文件所需要的磁盘空间为 1.93GB，安装完成后占用的磁盘空间总大小为 2.75GB。为了不占用 C 盘过多的存储空间，保证计算机的运行速度，一般把安装位置选择到其他的磁盘中。

（8）单击"用户信息"选项卡。该选项卡包括用户的一些信息，如全名、缩写以及公司/组织等，如图 2.8 所示。Microsoft Office 程序可以通过这些信息识别在 Office 共享文档中进行更改的人员，这些信息可以明确操作文档的人员身份。

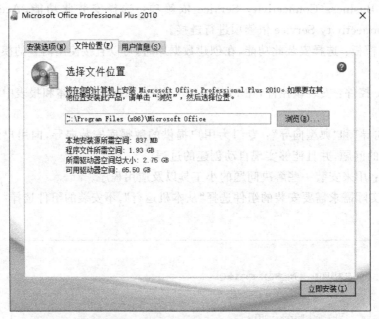

图 2.7　"文件位置"选项卡界面

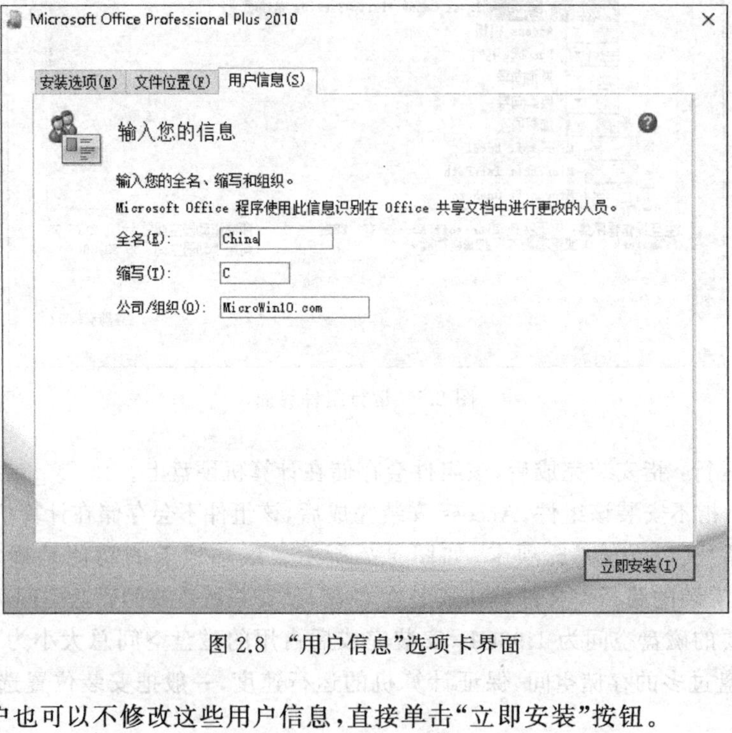

图 2.8　"用户信息"选项卡界面

（9）用户也可以不修改这些用户信息，直接单击"立即安装"按钮。

安装过程有进度条显示安装的进度，如图 2.9 所示。由于计算机性能、安装版本以及安装组件的不同，安装所需要的时间也不同，基本都需要 5～10 分钟才能安装完毕。

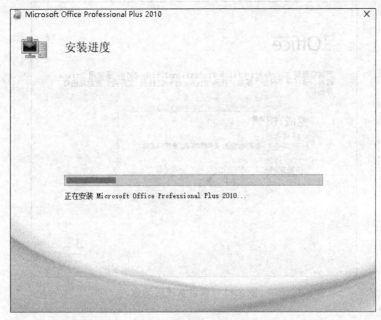

图 2.9　安装进度界面

（10）安装完毕后，显示如图 2.10 所示界面，提示用户可以在"开始"菜单下的"所有程序"中找到已经安装的 Microsoft Office 文件夹，并从中打开 Access 进行操作。单击界面中的"关闭"按钮，弹出如图 2.11 所示的重启系统对话框，提示用户需要重新启动操作系统，安装的 Office 才能生效。单击"是"按钮，重新启动操作系统，完成 Office 的安装。

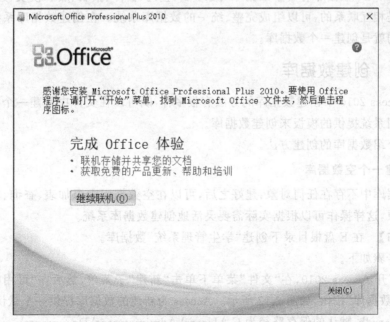

图 2.10　结束安装界面

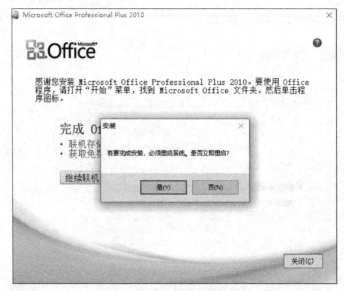

图 2.11　重启系统对话框

2.2　Access 2010 数据库的创建

数据库就是存储数据的仓库,其本质是一个文件系统,数据按照特定的格式将数据存储起来,用户可以对数据库中的数据进行增加、修改、删除及查询操作。

Access 2010 数据库有 6 个数据库对象:表、查询、窗体、报表、宏和模块,这些数据库对象之间是相互联系的,可以组成完整、统一的数据库系统。在创建数据库系统之前,第一步要做的就是创建一个数据库。

2.2.1　创建数据库

在 Access 2010 中创建数据库的方法有很多种,既可以在文件中新建一个空数据库,也可以使用系统提供的模板来创建数据库。

下面介绍数据库的创建方法。

1. 新建一个空数据库

空数据库中不存在任何对象,建好之后,可以在空数据库中添加表、查询、窗体、报表等各种对象,这样操作可以根据实际需要灵活地创建数据库系统。

【例 2.1】　在 E 盘根目录下创建"学生管理系统"数据库。

操作步骤如下。

(1) 打开 Access 2010,在"文件"菜单下单击"新建"子菜单,然后在"可用模板"窗格中单击"空数据库"按钮,如图 2.12 所示。Access 为新建的数据库提供一个默认的文件名 Database1.accdb,默认的保存路径为 C:\Users\Administrator\Documents\。

(2) 在图 2.12 窗格右侧的"文件名"文本框中输入文件名"学生管理系统"。此时可

以修改新建数据库的保存路径。单击图 2.12 窗格右侧的"文件名"文本框右侧的文件夹
图标 📂，弹出"文件新建数据库"对话框，选择"文档（E:）"，即给新建的数据库修改了保
存路径，将数据库的存放路径改为 E 盘的根目录。在"文件新建数据库"对话框底部"文
件名"文本框中修改数据库的文件名为"学生管理系统"，Access 自动在文件名后面加
上.accdb 的扩展名，单击"确定"按钮即可，如图 2.13 所示。

图 2.12　创建数据库

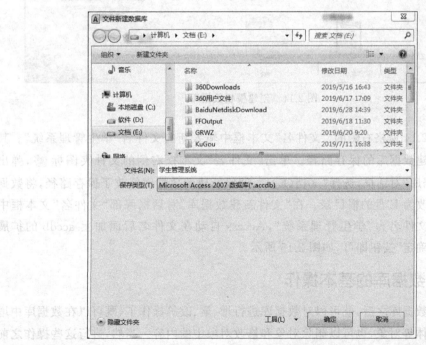

图 2.13　"文件新建数据库"对话框

2. 使用模板创建数据库

模板是指预先设定好的数据库,其中包含有一种或多种表、查询、窗体和报表等数据库对象。Access 2010 中自带很多模板,用户可以任意选择一个适合的模板,也可以从 Office.com 在线下载模板。

【例 2.2】 在 E 盘根目录下创建"学生管理系统"空数据库。

操作步骤如下。

(1) 打开 Access 2010,在"文件"菜单下单击"新建"子菜单,然后在"可用模板"窗格中单击"样本模板"按钮,如图 2.14 所示,从可用模板中选择适合的模板,然后利用该模板创建数据库。

例 2.2

图 2.14　创建模板数据库

(2) 在图 2.14 窗格右侧的"文件名"文本框中输入新的文件名"学生管理系统"。其次可以修改新建数据库的保存路径。单击"文件名"文本框右侧的文件夹图标 📂,弹出"文件新建数据库"对话框,选择"文档(E:)",即给新建的数据库修改了保存路径,将数据库的存放路径改为 E 盘的根目录。在"文件新建数据库"对话框底部"文件名"文本框中修改数据库的文件名为"学生管理系统",Access 自动在文件名后面加上.accdb 的扩展名,最后单击"确定"按钮即可,如图 2.15 所示。

2.2.2　数据库的基本操作

成功创建数据库之后,就可以对数据库进行增、删、改等操作了,既可以在数据库中增加表、查询、窗体等对象,也可以删除对象和修改对象中的内容。当然,进行这些操作之前要打开数据库,操作完毕后要关闭数据库。

图 2.15　"文件新建数据库"对话框

1. 打开数据库

Access 2010 打开数据库的方法有多种,比如,在磁盘上找到要打开的数据库,然后双击该文件或者在 Access 窗口左侧显示出的最近打开过的数据库名称处,单击要打开的数据库等。本小节重点介绍常用的两种方法,第一种直接在资源管理器中打开数据库;第二种从 Access 2010 的窗口中打开数据库。

(1) 直接在资源管理器中打开数据库。在资源管理器中,拖动左侧导航窗格的垂直滚动条,选择"文档(E:)",即可看到"学生管理系统"的文件夹,如图 2.16 所示。进入该文件夹,双击打开"学生管理系统.accdb",即可成功打开数据库。

(2) 从 Access 2010 的窗口中打开数据库。打开 Access 2010,单击"文件"菜单下的"打开"命令,弹出如图 2.17 所示的对话框,选择"文档(E:)",即可看到"学生管理系统"的文件夹,进入该文件夹,选择要打开的"学生管理系统.accdb"即可。

2. 保存数据库

在对数据库进行操作时要注意保存数据库,以免丢失数据。对数据库操作完毕也要保存数据库。

保存数据库有以下 3 种方法。

(1) 在打开的数据库中,单击"文件"菜单下的"保存"命令,如图 2.18 所示。

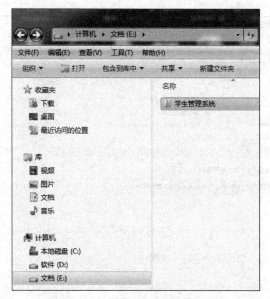

图 2.16　使用资源管理器打开数据库

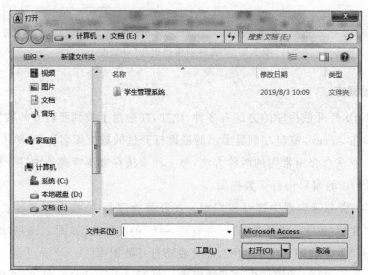

图 2.17　Access 2010 窗口"打开"对话框

图 2.18　保存数据库

（2）在打开的数据库中，单击"文件"菜单下的"数据库另存为"命令，如图 2.19 所示，"数据库另存为"命令可以改变数据库的文件名称以及存储路径。在该对话框的窗格左侧选择存储的路径，在"文件名"文本框中输入新的数据库名称，最后单击"保存"按钮。

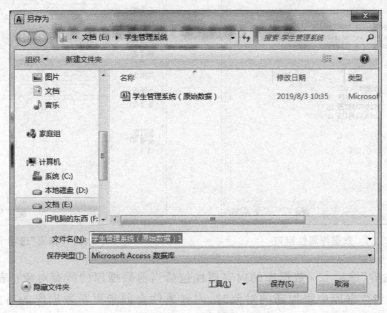

图 2.19　数据库"另存为"对话框

（3）数据库修改完毕后，直接在快速访问工具栏中单击"保存"图标，也可以使用组合键 Ctrl＋S 保存数据库。

3. 关闭数据库

在数据库中完成所有的操作后，就可以关闭数据库了。打开 Access 2010 窗口，单击"文件"菜单下的"关闭数据库"命令就可以成功关闭当前打开的数据库。

4. 查看数据库的属性

数据库的属性包括数据库的类型、位置、大小等。打开 Access 2010 窗口，在其右侧窗格中单击"查看和编辑数据库属性"选项，即可打开数据库属性窗口。该窗口中包含 5 个选项卡，具体如图 2.20 所示。

（1）"常规"选项卡。数据库的常规属性与数据库在资源管理器中显示的属性一致，包括数据库的类型、位置、大小、创建时间、修改时间和访问时间等，如图 2.20 所示。

（2）"摘要"选项卡。数据库的摘要属性包括标题、主题、作者、经理、单位、类别、关键词、备注等。该选项卡的属性主要用于查找数据库，当找不到目标数据库时，就可以通过搜索摘要中的信息快速查找到目标数据库，如图 2.21 所示。

（3）"统计"选项卡。数据库的统计属性包括创建时间、修改时间、访问时间、打印时间等，如图 2.22 所示。

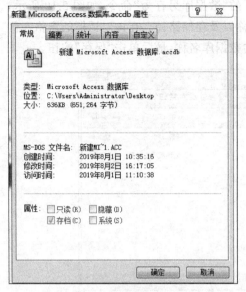

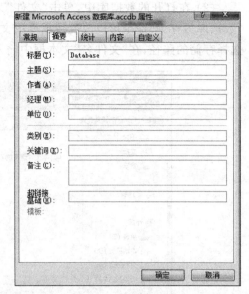

图 2.20　数据库属性窗口　　　　　　　　图 2.21　"摘要"选项卡

(4)"内容"选项卡。数据库的内容属性包括当前数据库的所有对象：表、查询、窗体、报表等,当数据库中添加新的对象时,内容属性会同步更新数据库的对象信息,如图 2.23 所示。

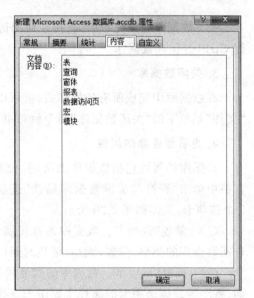

图 2.22　"统计"选项卡　　　　　　　　　图 2.23　"内容"选项卡

(5)"自定义"选项卡。数据库的自定义属性包括名称、类型、取值等。其作用和摘要属性类似,也是在忘记数据库的存储路径时,可以通过自定义的属性找到目标数据库,如图 2.24 所示。

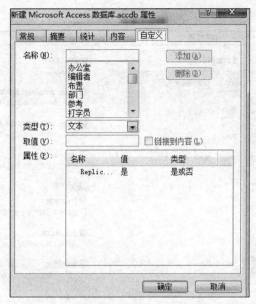

图 2.24 "自定义"选项卡

5. 数据库备份

数据备份的目的就是要保存数据的完整性,防止在不慎关机、断电、病毒感染等情况发生时的数据丢失。因此,在对数据库进行操作时,最好勤备份,防止数据丢失。

数据库备份的方法是:在打开的数据库中,单击"文件"菜单下的"保存并发布"命令,如图 2.25 所示,然后在窗格右侧选择"备份数据库"选项,单击"另存为"按钮,打开"另存为"对话框,在该对话框的左侧窗格中,可以选择备份数据库的存储路径,默认的文件名为"数据库名称+备份日期",如图 2.26 所示,最后单击"保存"按钮,即可以完成数据库的备份操作。

6. 生成.accde 文件

生成.accde 文件是指把原数据库.accdb 文件编译为仅可执行的.accde 文件。如果.accdb文件包含 VBA 代码,则.accde 文件中将仅包含编译的代码,因此用户不能查看或修改其中的 VBA 代码。使用.accde 文件的用户无法更改窗体或报表的设计,从而进一步提高了数据库系统的安全性能。

生成.accde 文件的操作步骤如下。

(1) 在 Access 2010 中打开要生成的.accde 文件的数据库。

(2) 单击"文件"菜单下的"保存并发布"命令,在右侧窗格中列出的"数据库另存为"的各种数据库文件类型中选择"生成 ACCDE"选项,如图 2.27 所示。

(3) 在图 2.27 的右侧下方窗格中单击"另存为"按钮,弹出"另存为"对话框,选择要保存的位置,在"文件名"文本框中输入文件名,然后单击"保存"按钮即可。

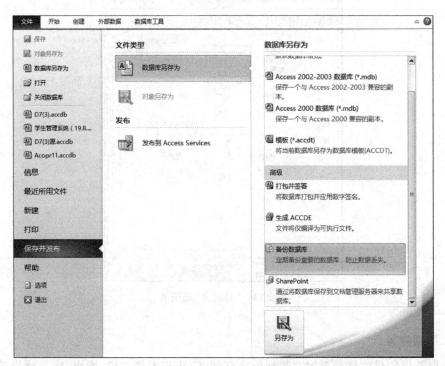

图 2.25　备份数据库

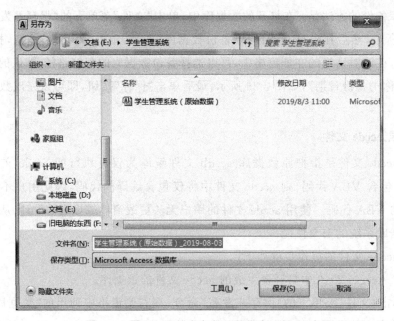

图 2.26　保存备份的数据库

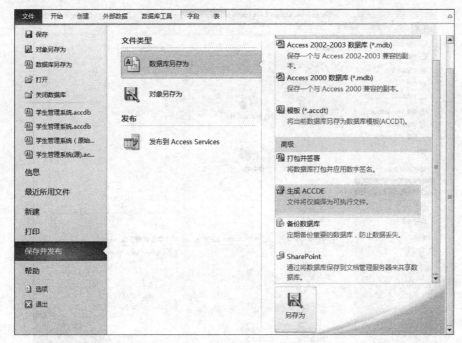

图 2.27　选择"生成 ACCDE"选项

2.3　任务实现

任务 1　创建数据库

1. 在 E 盘的根目录下创建一个"学生管理系统"的数据库

操作步骤如下。

(1) 打开 Access 应用程序,单击"文件"菜单下的"新建"命令,弹出如图 2.28 所示的新建数据库窗口。

(2) 在新建数据库窗口中单击"空数据库"选项。

(3) 在右侧窗格的"文件名"文本框中输入新创建的数据库名称"学生管理系统",单击文本框右侧的图标 📂 ,修改数据库存储的路径,如图 2.29 所示。在"文件新建数据库"对话框的左侧选择 E 盘,在"文件名"文本框中输入数据库名称"学生管理系统",然后单击"确定"按钮,即把新建的数据库存储在 E 盘的根目录下。

(4) 返回至图 2.28 窗口,单击右侧窗格的"创建"按钮,即完成了创建新数据库"学生管理系统"的操作。

2. 在 E 盘的根目录下使用模板创建"项目 Web 数据库"

操作步骤如下。

(1) 打开 Access 应用程序,单击"文件"菜单下的"新建"命令,弹出如图 2.28 所示的新建数据库窗口。

图 2.28　新建数据库窗口

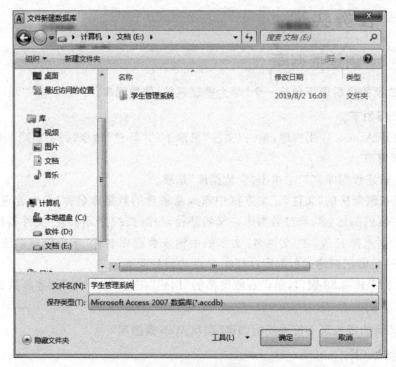

图 2.29　"文件新建数据库"对话框

(2)在新建数据库窗口中单击中间窗格的"样本模板",弹出"可用模板"界面,选择"项目 Web 数据库"选项,如图 2.30 所示的。

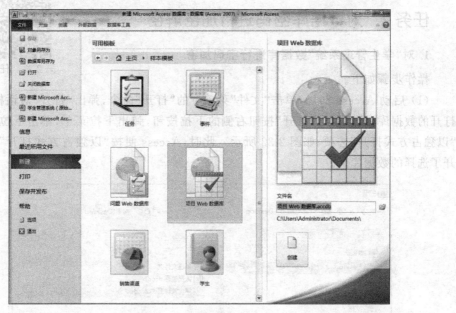

图 2.30 "可用模板"界面

(3)在"可用模板"界面中,单击右侧窗格"文件名"文本框右边的图标，打开"文件新建数据库"对话框,如图 2.31 所示,在左侧选择 E 盘,即更改了"项目 Web 数据库"的存储路径。

图 2.31 "文件新建数据库"对话框

（4）返回图 2.30 窗口，在右侧窗格中单击"创建"按钮，即完成了使用模板创建"项目Web 数据库"的操作。

任务 2　对数据库密码进行加密解密

第 2 章　任务 2

1. 对"学生管理系统"数据库进行密码加密

操作步骤如下。

（1）启动 Access 2010，单击"文件"菜单下的"打开"命令，弹出"打开"对话框，选择要打开的数据库，然后单击"打开"按钮右侧的下拉按钮，弹出下拉菜单，单击下拉菜单中的"以独占方式打开"选项，如图 2.32 所示。此时，Access 便按"以独占方式打开"的方式打开了选择的数据库。

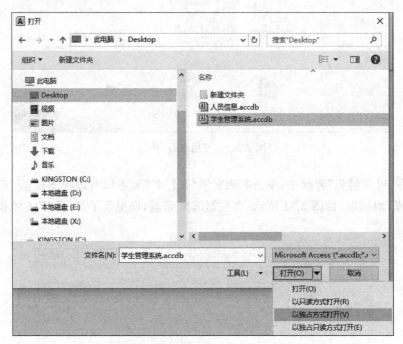

图 2.32　选择"以独占方式打开"方式

（2）单击"文件"菜单下的"信息"命令，如图 2.33 所示。

（3）在图 2.33 中单击"用密码进行加密"按钮，弹出"设置数据库密码"对话框，如图 2.34 所示。在"密码"文本框中输入密码，在"验证"文本框中再次输入同一密码。单击"确定"按钮，即完成密码设置。

2. 对"学生管理系统"数据库进行解密并打开

操作步骤如下。

（1）打开已加密的数据库时，会弹出"要求输入密码"对话框，如图 2.35 所示。

（2）在"请输入数据库密码"文本框中输入密码，然后单击"确定"按钮，即可打开数据库。

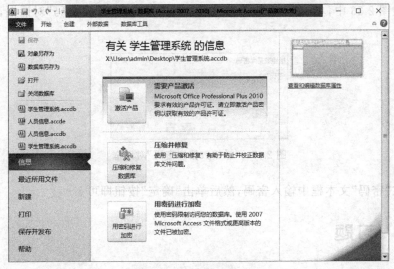

图 2.33　单击"信息"命令

图 2.34　"设置数据库密码"对话框

图 2.35　"要求输入密码"对话框

3. 删除"学生管理系统"数据库密码

操作步骤如下。

（1）打开已加密的某个数据库。

（2）单击"文件"菜单下的"信息"命令，如图 2.36 所示。

图 2.36　单击"信息"命令后显示"解密数据库"按钮

（3）在图 2.36 中，单击"解密数据库"按钮，弹出"撤销数据库密码"对话框，如图 2.37所示。

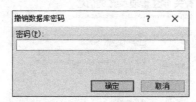

图 2.37　"撤销数据库密码"对话框

（4）在"密码"文本框中输入密码，然后单击"确定"按钮即可。

2.4　习题

1. 选择题

（1）用 Access 2010 创建的数据库文件，其扩展名是（　　）。

　　A. mdb　　　　　　B. dbf　　　　　　C. frm　　　　　　D. accdb

（2）在数据库中存储的是（　　）。

　　A. 信息　　　　　　B. 数据　　　　　　C. 数据结构　　　　D. 数据模型

（3）在下面关于数据库的说法中，错误的是（　　）。

　　A. 数据库有较高的安全性

　　B. 数据库有较高的数据独立性

　　C. 数据库中的数据可以被不同的用户共享

　　D. 数据库中没有数据冗余

（4）Access 所属的数据库应用系统的理想开发环境的类型是（　　）。

　　A. 大型　　　　　　B. 大中型　　　　　C. 中小型　　　　　D. 小型

（5）Access 是一个（　　）软件。

　　A. 文字处理　　　　B. 电子表格　　　　C. 网页制作　　　　D. 数据库管理

（6）在 Access 中建立数据库文件可以单击"文件"菜单下的（　　）命令。

　　A. 新建　　　　　　B. 打开　　　　　　C. 保存　　　　　　D. 另存为

（7）在 Access 2010 窗口中，功能区由（　　）组成。

　　A. 选项卡、命令组和命令按钮　　　　　　B. 菜单、工具栏和命令按钮

　　C. 选项卡、菜单命令和工具按钮　　　　　D. 选项卡、工具栏和命令按钮

（8）在 Access 2010 中，把随着打开数据库对象的不同而不同的操作区域称为（　　）。

　　A. 命令选项卡　　　B. 上下文选项卡　　C. 导航窗格　　　　D. 工具栏

（9）下列说法正确的是（　　）。

　　A. 在 Access 中，数据库中的数据存储在表和查询中

　　B. 在 Access 中，数据库中的数据存储在表和报表中

　　C. 在 Access 中，数据库中的数据存储在表、查询和报表中

　　　　D. 在 Access 中,数据库中的全部数据都存储在表中

　　(10) 在修改某个数据库对象的设计之前,一般先创建一个对象副本,这时可以使用对象的(　　)操作来实现。

　　　　A. 重命名　　　　　B. 重复创建　　　　　C. 备份　　　　　　D. 复制

2. 填空题

　　(1) Access 2010 建立的数据库文件,默认是_____版本。

　　(2) Access 在同一时间,可以打开_____个数据库。

　　(3) Access 数据库对象有_____。

　　(4) Access 中的_____对象,允许用户使用 Web 浏览器访问 Internet 或企业网中的数据。

　　(5) 在 Access 2010 中,要设置数据库的默认文件夹,可以单击“文件”菜单下的_____命令。

3. 操作题

　　(1) 在 Access 2010 中创建一个“学生管理系统”数据库。

　　(2) 对“学生管理系统”数据库进行属性设置。

　　(3) 对“学生管理系统”数据库进行备份操作。

　　(4) 对“学生管理系统”数据库进行加密操作。

　　(5) 对“学生管理系统”数据库进行压缩和修复操作。

数据表的创建与使用

学习目标

1. 掌握创建表的方法；
2. 掌握表对象之间的联系；
3. 熟练掌握表的基本操作；
4. 了解表中数据的导入与导出。

3.1　表的创建

表是 Access 数据库中最基本的对象，所有的数据都存在表中，其他所有对象都是基于表而建立的。在数据库中，其他对象对数据库的任何数据操作都是针对表进行的，因此表是数据库的核心和基础，是整个数据库系统的数据源，也是数据库中其他对象的基础。

3.1.1　通过模板创建数据表

在数据库中，对于经常用到的一些应用，如联系人、部门信息、资产信息等，运用模板创建数据表会更加简便、快捷。

【例 3.1】　创建一个"人员信息"数据库，并在该数据库中使用表模板创建一个关于"联系人"的数据表。

操作步骤如下。

（1）打开 Access 2010，建立一个空数据库，命名为"人员信息"。

（2）在"人员信息"数据库的界面上，单击"表格工具/创建"→"模板"→"应用程序部件"按钮，弹出如图 3.1 所示窗口。在"快速入门"列表中选择"联系人"选项，即建立了一个"联系人"数据表，如图 3.2 所示。下面就可以在该表的"数据表视图"中进行添加记录、删除记录等操作了。

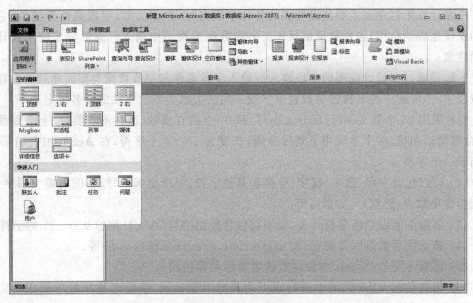

图 3.1 用模板创建表

图 3.2 "联系人"数据表

3.1.2 通过设计视图创建数据表

Access 2010 提供了查看数据表的 4 种视图方式。

(1) 设计视图,可以对表格的结构进行设置,比如,有哪些字段、每个字段的类型等。

(2) 数据表视图,可以浏览、修改每条记录的内容,是最常见、系统默认的视图。

(3) 数据透视表视图,用于按照不同的方式组织和分析数据。

(4) 数据透视图视图,用于以图形的方式显示数据。

其中,前两种视图是表的最基本、最常用的视图;后两种可以根据数据字段,设置交叉统计表格的行字段、列字段等,将数据以分类的方式显示成表格或统计图。

表模板中提供的模板类型是非常有限,而且运用模板创建的数据表也不一定完全符合要求,必须进行适当的修改;在更多的情况下,必须自己创建一个新表,这都需要用到"表设计器"。它是一种可视化工具,用于设计和编辑数据库中的表。

用设计视图创建表主要是设置表的各种字段名称、数据类型、字段属性等结构,它创建的仅仅是表的结构,各种数据记录还需要在数据表视图中输入。通常都是使用设计视图创建表。

字段是通过在设计视图的字段输入区输入字段名称和字段数据类型而建立的。在实际应用中,不同的字段名称需要设置该字段不同的数据类型。字段的命名规则如下。

(1) 采用26个英文字母(区分大小写)和0~9的自然数(经常不需要)加上下划线组成,命名简洁明确,多个单词用下划线分隔,长度为1~64个字符,在Access中一个汉字相当于一个字符。

(2) 可以包含字母、数字、汉字、空格和其他字符,字母全部小写,不能出现大写字母,不能包含小数点、感叹号、方括号等。

(3) 字段不能以空格字符开头,也不能包含控制字符(ASCII码值从0~31的字符)。

(4) 禁止使用数据库关键字,如name、time、datetime、password等。

(5) 尽量不要与Access内置函数或者属性名称相同。

(6) 为避免在VBA代码中查询或引用表时引起错误,字段名称尽量不使用空格字符,可使用下划线代替。

(7) 在使用字段名称时,应该引用完整的名称,禁止使用缩写。

字段的命名规则也适用于对Access数据库对象(如窗体报表等)和控件(如按钮、文本框等)的命名规则,只是控件名称的长度最多可达255个字符。

例3.2

【例3.2】 在"学生管理系统"数据库中,使用"表设计器"创建一个名为"学生信息"的表,表的结构如表3.1所示。

表3.1 "学生信息"表的结构

字段名称	数据类型	字段大小
学号	文本	10
姓名	文本	10
性别	文本	1
出生日期	日期/时间	
籍贯	文本	50
政治面貌	文本	10
班级编号	文本	6
入学分数	数字	整型
简历	备注	
照片	OLE对象	

操作步骤如下。

(1) 启动Access 2010,打开数据库"学生管理系统"。

(2) 切换到"创建"选项卡,单击"表格"组中的"表设计"按钮,进入表的设计视图,如图3.3所示。

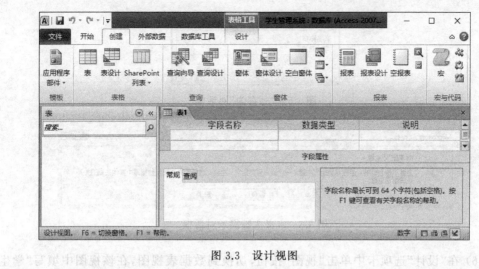

图 3.3　设计视图

（3）在"字段名称"栏中输入字段的名称"学号""姓名""性别""出生日期"等内容，在"数据类型"下拉列表框中选择相应字段的数据类型（表 3.1）；在"说明"栏中输入的内容为选择性输入，可以输入也可以不输入，如图 3.4 所示。

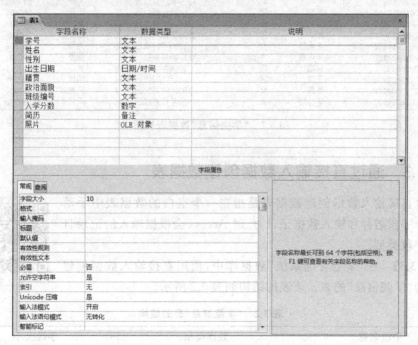

图 3.4　表结构设计结果

（4）单击"保存"按钮，弹出"另存为"对话框，在"表名称"文本框中输入"学生信息"，如图 3.5 所示。

（5）单击"确定"按钮，弹出如图 3.6 所示对话框，提示"尚未定义主键"，单击"否"按钮，暂时先不设定主键。

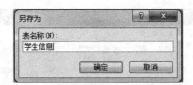

图 3.5 "另存为"对话框

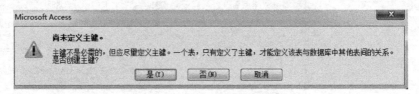

图 3.6 定义主键提示对话框

（6）在"设计"选项卡中单击"视图"按钮，切换到数据表视图，在该视图中填写"学生信息"表的数据记录，这样就完成了使用表的设计视图创建表的操作，完成的数据表如图 3.7 所示。

学号	姓名	性别	出生日期	籍贯	政治面貌	班级编号
2018010101	李明	男	1999年10月12日	福建	党员	180101
2018010102	刘阳	男	1998年6月7日	江西	团员	180101
2018010103	王小丽	女	2000年5月21日	河南	党员	180101
2018010201	张明	男	2000年12月22日	湖北	团员	180102
2018010202	王永芯	女	1999年1月2日	湖南	党员	180102
2018020101	张可颖	女	1999年9月3日	广东	团员	180201
2018020201	林斌	男	2000年3月5日	云南	党员	180201
2018020202	王健	男	2001年10月3日	吉林	团员	180201
2018030101	张霞	女	1999年5月30日	吉林	无党派	180301
2018030102	李佳欣	女	1999年11月12日	河北	无党派	180302

图 3.7 "学生信息"数据表视图

3.1.3 通过直接输入数据创建数据表

通过直接输入数据创建数据表是指在一个空白的数据表中手动添加各个字段名称和输入数据记录，此时 Access 会根据输入的记录自动指定字段类型。

例 3.3

【例 3.3】 在"学生管理系统"数据库中，使用直接输入数据创建一个名为"学院信息"的表。该表的结构如表 3.2 所示。

表 3.2 "学院信息"表的结构

字段名称	数据类型	字段大小
学院编号	文本	2
学院名称	文本	10

操作步骤如下。

（1）打开"学生管理系统"数据库，切换到"创建"选项卡，单击"表"按钮，自动生成名为"表1"的新数据表，并在数据表视图中打开，如图 3.8 所示。

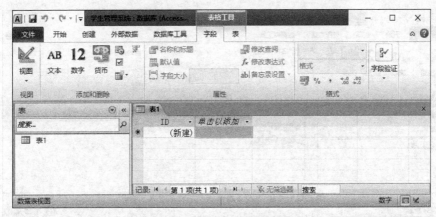

图 3.8　数据表视图

（2）选中 ID 字段列，单击"表格工具"中的"字段"选项卡，如图 3.9 所示。

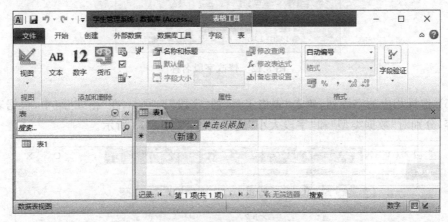

图 3.9　"表格工具"选项卡

（3）在"属性"组中，单击"名称和标题"按钮，打开"输入字段属性"对话框，在"名称"文本框中输入"学院编号"，如图 3.10 所示，单击"确定"按钮，完成添加"学院编号"字段，如图 3.11 所示。

图 3.10　"输入字段属性"对话框

（4）在"单击以添加"下面的单元格中，输入"信息科学"，此时 Access 会自动为"信息科学"所属的字段命名为"字段 1"，如图 3.12 所示，重复步骤（3）的操作，把"字段 1"修改为"学院名称"，也可以双击"字段 1"进行修改。

图 3.11 添加"学院编号"字段

图 3.12 修改字段名称

(5) 选择相应的字段列,单击"表格工具"的"字段"选项卡,在"格式"组中,根据表 3.2 的内容,分别对"数据类型"和"字段大小"进行设置,如图 3.13 所示。

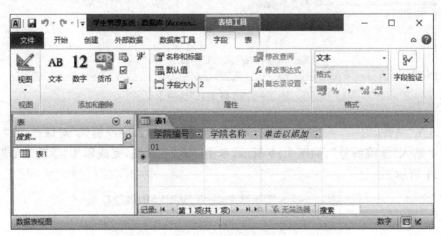

图 3.13 "字段"设置

(6) 直接在单元格中输入多条学院信息的记录,结果如图 3.14 所示。

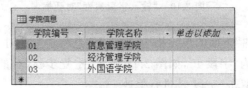

图 3.14 "学院信息"数据表视图

（7）单击"保存"按钮，在打开的"另存为"对话框中，输入数据表的名称"学院信息"，然后单击"确定"按钮即可保存。

3.1.4 通过获取外部数据创建数据表

在 Access 中，数据的导入是将其他格式的文件转化为 Access 的数据和数据库对象。Access 可以导入和链接的数据源有 Microsoft Access、Microsoft Excel、Text 文本、HTML 文件等。导入的数据一旦操作完毕就与外部数据无关，如同将整个数据"复制"过来，虽然导入的过程比较慢，但后期操作速度会很快。链接的数据只是在当前数据库形成一个链接表对象，只是去"使用"它，其内容随着数据源的变化而变化，比较适合在网络上"资源共享"的环境中应用。虽然链接过程比较快，但后续的操作速度比较慢。

【例 3.4】 将"学生成绩.xlsx"中的数据导入"学生管理系统"数据库表中，"学生成绩"表的结构如表 3.3 所示。

操作步骤如下。

（1）打开"学生管理系统"数据库，切换到"外部数据"选项卡，单击"导入并链接"组中的 Excel 按钮，如图 3.15 所示。

表 3.3 "学生成绩"表的结构

字段名称	数据类型	字段大小
学号	文本	10
课程号	文本	4
学期	文本	1
成绩	数字	整型

图 3.15 "导入并链接"组

（2）弹出如图 3.16 所示的"获取外部数据—Excel 电子表格"对话框，单击"浏览"按钮，在弹出的对话框中选择要导入的文件"学生成绩.xlsx"，如图 3.17 所示。

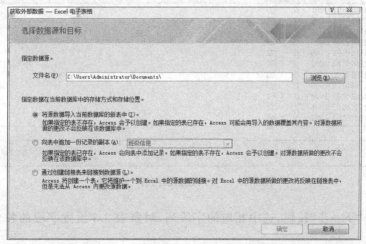

图 3.16 "获取外部数据—Excel 电子表格"对话框

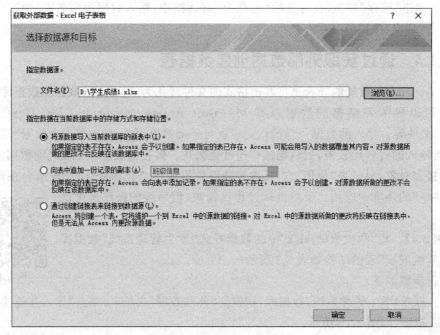

图 3.17　选择"学生成绩.xlsx"

（3）单击"确定"按钮，弹出"导入数据表向导"对话框，选中"第一行包含列标题"复选框，如图 3.18 所示。

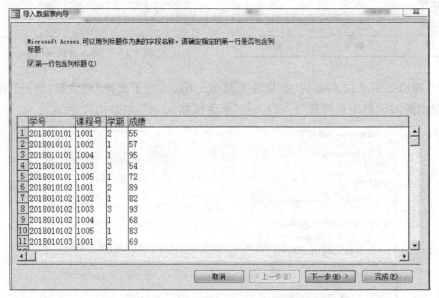

图 3.18　"导入数据表向导"对话框

（4）单击"下一步"按钮，选中相应的字段列，对照表 3.3 设置字段的各个选项值，如图 3.19 所示。

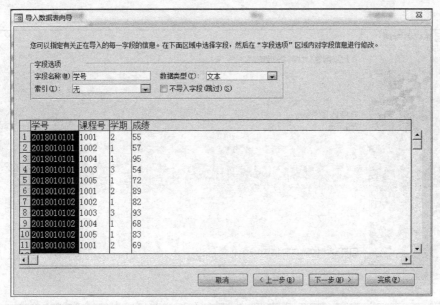

图 3.19　选中相应的字段列

(5) 单击"下一步"按钮,选中"不要主键"单选按钮,如图 3.20 所示。

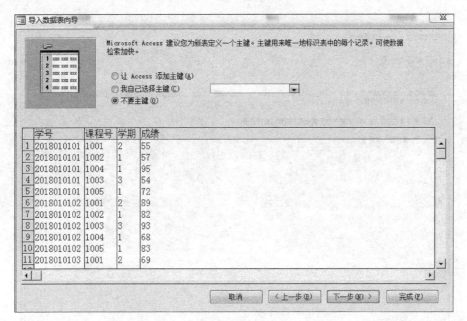

图 3.20　选中"不要主键"单选按钮

(6) 单击"下一步"按钮,在"导入到表"文本框中输入"学生成绩",如图 3.21 所示。

(7) 单击"完成"按钮,弹出"获取外部数据—Excel 表格"对话框,不勾选"保存导入步骤"复选框,如图 3.22 所示。

(8) 单击"关闭"按钮,完成"学生成绩.xlsx"的导入。

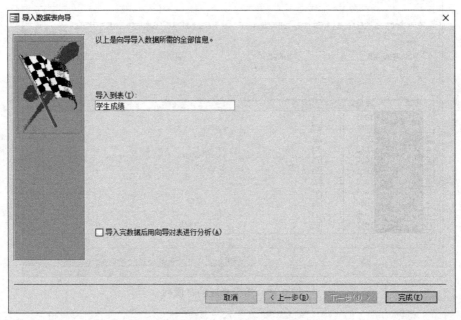

图 3.21　输入"学生成绩"

图 3.22　"获取外部数据—Excel 电子表格"对话框

3.1.5 主键的设置

表中经常有一列或多列的组合,其值能唯一地标识表中的每一行,这样的一列或多列称为表的主键。通过主键可强制表的实体完整性。在 Access 2010 中,一个表的主键(Primary Key,又称主索引)必然是唯一索引(Unique Index),它的值是不会重复的。主键为数据库中的每一条记录都提供了一个唯一的标识符,它是为提高 Access 在查询、窗体和报表中的快速查找功能而设计的,其作用如下。

(1) 保证实体的完整性。

(2) 加快数据库的操作速度。

(3) 在表中添加新记录时,DBMS 会自动检查新记录的主键值,不允许该值与其他记录的主键值重复。

【例 3.5】 根据"学生管理系统"数据库中"学生信息"表的结构,设置"学生信息"表的主键。

例 3.5

操作步骤如下。

(1) 打开"学生管理系统"数据库。

(2) 在"表"对象窗格中右击"学生信息"表,弹出如图 3.23 所示快捷菜单,选择"设计视图"命令,打开"学生信息"表设计视图,如图 3.24 所示。

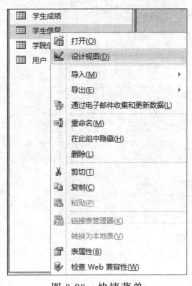

图 3.23 快捷菜单

(3) 在"设计视图"中选择要作为主键的一个字段或多个字段。如果只选择一个字段,只需单击该字段的行选择器;如果要选择多个字段,可按住 Shift 键(连续选择)或 Ctrl 键(不连续选择)然后选择每个字段的行选择器。本例中选择"学号"字段的行选择器。

(4) 在"表格工具"的"设计"选项卡中,单击"工具"组的"主键"按钮,或者在选定行内右击,在弹出的快捷菜单中选择"主键"命令,即可完成为"学生信息"表定义主键的操作,如图 3.25 所示。如果数据表的各个字段中没有适合作为主键的字段,可以使用 Access 自动创建的主键,并且为它指定"自动编号"的数据类型。

如果要更改已设置的主键,可以删除现有的主键,再重新指定新的主键。删除主键的操作步骤和创建主键的操作步骤相同,在"设计视图"中选择作为主键的字段行,然后在"表格工具"的"设计"选项卡中,单击"工具"组的"主键"按钮,或者在选定行右击,在弹出的快捷菜单中选择"主键"命令。完成操作之后,之前主键字段的左边不再显示钥匙标记,即已删除主键。

注意:删除的主键必须没有参与任何表关系,如果要删除的主键和某个表已经建立了表关系,Access 会警告必须先删除该关系。

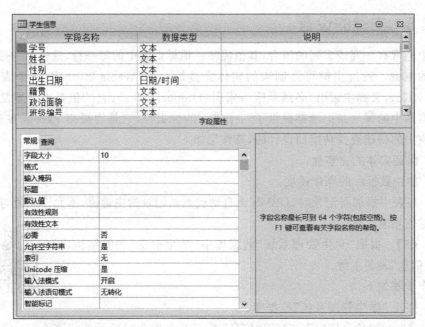

图 3.24 "学生信息"表设计视图

图 3.25 设置"学号"作为主键

3.1.6 字段属性的设置

字段属性表示字段所具有的特性,包括字段数据的保存、处理或显示。例如,通过设置文本字段的字段大小属性控制允许输入的最多字符数;通过定义字段的有效性规则属性限制在该字段中输入数据的规则,如果输入的数据违反了规则,Access 将显示提示信息,并告知合法的数据。字段属性区中的属性是针对具体字段而言的,要改变字段的属性,需要先单击该字段所在行,然后对字段属性区中给出的该字段属性进行设置和修改。

1. 字段大小

字段大小属性用于限制输入该字段的最大长度,当输入的数据超过该字段设置的字段大小时,系统将拒绝接收。字段大小属性只适用于文本、数字或自动编号类型的字段。文本型字段的字段大小属性取值范围是 0~255,默认值为 255;数字型字段的字段大小属性可以设置的种类最多,包括整型、长整型、单精度、双精度等;自动编号型字段的字段大小属性可设置为长整型和同步复制(也称为全球唯一标识符,在 Access 数据库中,一种用于建立同步复制唯一标识符的 16 字节字段,如 8AED 7962-CFE3-481A-A513-E5346B75029D)两种。文本型字段的字段大小属性可以在数据表视图和设计视图中设置。数字型和自动编号型字段的字段大小属性只能在设计视图中设置。设置时单击字段大小属性框,然后单击右侧下拉箭头按钮,从弹出的下拉列表中选择一种类型进行设置。

2. 格式

格式属性用来限制字段数据在数据表视图中的显示格式。例如,将"出生日期"字段的显示格式改为"××××年××月××日"。不同数据类型的字段,其显示格式有所不同,如表 3.4 所示。

表 3.4 各种数据类型可以选择的格式

日期/时间型		数字/货币型		文本/备注型		是/否型	
设置	说明	设置	说明	设置	说明	设置	说明
一般日期	如果数值只是一个日期,则不显示时间;如果数值只是一个时间,则不显示日期	一般数字	以输入的方式显示数字	@	要求是文本字符(字符或空格)	真/假	-1 为 True,0 为 False
长日期	格式:1998 年 5 月 21 日	货币	使用千位分隔符,负数用圆括号括起来	&	不要求是文本字符	是/否	-1 为是,0 为否
中日期	格式:98-05-21	整型	显示至少一位数字	<	使所有字符变为小写	开/关	-1 为开,0 为关
短日期	格式:1998/5/21	标准型	使用千位分隔符	>	使所有字符变为大写		
		百分比	将数值乘以 100 并附加一个百分号(%)	!	使所有字符由左向右填充		
		科学计数	使用标准科学计数法				

【例 3.6】 将"学生信息"表中"出生日期"字段的格式属性设置为"短日期"。

操作步骤如下。

(1) 用设计视图打开"学生信息"表,单击"出生日期"字段行的某一列。

（2）在"常规"属性中，单击"格式"属性框，然后单击右侧下拉箭头按钮，如图 3.26所示。

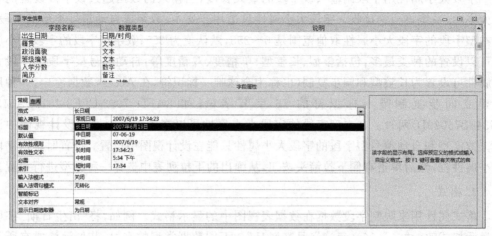

图 3.26　字段格式属性的设置

（3）在弹出的列表中单击选择"短日期"，即完成了"出生日期"字段的格式属性设置。

利用格式属性可以使数据的显示统一、美观。但需要注意，格式属性只影响数据的显示格式，并不影响其在表中存储的内容，而且格式属性只有在输入的数据被保存之后才能应用。如果需要控制数据的输入格式并按输入时的格式显示，则应设置输入掩码属性。

3. 输入掩码

输入数据时，有些数据具有相对固定的格式。例如，电话号码为 021-87659999，其中"021-"部分相对固定。如果通过手动方式重复输入这种固定格式的数据，非常麻烦。此时，可以定义一个输入掩码，将格式中相对固定的部分作为格式的一部分，这样在输入数据时，只需输入变化的部分即可。文本、数字、日期/时间、货币等数据类型字段都可以定义输入掩码。

设置输入掩码最简单的方法是使用 Access 提供的"输入掩码向导"。向导中提供了预定义输入掩码模板，例如，邮政编码、身份证号码和日期等，这些模板可以直接使用。

【例 3.7】　将"学生信息"表中"出生日期"的输入掩码属性设置为"中日期"。

（1）用设计视图打开"学生信息"表，单击"出生日期"字段行。

（2）在"输入掩码"属性框中单击，在属性框右侧出现一个"生成器"按钮，单击该按钮，打开"输入掩码向导"第一个对话框，如图 3.27 所示。

（3）在该对话框的"输入掩码"列表框中选择"中日期"选项，然后单击"下一步"按钮，弹出"输入掩码向导"第二个对话框，如图 3.28 所示。

（4）在该对话框中，确定输入掩码方式和分隔符。

（5）单击"下一步"按钮，单击"完成"按钮，设置结果如图 3.29 所示。

注意：如果为某字段定义了输入掩码，同时又设置了它的格式属性，格式属性将在数据显示时优先于输入掩码的设置。这意味着即使已经保存了输入掩码，在数据显示时也会被忽略。

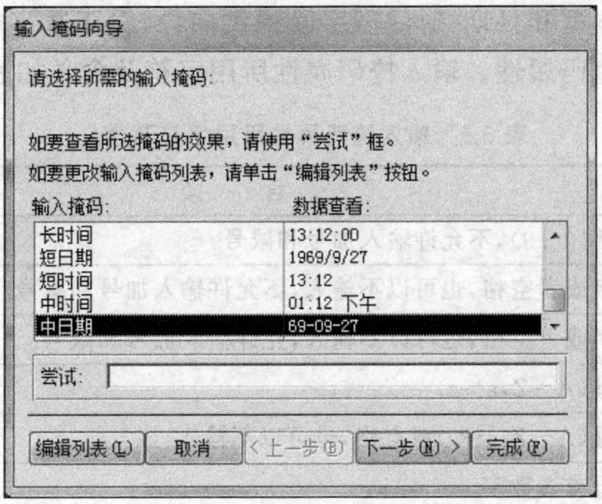

图 3.27 选择“中日期”选项

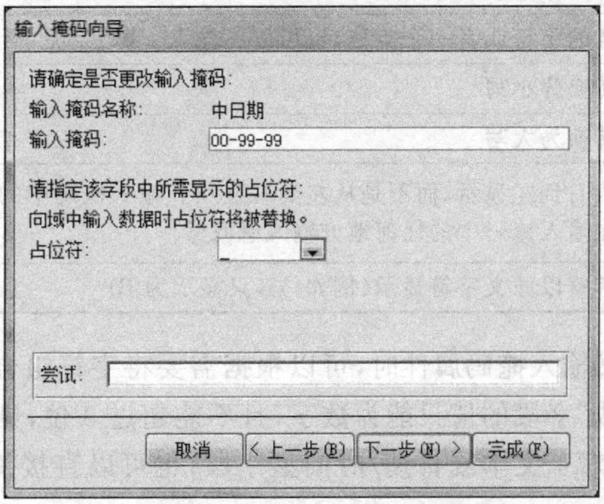

图 3.28 确定输入掩码方式和分隔符

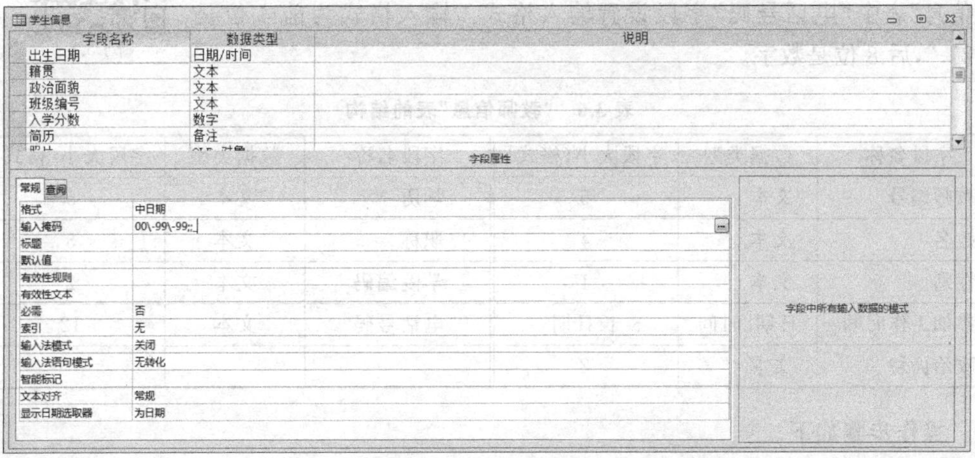

图 3.29 “出生日期”字段的输入掩码属性设置结果

输入掩码只为文本型和日期/时间型字段提供向导,对于数字或货币型字段,只能使用字符直接定义输入掩码属性。输入掩码属性所用字符及含义如表3.5所示。

表 3.5 输入掩码属性所用字符及含义

字符	含 义
0	必须输入数字(0～9),不允许输入加号和减号
9	可以输入数字或者空格,也可以不输入,不允许输入加号和减号
#	可以输入数字或者空格,也可以不输入,允许输入加号和减号
L	必须输入字母(A～Z,a～z)
?	可以输入字母(A～Z,a～z)或空格,也可以不输入
A	必须输入字母或者数字
a	可以输入字母或者数字,也可以不输入
&	必须输入任意的字符或一个空格
C	可以输入任意的字符或者一个空格,也可以不输入
<	将所有字符转换为小写
>	将所有字符转换为大写
!	使输入掩码从右到左显示,而不是从左到右显示。输入掩码中的字符始终都是从左到右输入。可以在输入掩码中的任何地方输入感叹号
\	使接下来的字符以原义字符显示(例如,\B 只显示为 B)

直接使用字符定义输入掩码属性时,可以根据需要将字符组合起来。例如,假设"学生信息"表中"入学分数"字段的值只能为数字,且不能超过3位,则可将该字段的输入掩码属性定义为"000"。对于文本或日期/时间型字段,也可以直接使用字符进行定义。

【例 3.8】 假设已经建立了如表 3.6 所示的"教师信息"表,为"教师信息"表中"电话号码"字段设置输入格式。输入格式为前 4 位是"021-",后 8 位是数字。

例 3.8

表 3.6 "教师信息"表的结构

字段名称	数据类型	字段大小(格式)	字段名称	数据类型	字段大小(格式)
教师编号	文本	5	学历	文本	5
姓名	文本	4	职称	文本	5
性别	文本	1	学院编码	文本	2
参加工作时间	日期/时间	长日期	电话号码	文本	12
政治面貌	文本	2			

操作步骤如下。

(1)用设计视图打开"教师信息"表,单击"电话号码"字段行。

(2)在"输入掩码"文本框中输入:"021-"00000000,结果如图 3.30 所示。

(3)设置完成后,保存"教师信息"表即可。

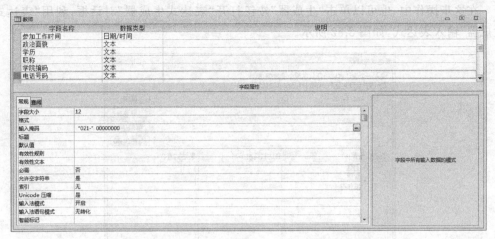

图 3.30 "电话号码"字段的输入掩码属性设置结果

4. 有效性规则

有效性规则用来防止将非法数据输入表中。有效性规则使用表达式描述,无论是通过数据表视图、与表绑定的窗体、追加查询,还是从其他表导入的数据,只要添加或编辑数据,都将强制实施有效性规则。有效性规则的形式以及设置目的随字段的数据类型不同而不同。对于文本型字段,可以设置输入的字符个数不能超过某一个值;对于数字型字段,可以使 Access 只接收一定范围内的数值;对于日期/时间型字段,可以将数值限制在某月份或某年份以内。

【例 3.9】 将"学生信息"表中"入学分数"字段的取值范围设为 500~700。

操作步骤如下。

(1) 用设计视图打开"学生信息"表,单击"入学分数"字段行。

(2) 在"有效性规则"属性框中输入表达式:>=500 And <=700(或 Between500 and 700),输入结果如图 3.31 所示。保存"学生信息"表。

图 3.31 设置"有效性规则"属性

在这步操作中,也可以单击"生成器"按钮打开"表达式生成器"对话框,利用"表达式生成器"输入表达式,如图3.32所示。

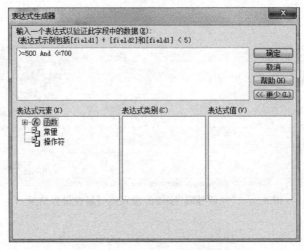

图3.32 "表达式生成器"对话框

(3) 属性设置完成后,可对其进行检验。方法是单击"设计"选项卡中的"视图"按钮,切换到数据表视图。在"入学分数"字段列中输入300,按Enter键。此时屏幕上会弹出如图3.33所示提示框。

图3.33 测试字段的有效性规则

这说明输入的值与有效性规则发生冲突,系统拒绝接收此数值。有效性规则的实质是一个限制条件,通过限制条件完成对输入数据的检查。因此,有效性规则能够检查错误的输入或者不符合逻辑的输入。

5. 有效性文本

输入的数据违反了有效性规则,系统会显示如图3.33所示的提示信息。显然系统给出的提示信息并不明确。为使错误提示更清楚、明确,可以定义有效性文本。

【例3.10】 为"学生信息"表中"入学分数"字段设置有效性文本。有效性文本值为"请输入500~700的数据!"。

操作步骤如下。

(1) 用设计视图打开"学生信息"表,单击"入学分数"字段行。

(2) 在"有效性文本"属性框中输入文本:"请输入500~700的数据!",如图3.34所示。保存"学生信息"表。

例3.10

(3) 完成上述操作后,单击"设计"选项卡中的"视图"按钮,切换到数据表视图。在数

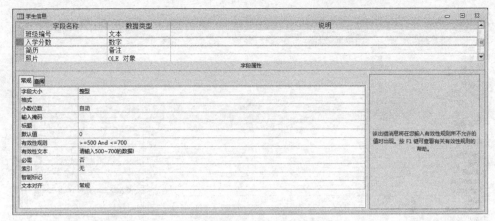

图 3.34　设置"有效性文本"属性

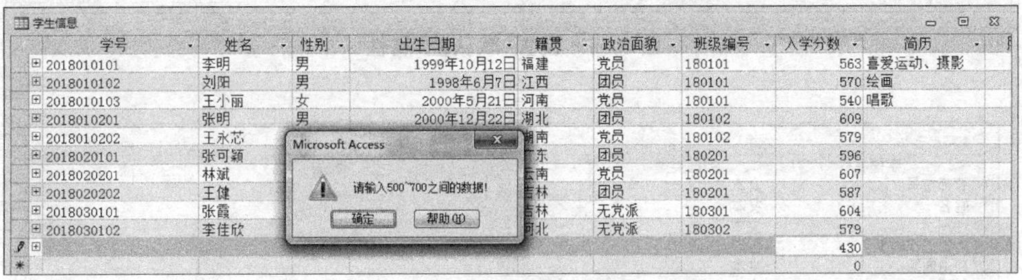

图 3.35　测试所设"有效性规则"和"有效性文本"

据表视图的"入学分数"字段列中输入 430,按 Enter 键,这时屏幕上弹出如图 3.35 所示的提示框。

6. 默认值

在一个数据库表中,往往会有一些字段的数值相同或者包含相同的部分。为减少数据输入工作量,提高输入效率,可以将出现较多的值作为该字段的默认值。

【例 3.11】　将"学生信息"表中"性别"字段的默认值属性设置为"女"。

操作步骤如下。

例 3.11

(1) 用设计视图打开"学生信息"表,单击"性别"字段行。

(2) 在"默认值"属性框中输入"女",如图 3.36 所示。

在文本框中输入文本类型的值时,可以不加引号,系统会自动加上引号。设置默认值后,Access 生成新记录时,这个默认值会被显示在相应的字段中,可以使用这个默认值,也可以输入新值来取代这个默认值。

除此之外,还可以使用表达式定义默认值。例如,若希望"教师信息"表中"参加工作时间"字段值为系统当前日期,可以在该字段的"默认值"属性框中输入表达式:=Date(),如图 3.37 所示。

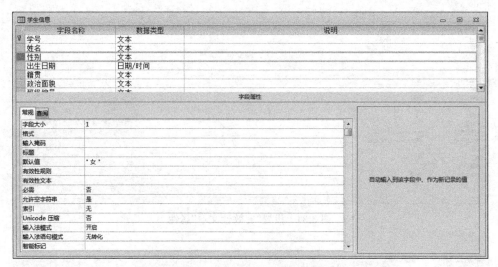

图 3.36 设置"默认值"属性

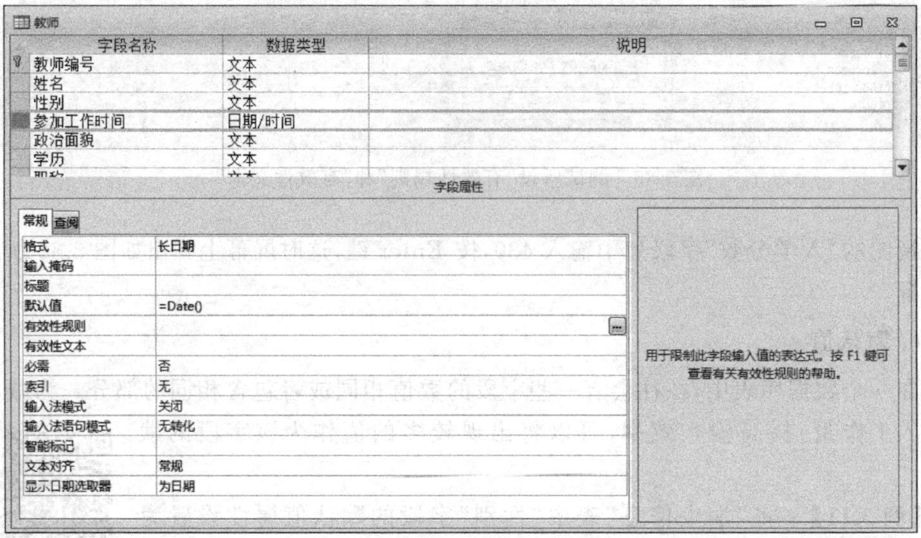

图 3.37 使用表达式设置"默认值"属性

注意：一旦表达式被用来定义默认值，就不能被同一个表中的其他字段引用。另外，设置默认值属性时必须与字段的数据类型相匹配，否则会出现错误。

7. 表达式

在 Access 早期版本中，只能通过查询、控件、宏或 VBA 代码进行计算，而 Access 2010 可以使用计算数据类型在表中创建计算字段，通过"表达式"属性设置计算公式，这样就可以在数据库中更方便地显示和使用计算结果。编辑某一记录时，Access 将更新计算字段，并在该字段中一直保持正确的值。

【例 3.12】 在"学生管理系统"数据库中,已经建立了"学生成绩"表,结构如表 3.7 所示。在"学生成绩"表中增加一个计算字段,字段名称为"标准成绩",计算公式为"标准成绩=[成绩]＊07"。

表 3.7 "学生成绩"表的结构

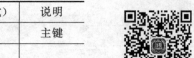
例 3.12

字段名称	数据类型	字段大小(格式)	说明
学号	文本	10	主键
课程号	文本	4	
学期	文本	1	
成绩	数字	整型	

操作步骤如下。

(1)用设计视图打开"学生成绩"表,单击"成绩"字段行下方第一个空行的"字段名称"列,并在其中输入"标准成绩"。

(2)单击"数据类型"列,并单击其右侧下拉箭头按钮,从下拉列表中选择"计算"数据类型,弹出"表达式生成器"对话框。

(3)在"表达式类别"区域中双击"成绩",然后输入"＊0.7",结果如图 3.38 所示。

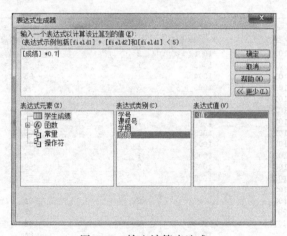

图 3.38 输入计算表达式

(4)单击"确定"按钮,回到设计视图。设置"结果类型"属性值为"整型","格式"属性值为"标准","小数位数"属性值为 0,设置结果如图 3.39 所示。

(5)单击"设计"选项卡中的"视图"按钮,切换到数据表视图,结果如图 3.40 所示。

8. 索引

索引是非常重要的属性。创建索引可以提高对记录进行查找和排序的速度并可以验证数据的唯一性。在 Access 中,索引分为唯一索引、普通索引和主索引 3 种类型。其中,唯一索引的索引字段值不能相同,即没有重复值。如果为该字段输入重复值,系统会提示操作错误,如果已有重复值的字段需要创建索引,则不能创建唯一索引。普通索引的索引字段值可以相同,即可以有重复值。在 Access 中,可以创建基于单个字段的索引,也可以

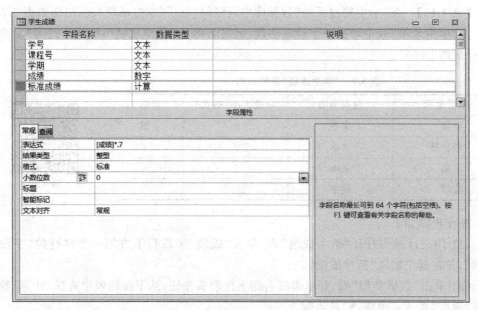

图 3.39 "表达式"属性设置结果

学号	课程号	学期	成绩	标准成绩
2018010101	1001	2	55	38
2018010101	1002	1	57	40
2018010101	1004	1	95	66
2018010101	1003	3	54	38
2018010101	1005	1	72	50
2018010102	1001	2	89	62
2018010102	1002	1	82	57
2018010102	1003	3	93	65
2018010102	1004	1	68	48
2018010102	1005	1	83	58
2018010103	1001	2	69	48
2018010103	1002	1	51	36
2018010103	1004	1	73	51
2018010103	1003	3	64	45
2018010201	1003	3	92	64
2018010201	1004	1	68	48
2018010201	1002	1	84	59
2018010201	1008	2	76	53
2018010201	1005	1	69	48
2018010202	1002	1	80	56
2018010202	1004	1	87	61
2018020101	1002	1	77	54

记录：第1项(共38项) 无筛选器 搜索

图 3.40 计算字段的计算结果

创建基于多个字段的索引。同一个表可以创建多个唯一索引,其中一个可设置为主索引,且一个表只能有一个主索引。

【例 3.13】 为"学生信息"表设置索引,索引字段为"班级编号"。

由于"班级编号"字段有重复值,因此在设置索引时应选择"有(有重复)"选项。

操作步骤如下。

（1）用设计视图打开"学生信息"表，单击"班级编号"字段行。

（2）单击"索引"属性框，然后单击其右侧下拉箭头按钮，如图 3.41 所示。从弹出的下拉列表中选择"有（有重复）"选项。

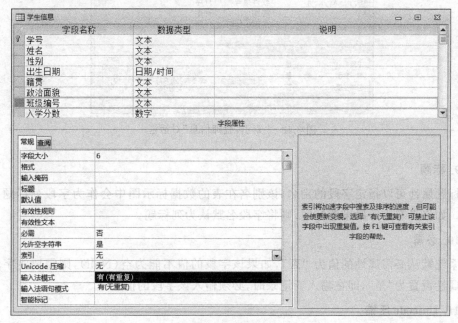

图 3.41　设置单字段索引

可以选择的索引属性选项有 3 个，具体说明如表 3.8 所示。

表 3.8　索引属性选项说明

索引属性值	说　　　明
无	该字段不建立索引
有（有重复）	以该字段建立索引，且字段中的内容可以重复
有（无重复）	以该字段建立索引，且字段中的内容不能重复，这种字段适合作为主键

如果经常需要同时检索或排序 2 个或更多的字段，可以创建多字段索引。使用多字段索引进行排序时，Access 将首先用定义在索引中的第 1 个字段进行排序，如果第 1 个字段有重复值，则继续用索引中的第 2 个字段排序，以此类推。

【例 3.14】　为"教师信息"表设置多字段索引，索引字段包括教师编号、性别和参加工作时间。

操作步骤如下。

（1）用设计视图打开"教师信息"表，单击"设计"选项卡，然后单击"显示/隐藏"组中的"索引"按钮，弹出"索引：教师信息"对话框。

（2）在"索引名称"列的第 1 行中显示了"PrimaryKey"，在"字段名称"列中显示了"教师编号"，这是以第 1 个字段名称命名的索引名称，也可以使用其他名称。在下一行中将"索引名称"列留空，然后在"字段名称"列中选择"性别"。使用相同方法将"参加工作时间"加入"字段名称"列中,如图 3.42 所示。

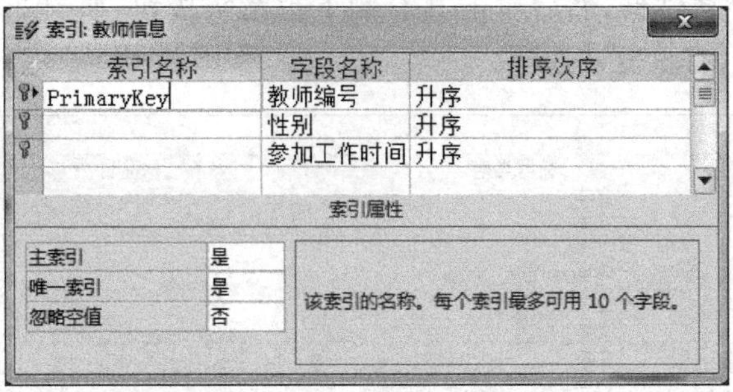

图 3.42 "索引:教师信息"对话框

9. 标题

标题属性可以指定字段的别名,该别名在表的数据标示图中会作为字段列标题显示出来。如果没有为字段设置标题,则将字段名默认为列标题。

10. 必需

系统默认必需属性的值为"否",如果该字段的值不能为空(Null),则需要将字段的必需属性设置为"是",即在输入新记录时,必须输入该字段的值。

11. Unicode 压缩

Unicode 压缩属性决定是否对文本、备注等字段的内容进行压缩,以节约存储空间,系统默认选择"是"。

12. 输入法模式

输入法模式属性用于控制不同字段采用不同的输入法模式,以减少启动或关闭中文输入法的次数。

除了以上介绍的字段属性外,Access 还提供了很多其他字段属性。例如,小数位数、允许空字符串、输入法语句模式、智能标记等,可以根据需要进行选择和设置。这些属性的设置思路和设置方法与上相同,不再赘述。

3.2 建立表间的关系

表关系是数据库中非常重要的一部分,甚至可以说,表关系就是 Access 作为关系数据库的根本。

Access 是关系数据库系统,设计 Access 的目的之一就是消除数据冗余(重复数据)。Access 将各种记录信息按照不同的主题,安排在不同的数据表中,通过在建立了关系的表中设置公共字段,实现各个数据表中数据的引用。

在关系数据库中,两个表之间的匹配关系可以为一对一、一对多和多对多 3 种方式,多对多联系可以通过两个一对多联系实现。在 Access 数据库中,通过定义数据表的关系,可以创建能够同时显示多个数据表的查询、窗体及报表等。

3.2.1　创建表间的关系

关系表示事物之间的内在联系。在同一数据库中,不同表之间的关联是通过主表的主键字段和子表的主键字段确定的,即公共字段。它们的字段名称不一定相同,但只要字段的类型和字段大小的属性一致,就可以正确地创建实施参照完整性的关系。

【例 3.15】　在"学生管理系统"数据库中,建立各表之间的关系,效果如图 3.49 所示。

例 3.15

操作步骤如下。

(1) 打开"学生管理系统"数据库,单击"数据库工具"选项卡下"关系"组中的"关系"按钮,打开"关系"窗口,如图 3.43 所示。

图 3.43　"关系"窗口

(2) 单击"设计"选项卡下的"显示表"按钮,或者在"关系"窗口中单击,弹出快捷菜单,选择"显示表"命令,弹出"显示表"对话框,如图 3.44 所示。

(3) 按住 Ctrl 键,选择"班级信息、教师信息、课程信息、身份证、学生成绩、学生信息和学院信息",单击"添加"按钮,选中的表被添加到"关系"窗口中。将光标移到表字段上右击,弹出快捷菜单,如图 3.45 所示,选择"表设计"选项,打开设计视图,设置每个表的主键及公共字段的字段大小的属性,如图 3.46 所示。

图 3.44　"显示表"对话框

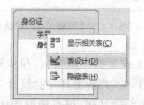

图 3.45　选择"表设计"选项

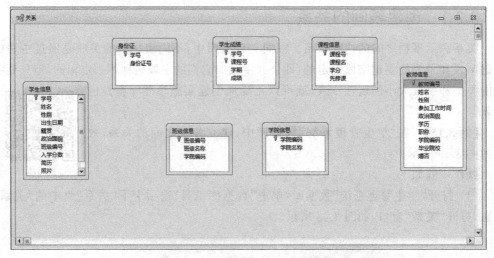

图 3.46 添加表到"关系"窗口中并设置主键

提示：在 Access 中，用户可以设置自动编号主键、单字段主键和多字段主键 3 种主键。多字段主键可以按住 Ctrl 键或者 Shift 键进行选择。

（4）用鼠标拖动"学生信息"表中的"学号"字段到"身份证"表中的"学号"字段处，松开鼠标后，弹出"编辑关系"对话框，如图 3.47 所示，在该对话框的下方显示两个表的"关系类型"为"一对一"。

（5）如果要在两个表间建立参照完整性，勾选"实施参照完整性"复选框，再单击"创建"按钮，返回"关系"窗口，可以看到，在"关系"窗口中两个表字段之间出现了一条关系连接线，如图 3.48 所示

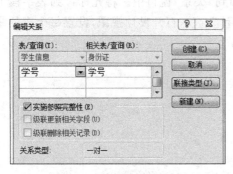

图 3.47 "编辑关系"对话框

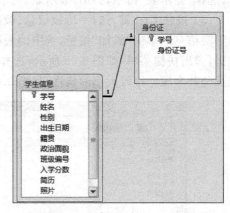

图 3.48 建立"一对一"联系

（6）重复操作步骤（4）和步骤（5），完成如图 3.49 所示的"一对一"和"一对多"联系。

（7）在"关系工具"的"设计"选项卡下单击"关系"组中的"关闭"按钮，弹出提示对话框，单击"是"按钮，保存数据库中各表的关系。

（8）在左侧导航窗格中，双击"学生信息"表，打开"学生信息"表的数据表视图，可以

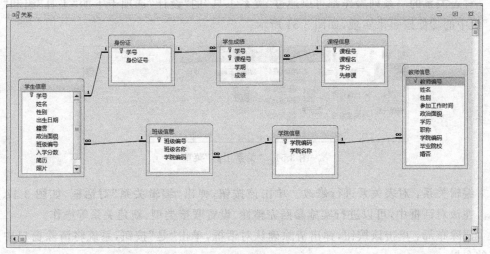

图 3.49　"一对一"和"一对多"联系

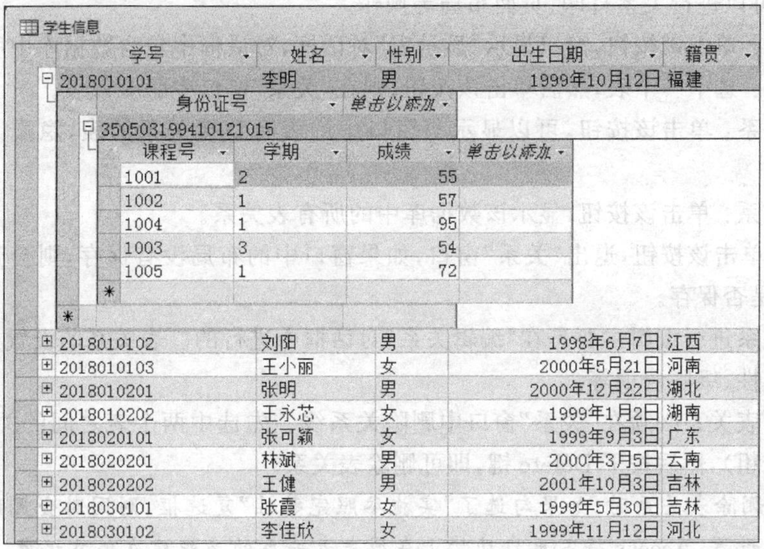

图 3.50　主/子表

看到在数据表的左侧多出了"+"标记,这说明表中存在关系,且该表为主表。单击数据表左侧的"+"展开,即以"子表"的形式显示出该学生的身份证号和课程成绩,如图 3.50 所示。"课程信息"表为子表,无法展开显示其他表的数据,单击"-"收缩按钮,就可以关闭子数据表。多层主/子表可以逐层展开,最多可以展开 7 层子表。

3.2.2　查看、编辑表间的关系

通常情况下经常需要查看数据库中各个表之间的关系,还要进行查看、修改、隐藏、打印等操作,有时还必须维护表数据的完整性,这些都涉及表关系的修改等操作。

对表关系的一系列操作都可以通过"关系工具"的"设计"选项卡下的"工具"组和"关系"组中的功能按钮来实现,如图 3.51 所示。

图 3.51 "关系工具"菜单

编辑关系:对表关系进行修改。单击该按钮,弹出"编辑关系"对话框,如图 3.47 所示。在该对话框中,可以进行实施参照完整性、设置联接类型、新建关系等操作。

清除布局:单击该按钮,弹出清除确认对话框,单击"是"按钮,系统将清除窗口中所有的布局。

关系报告:单击该按钮,Access 将自动生成各种表关系的报表,并进入"打印预览"视图,在这里可以进行关系打印、页面布局等操作。

显示表:单击该按钮,窗口显示"显示表"对话框,对话框中包含数据库中所有的表。

隐藏表:选中一个表,然后单击该按钮,则在"关系"窗口中隐藏该表。

直接关系:单击该按钮,可以显示与窗口中的表有直接关系的表,隐藏无直接关系的表。

所有关系:单击该按钮,显示该数据库中的所有表关系。

关闭:单击该按钮,退出"关系"窗口,如果窗口中的布局没有保存,则会弹出提示对话框,询问是否保存。

对表关系进行编辑主要是在"编辑关系"对话框中进行的。表关系的设置主要包括实施参照完整性、级联选项等。

要删除表关系必须在"关系"窗口中删除关系线。先选中两个表之间的关系线(关系线显示得较粗),然后按下 Delete 键,即可删除表关系。

说明:删除表关系时,如果勾选了"实施参照完整性"复选框,则同时会删除对该表的参照完整性设置,Access 将不再自动禁止在原来表关系的多端建立孤立记录。

如果表关系中涉及的任何一个表处于打开状态,或正在被其他程序使用,用户将无法删除该关系。必须先将这些打开或使用的表关闭,才能删除关系。

修改表关系是在"编辑关系"对话框中完成的。选中两个表之间的关系线(关系线显示得较粗),然后单击"设计"选项卡下的"编辑关系"按钮,或者直接双击连接线,在弹出的"编辑关系"对话框中进行相应的修改。

3.2.3 实施参照完整性

参照完整性是在数据库中规范表之间关系的一些规则,它的作用是保证数据库中表关系的完整性,拒绝使表的关系变得无效的数据修改。

数据表设置"实施参照完整性"以后,在数据库中编辑数据记录时会受到以下限制。

(1) 不可以在多端的表中输入主表中没有的记录；

(2) 当多端的表中含有和主表相匹配的数据记录时，不可以从主表中删除这个记录；

(3) 当多端的表中含有和主表相匹配的数据记录时，不可以在主表中更改主表中的主键值。

对数据库设置了参照完整性以后，就会对中间表的数据输入和主表的数据修改进行非常严格的限制，所以可以利用这个特点进行设置，以保证数据的参照完整性。

3.2.4 设置级联选项

数据库操作有时需要更改表关系一端的值，在这种情况下，需要在 Access 的一次操作中自动更新所有受影响的行，这样便可进行完整更新，使数据库处于一致的状态（即更新某些行时不更新其他行）。

在 Access 中，如果实施了参照完整性并勾选"级联更新相关字段"复选框，当更新主键时，Access 将自动更新参照主键的所有字段。

数据库操作也可能需要删除某一行及其相关字段，因此，Access 也支持设置"级联删除相关记录"复选框。如果实施了参照完整性并勾选"级联删除相关记录"复选框，则当删除包含主键的记录时，Access 会自动删除所有参照该主键的记录。

3.3 表记录的操作

数据表存储着大量的数据信息，称为记录。使用数据库进行数据管理，在很大程度上是对数据表中的记录进行管理，因此记录的重要性不言而喻。本节将着重介绍数据表中针对记录的一些操作方法。

3.3.1 对表记录进行添加、删除、查找操作

表是数据库中存储数据的唯一对象，在使用数据库时，对数据库输入数据、修改数据、删除数据和查找数据，是操作数据库必不可少的操作。

1. 添加记录

对数据库添加数据，就是向表中添加记录。添加记录的方法有以下 4 种。

(1) 直接将光标定位在表的最后一行。

(2) 在"表格工具"的"开始"选项卡下的"记录"组中，单击"新建"按钮。

(3) 将光标移到某条记录的最左侧选择器上，右击弹出快捷菜单，选择"新记录"命令。

(4) 要对某条记录进行修改时，只要用鼠标选中某条记录的各个字段一一进行修改即可。

2. 删除记录

对数据库删除数据，就是对表删除记录。删除记录的方法有以下 3 种。

(1) 将光标移到要删除的某条记录最左侧的选择器上，右击弹出快捷菜单，选择"删

除记录"命令。

  （2）选定要删除的某条记录，按住 Delete 键删除。

  （3）选定要删除的某条记录，单击"开始"选项卡下"记录"组中的"删除"按钮。

3. 查找与替换记录

  在 Access 2010 中，用户可以使用以下方法对记录进行查找与替换。

  （1）单击"开始"选项卡下"查找"组中的"查找"按钮，或按住 Ctrl＋F 组合键，弹出"查找和替换"对话框，如图 3.52 所示。

  （2）在"查找内容"文本框中输入要查找的内容，根据需要对查找范围、匹配和搜索等选项进行设置，然后单击"查找下一个"按钮即可进行查找。

  （3）如果要对记录进行替换，可在图 3.52 中单击"替换"选项卡，显示如图 3.53 所示。在"查找内容"文本框中输入要查找的内容，在"替换为"文本框中输入要替换的内容，根据需要对其他选项进行设置，单击"查找下一个"按钮即可进行查找替换。

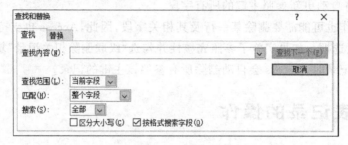

图 3.52 "查找"选项卡

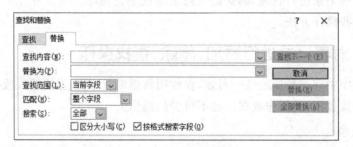

图 3.53 "替换"选项卡

3.3.2 对表记录进行排序操作

  在数据库中打开一个表时，表中的记录默认按主键字段升序排序。若表中未定义主键，则按输入数据的先后顺序排序记录。有时为了方便数据的查找和操作，需要重新整理数据，可以使用对数据进行排序的方法。

1. 排序规则

  排序是根据当前表中的一个或多个字段的值对整个表中的所有记录进行重新排序，可按升序或降序排序。排序时，不同的字段类型，排序规则有所不同，具体规则如下。

(1) 对于文本型字段，英文字母按 A～Z 的顺序从小到大排序，且同一字母的大小写视为相同；中文按拼音字母的顺序排序，靠后的为大；文本中出现的其他字符（如数字字符）按照 ASCII 码值的大小进行排序，西文字符比中文字符要小。

(2) 对于数字型、货币型字段，按数值的大小进行排序。

(3) 对于日期/时间型字段，按日期的先后顺序进行排序，靠后的日期为大，如♯2016-01-15♯比♯2015-01-15♯要大。

(4) 数据类型为备注型、超链接型、OLE 对象型或附件型的字段不能排序。

(5) 按升序排序字段时，如果字段的值为"空值"，则将包含"空值"的记录排序在最前面。

2. 按一个字段排序

按一个字段排序可以在数据表视图中进行，操作比较简单。例如，对"学生信息"表按"姓名"字段升序排序记录，具体操作方法是：用数据表视图打开"学生信息"表，选中"姓名"字段列，单击"开始"选项卡下"排序和筛选"组中的"升序"命令按钮即可。执行上述操作后，就可以改变表中原有的排序顺序，变为新的顺序。保存表时，将同时保存排序结果。

还可以使用"降序"命令按钮实现降序排序，使用"取消排序"命令按钮取消所有排序。

3. 按多个字段排序

按多个字段进行排序时，首先根据第 1 个字段，按照指定的顺序进行排序，当第 1 个字段具有相同值时再按照第 2 个字段进行排序，以此类推，直到全部按指定的字段排好序为止。例如，在"学生信息"表中首先按"性别"字段升序排序，性别相同时再按"出生日期"字段降序排序。具体操作方法是：用数据表视图打开"学生信息"表，设置按"性别"字段升序排序，再设置按"出生日期"字段降序排序，排序结果如图 3.54 所示。

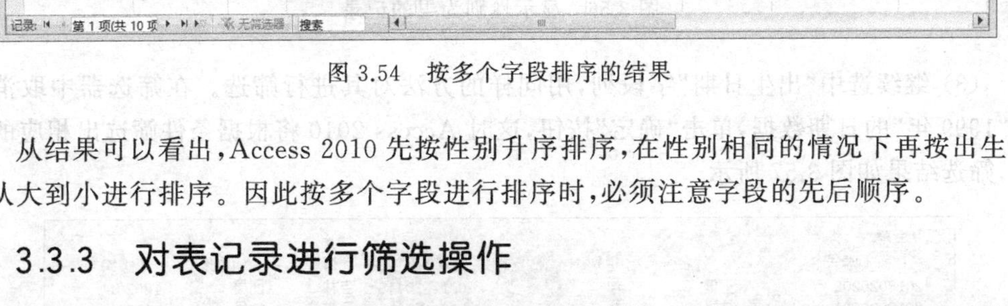

学号	姓名	性别	出生日期	籍贯	政治面貌	班级编号	入学分数	简历	照片
2018020202	王健	男	2001年10月3日	吉林	团员	180201	587		
2018010201	张明	男	2000年12月22日	湖北	团员	180102	609		
2018010103	王小丽	女	2000年5月21日	河南	党员	180101	540	唱歌	
2018020201	林斌	男	2000年3月5日	云南	党员	180201	607		
2018030102	李佳欣	女	1999年11月12日	河北	无党派	180302	579		
2018010101	李明	男	1999年10月12日	福建	党员	180101	563	喜爱运动、摄影	Package
2018020101	张可颖	女	1999年9月3日	广东	团员	180201	596		
2018030101	张霞	女	1999年5月30日	吉林	无党派	180301	604		
2018010202	王永芯	女	1999年1月2日	湖南	团员	180102	579		
2018010102	刘阳	男	1998年6月7日	江西	团员	180101	570	绘画	
*							0		

记录：第 1 项(共 10 项) 无筛选器 搜索

图 3.54　按多个字段排序的结果

从结果可以看出，Access 2010 先按性别升序排序，在性别相同的情况下再按出生日期从大到小进行排序。因此按多个字段进行排序时，必须注意字段的先后顺序。

3.3.3　对表记录进行筛选操作

从表中挑选出满足某种条件的记录称为记录的筛选。经过筛选后的表，只显示满足条件的记录，而那些不满足条件的记录将被隐藏。Access 2010 提供了 4 种筛选记录的方法，分别是按内容筛选、按条件筛选、按窗体筛选以及高级筛选。

1. 按内容筛选

按内容筛选是一种最简单的筛选方法,它可以很容易地找到包含某字段值的记录。

例 3.16

【**例 3.16**】 在"学生信息"表中,筛选出不是 1999 年出生的男生的记录。

操作步骤如下。

(1)用数据表视图打开"学生信息"表,选中"性别"字段列,单击"开始"选项卡下"排序和筛选"组中的"筛选器"命令按钮,或者直接单击"性别"字段列标题右侧的下拉按钮,弹出如图 3.55 所示的"筛选器"菜单。

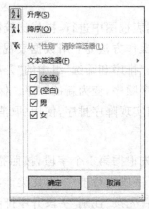

图 3.55 "筛选器"菜单

(2)勾选"男"复选框,取消选中其他复选框,单击"确定"按钮,则表中仅保留男生的记录,筛选结果如图 3.56 所示。

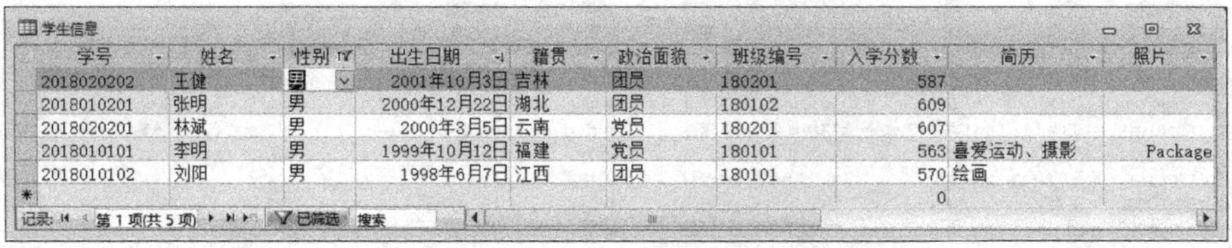

学号	姓名	性别	出生日期	籍贯	政治面貌	班级编号	入学分数	简历	照片
2018020202	王健	男	2001年10月3日	吉林	团员	180201	587		
2018010201	张明	男	2000年12月22日	湖北	团员	180102	609		
2018020201	林斌	男	2000年3月5日	云南	党员	180201	607		
2018010101	李明	男	1999年10月12日	福建	党员	180101	563	喜爱运动、摄影	Package
2018010102	刘阳	男	1998年6月7日	江西	团员	180101	570	绘画	

记录: ◄ 第 1 项(共 5 项) ► ►► ► ▼已筛选 搜索

图 3.56 显示性别为男的记录

(3)继续选中"出生日期"字段列,用同样的方法对其进行筛选。在筛选器中取消选中"1999 年"的日期数据,单击"确定"按钮,这时 Access 2010 将根据条件筛选出相应的记录,筛选结果如图 3.57 所示。

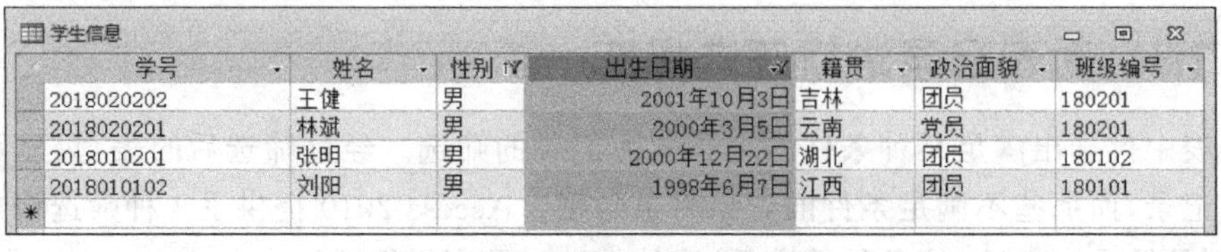

学号	姓名	性别	出生日期	籍贯	政治面貌	班级编号
2018020202	王健	男	2001年10月3日	吉林	团员	180201
2018020201	林斌	男	2000年3月5日	云南	党员	180201
2018010201	张明	男	2000年12月22日	湖北	团员	180102
2018010102	刘阳	男	1998年6月7日	江西	团员	180101

图 3.57 按内容筛选的结果

如果要取消筛选效果,恢复被隐藏的记录,只需在"排序和筛选"组中单击"切换筛选"命令按钮即可。

2. 按条件筛选

按条件筛选是一种较灵活的方法,可根据输入的条件进行筛选。

【例3.17】 在"学生信息"表中,筛选出入学分数在600分以上的记录。

操作步骤如下。

(1) 用数据表视图打开"学生信息"表,选中"入学分数"字段列,打开"筛选器"菜单。

(2) 选择"数字筛选器"中的"大于"命令,弹出"自定义筛选"对话框,如图3.58所示。

(3) 在该对话框中输入600,单击"确定"按钮,筛选结果如图3.59所示。

例3.17

图3.58 "自定义筛选"对话框

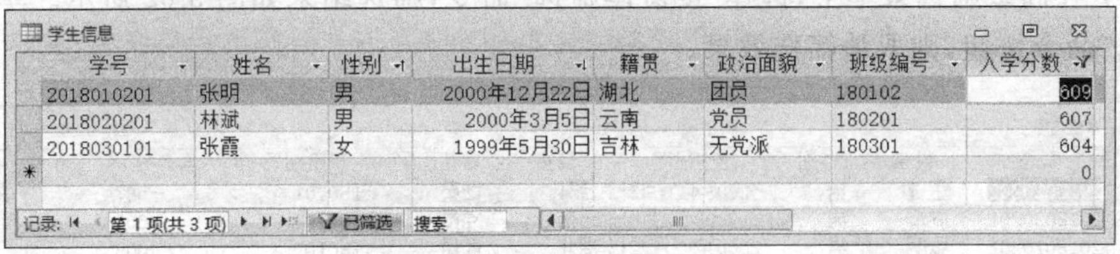

学号	姓名	性别	出生日期	籍贯	政治面貌	班级编号	入学分数
2018010201	张明	男	2000年12月22日	湖北	团员	180102	609
2018020201	林斌	男	2000年3月5日	云南	党员	180201	607
2018030101	张霞	女	1999年5月30日	吉林	无党派	180301	604
*							0

记录: 第1项(共3项) 已筛选 搜索

图3.59 按条件筛选的结果

说明:直接双击"学生信息"表,默认为用数据表视图打开。

3. 按窗体筛选

按窗体筛选是一种快速筛选的方法,使用它时不用浏览整个表中的记录,还可以同时对两个以上字段的值进行筛选。

【例3.18】 使用窗体筛选操作"学生信息"表,筛选出不是1999年出生的男生的记录。

例3.18

操作步骤如下。

(1) 用数据表视图打开"学生信息"表,单击"开始"选项卡下"排序和筛选"组中的"高级"命令按钮,弹出如图3.60所示的高级筛选菜单。

(2) 选择"按窗体筛选"命令,此时数据表视图变成"学生信息:按窗体筛选"窗口,在该窗口中为字段设定条件。

(3) 单击要进行筛选的字段,这里选择"性别"字段,单击右侧的下拉按钮,在弹出的下拉列表中选择"男",再选择"出生日期"字段,输入"<#1999/1/1# Or>#1999/12/31#",如图3.61所示。这是一个逻辑表达式,表示出生日期小于1999/1/1或大于1999/12/31,即非1999年出生的学生记录。

图 3.60　高级筛选菜单

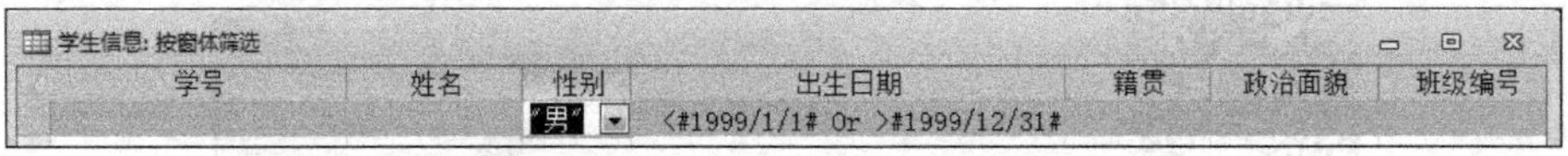

学生信息：按窗体筛选						
学号	姓名	性别	出生日期	籍贯	政治面貌	班级编号
		"男"	<#1999/1/1# Or >#1999/12/31#			

图 3.61　"学生信息：按窗体筛选"窗口

（4）在高级筛选菜单中，选择"按窗体筛选"命令，筛选结果如图 3.62 所示。单击"切换筛选"命令按钮，则取消筛选效果。

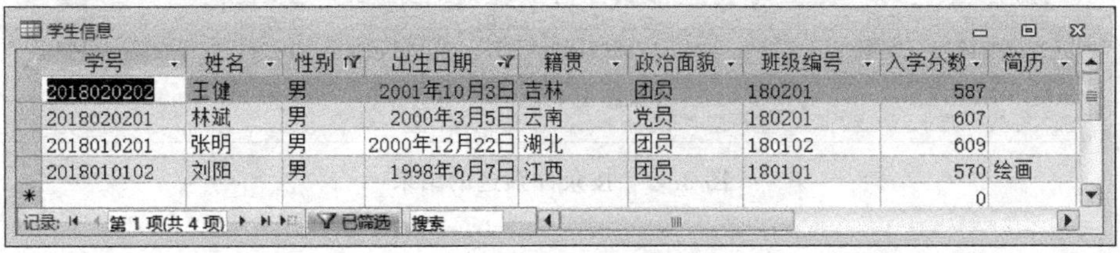

学生信息								
学号	姓名	性别	出生日期	籍贯	政治面貌	班级编号	入学分数	简历
2018020202	王健	男	2001年10月3日	吉林	团员	180201	587	
2018020201	林斌	男	2000年3月5日	云南	党员	180201	607	
2018010201	张明	男	2000年12月22日	湖北	团员	180102	609	
2018010102	刘阳	男	1998年6月7日	江西	团员	180101	570	绘画
							0	

记录：第1项(共4项)　已筛选　搜索

图 3.62　按窗体筛选的结果

如果选择两个以上的值，还可以通过"学生信息：按窗体筛选"窗口底部的"或"标签确定两个字段值之间的关系。例如，保持上述筛选条件设置不变，再选择"学生信息：按窗体筛选"窗口底部的"或"标签，选择"籍贯"字段列，单击右侧的下拉按钮，在弹出的下拉列表中选择"江西"，则筛选结果如图 3.63 所示，即筛选出非 1999 年出生的男生或河南籍的所有学生的记录。

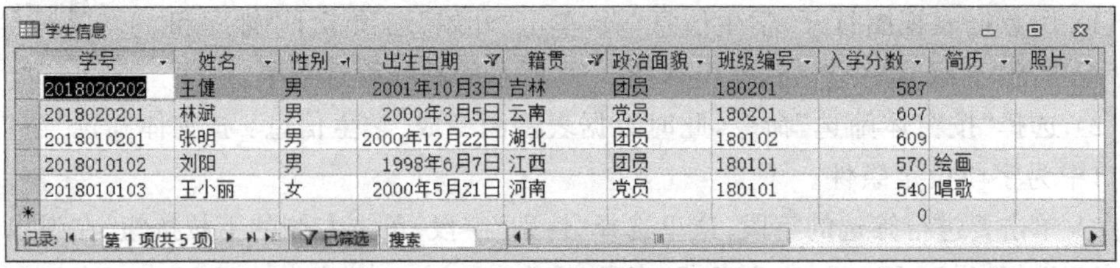

学生信息									
学号	姓名	性别	出生日期	籍贯	政治面貌	班级编号	入学分数	简历	照片
2018020202	王健	男	2001年10月3日	吉林	团员	180201	587		
2018020201	林斌	男	2000年3月5日	云南	党员	180201	607		
2018010201	张明	男	2000年12月22日	湖北	团员	180102	609		
2018010102	刘阳	男	1998年6月7日	江西	团员	180101	570	绘画	
2018010103	王小丽	女	2000年5月21日	河南	党员	180101	540	唱歌	
							0		

记录：第1项(共5项)　已筛选　搜索

图 3.63　设置"或"条件的筛选结果

还可以把筛选作为查询对象存储起来，以备以后使用。具体操作方法是：在"学生信息：按窗体筛选"窗口中，单击"开始"选项卡下"排序和筛选"组中的"另存为查询"命令按钮,弹出"另存为查询"对话框。输入查询名称后,单击"确定"按钮,以后需要查询记录时只需在导航窗格中找到该查询打开即可。

4. 高级筛选

前面介绍的 3 种筛选方法能设置的筛选条件单一,但在实际应用中,常常涉及更为复杂的筛选条件,此时使用高级筛选可以更容易地实现。使用高级筛选不仅可以筛选出满足复杂条件的记录,还可以对筛选的结果进行排序。

【例 3.19】 使用高级筛选操作"学生信息"表,筛选出不是 1999 年出生的男生的记录,且将记录按"出生日期"降序排序。

操作步骤如下。

(1) 使用数据表视图打开"学生信息"表,单击"开始"选项卡下"排序和筛选"组中的"高级"命令按钮,弹出高级筛选菜单,选择"高级筛选/排序"命令,此时出现"学生信息筛选 1"窗口,如图 3.64 所示,在该窗口中为字段设定条件。

例 3.19

(2) 单击窗口中第 1 列"字段"行右侧的下拉按钮,打开字段列表,选择"性别"字段,然后用同样的方法在第 2 列的"字段"行选择"出生日期"字段。

(3) 在"性别"列的"条件"行中输入"男",在"出生日期"列的"条件"行中输入"< #1999/1/1# Or > #1999/12/31#"。在"出生日期"列的"排序"行中选择"降序"选项。设置结果如图 3.65 所示。

图 3.64 "学生信息筛选 1"窗口

图 3.65 高级筛选设置

(4) 单击"开始"选项卡下"排序和筛选"组中的"高级"命令按钮,在弹出的高级筛选菜单中选择"应用筛选/排序"命令,筛选的记录结果如图 3.66 所示。可以和图 3.63 进行比较,看看筛选结果有哪些差异。

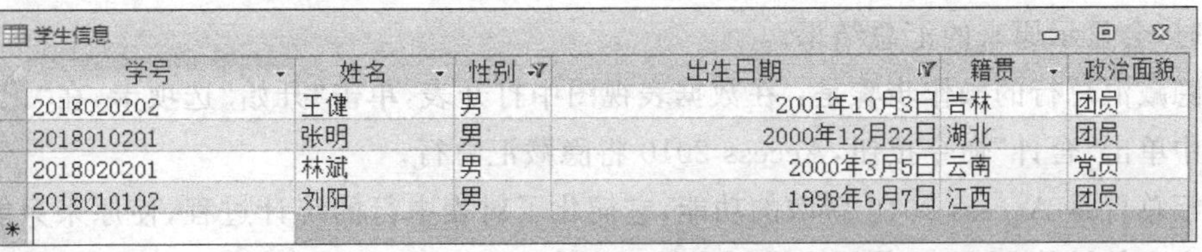

学号	姓名	性别	出生日期	籍贯	政治面貌
2018020202	王健	男	2001年10月3日	吉林	团员
2018010201	张明	男	2000年12月22日	湖北	团员
2018020201	林斌	男	2000年3月5日	云南	党员
2018010102	刘阳	男	1998年6月7日	江西	团员

图 3.66 高级筛选的结果

3.3.4 对表记录进行汇总统计

对表记录进行汇总统计是一项经常使用并且十分有用的操作。例如,在"学生信息"表中求全体学生的平均入学分数、平均年龄等。Access 2010 通过向表中添加汇总行来实现表中项目的统计。显示汇总行时,可以从下拉列表中选择汇总函数实现有关统计。

1. 向表中添加汇总行

在 Access 2010 中,对表中不同类型字段的汇总内容有所不同,对文本型字段可以计数,对数字型字段可以实现最大值、最小值、合计、计数、平均值、标准偏差和方差等统计计算。

【例 3.20】 求"学生信息"表中全体学生的平均入学成绩。

例 3.20

操作步骤如下。

(1)用数据表视图打开"学生信息"表,单击"开始"选项卡,在"记录"命令组中单击"合计"命令按钮,在"学生信息"表的最后一条记录下方添加一个汇总行,如图 3.67 所示。

学号	姓名	性别	出生日期	籍贯	政治面貌	班级编号	入学分数	简历	照片
2018020202	王健	男	2001年10月3日	吉林	团员	180201	587		
2018020201	林斌	男	2000年3月5日	云南	党员	180201	607		
2018010201	张明	男	2000年12月22日	湖北	团员	180102	609		
2018010102	刘阳	男	1998年6月7日	江西	团员	180101	570	绘画	
2018010101	李刚	男	1999年10月12日	福建	党员	180101	563	喜爱运动	Package
2018030102	李佳欣	女	1999年11月12日	河北	无党派	180302	579		
2018030101	张霞	女	1999年5月30日	吉林	无党派	180301	604		
2018020101	张可颖	女	1999年9月3日	广东	团员	180201	596		
2018010202	王永芯	女	1999年1月2日	湖南	党员	180102	579		
2018010103	王小丽	女	2000年5月21日	河南	党员	180101	540	唱歌	
*							0		
汇总									

记录: ◄ 第 1 项(共 10 项) ► ►| ►* 未筛选 搜索

图 3.67 添加汇总行

(2)单击汇总行中"入学分数"字段列,出现一个下拉按钮,单击下拉按钮,在出现的汇总函数列表中选择"平均值",如图 3.68 所示。这时平均入学成绩将显示在单元格中,如图 3.69 所示。

2. 隐藏汇总行

如果暂时不需要显示汇总行,但又不想删除汇总行,则可隐藏汇总行。当再次显示汇总行时,会显示原来的汇总结果。

隐藏汇总行的操作步骤是:在数据表视图中打开表,单击"开始"选项卡,在"记录"命令组中单击"合计"命令按钮,Access 2010 将隐藏汇总行。

汇总行是 Access 2010 新增的功能,它简化了对表中行的统计过程,使原来只能在查询中实现的计算,在表的数据表视图中就可以实现。

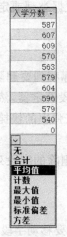

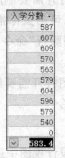

图 3.68 汇总函数列表　　　　图 3.69 "入学分数"字段平均值

3.4 表的维护

在创建表之后,由于种种原因导致表的结构不合适,或表的内容不能满足实际需要。此时,需要对表结构和表内容进行维护,从而更好地实现表的操作。

3.4.1 表结构的修改

1. 修改字段

修改字段是在设计视图和数据表视图下修改。

(1) 在设计视图中,如果要修改字段名称,则单击该字段的"字段名称"列,然后修改字段名称;如果要修改字段数据类型,则单击该字段"数据类型"列右侧的下拉按钮,然后从打开的下拉列表中选择需要的数据类型;如果要修改字段属性,则选中该字段,在"字段属性"区域进行修改。

(2) 在数据表视图中,如果要修改字段名称,其方法是:双击需要修改的字段名称进入修改状态,或右击需要修改的字段名称,在弹出的快捷菜单中选择"重命名字段"命令;如果还要修改字段数据类型或定义字段的属性,可以选择"表格工具"下"字段"选项卡中的有关命令。

2. 添加字段

添加字段也是通过设计视图或数据表视图对表的结构进行修改。

(1) 用设计视图打开需要添加字段的表,然后将光标移到要插入新字段的字段行,单击"表格工具"→"设计"→"工具"→"插入行"命令按钮,或右击某字段,在弹出的快捷菜单中选择"插入行"命令,则在当前字段的上面插入了一个空行,在空行中依次输入字段名称、字段数据类型即可。

(2) 用数据表视图打开需要添加字段的表,右击某一列标题,在弹出的快捷菜单中选择"插入字段"命令,双击新列中的字段名称"字段 1",为该列输入唯一的名称。再选择

"表格工具"下的"字段"选项卡中的相关命令修改字段数据类型或定义字段的属性即可。

3. 删除字段

与添加字段操作相似,删除字段也有以下两种方法。

(1)用设计视图打开需要删除字段的表,然后将光标移到要删除的字段行上,如果要选择一组连续的字段,可用鼠标指针拖过所选字段的字段选定器,然后单击"表格工具"→"设计"→"工具"→"删除行"命令按钮;或右击某字段,在弹出的快捷菜单中选择"删除行"命令。

(2)用数据表视图打开需要删除字段的表,右击要删除的字段列,在弹出的快捷菜单中选择"删除字段"命令。

4. 移动字段

移动字段可以在设计视图中进行,用设计视图打开需要移动字段的表,单击字段选定器选中需要移动的字段,然后按住鼠标左键不放,拖动鼠标即可将该字段移到新的位置。

3.4.2 表中内容的修改

修改表中的内容是一项经常性的操作,主要包括定位记录、添加记录、删除记录、修改数据等操作。

1. 定位记录

要修改表中数据,选择所需记录是首要操作。常用的定位记录方法有以下两种。

(1)使用记录号定位所需记录。可以使用数据表视图窗口下端的记录定位器,如图3.70所示。例如,要将指针定位到"学生信息"表中的第5条记录上,可以使用数据表视图打开"学生信息"表,然后双击记录定位器中的"当前记录号"文本框,在该文本框中输入5并按Enter键,这时光标将定位在第5条记录上。在"搜索"框中输入要搜索的内容并按Enter键,可以在全部记录中查找该内容。还可以使用记录定位器中的其他按钮实现快速记录定位。

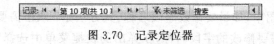

图3.70 记录定位器

(2)使用全屏幕编辑的快捷键定位记录。其操作方法与一般全屏幕操作方法类似,快捷键及其定位功能如表3.9所示。

表3.9 快捷键及其定位功能

快捷键	定位功能
Tab、Enter、→	下一字段
Shift＋Tab、←	上一字段
Home	当前记录中的第1个字段
Ctrl＋Home	第1条记录中的第1个字段
End	当前记录中的最后一个字段

续表

快捷键	定 位 功 能
Ctrl+End	最后一条记录中的最后一个字段
↑	上一条记录中的当前字段
Ctrl+↑	第一条记录中的当前字段
↓	下一条记录中的当前字段
Ctrl+↓	最后一条记录中的当前字段
Page Dn	下移一屏
Page Up	上移一屏
Ctrl+Page Dn	右移一屏
Ctrl+Page Up	左移一屏

2. 添加记录

添加记录时，使用数据表视图打开要编辑的表，可以将光标直接移到表的最后一行，直接输入要添加的数据，也可以单击记录定位器中的"新(空白)记录"按钮，或单击"开始"选项卡，在"记录"命令组中单击"新建"命令按钮，待光标移到表的最后一行后输入要添加的数据。

3. 删除记录

删除记录时，使用数据表视图打开要编辑的表，选定要删除的记录，然后单击"开始"选项卡，在"记录"命令组中单击"删除"命令按钮，在弹出的删除记录提示框中，单击"是"按钮执行删除，单击"否"按钮取消删除。

在数据表中，可以一次删除多条相邻的记录。如果要一次删除多条相邻的记录，则在选择记录时，先单击第1条记录的记录选定器，然后拖动鼠标使光标经过要删除的每条记录，选定后执行删除操作。

注意：删除操作是不可恢复的操作，在删除记录前要确认该记录是否要删除。

4. 修改数据

在数据表视图中修改数据的方法非常简单，只要将光标移到要修改数据的相应字段直接修改即可。其操作方法与一般文字处理软件中的编辑修改类似。

3.4.3　表中数据的查找与替换

在对表进行操作时，如果表中存放的数据非常多，那么查找某一数据就比较困难。Access 2010 提供了非常方便的查找和替换功能，使用它可以快速找到所需要的数据，必要时，还可以将找到的数据替换为新的数据。

1. 查找指定数据

前面已经介绍了定位记录操作，实际上查找数据的操作也是一种定位记录的方法，它能将光标快速移到查找到的数据位置，从而可以对查找到的数据进行编辑修改。

【例3.21】 查找"学生信息"表中"性别"为"男"的学生记录。

操作步骤如下。

(1) 用数据表视图打开"学生信息"表,将光标定位在"性别"字段列的字段名称上,此时光标会变成一个粗体黑色向下箭头↓,单击选中"性别"字段列。

(2) 单击"开始"选项卡,在"查找"命令组中单击"查找"命令按钮,弹出"查找和替换"对话框,如图3.71所示。

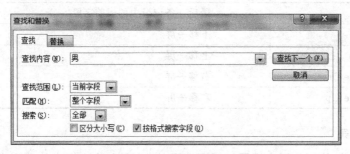

图3.71 "查找和替换"对话框

(3) 在该对话框的"查找内容"下拉列表框中会自动显示光标所在列的字段的值,即"男",也可以手动输入要查找的内容。如果需要,可以进一步设置"查找和替换"对话框中的其他选项,可以在"查找范围"下拉列表框中选择"当前字段"选项,将整个表作为查找的范围。在"查找范围"下拉列表中所包含的字段是在进行查找之前光标所在的字段。在查找之前,最好将光标移到所要查找的字段上,这样比对整个表进行查找效率更高。在"匹配"下拉列表框中,除"字段任何部分"匹配范围外,也可以选择其他的匹配范围,如"整个字段""字段开头"等。

(4) 单击"查找下一个"按钮将查找下一个指定的内容。Access反相显示找到的数据。连续单击"查找下一个"按钮,可以将全部指定的内容查找出来。

(5) 单击"取消"按钮或"关闭"按钮,结束查找。

在指定查找内容时,如果在仅知道部分内容的情况下对表中数据进行查找,或按照特定的要求查找记录,可以使用通配符作为其他字符的占位符。在"查找和替换"对话框中,可以使用如表3.10所示的通配符。

表3.10 通配符使用说明

字符	说　明	示　例
*	与任意个数的字符匹配	A*B可以找到以A开头、以B结尾的任意长度的字符串
?	与单个字符匹配	A?B可以找到以A开头、以B结尾的任意3个字符组成的字符串
[]	与方括号内任何单个字符匹配	A[XYZ]B可以找到以A开头、以B结尾,且中间包含X、Y、Z之一的3个字符组成的字符串
!	匹配任何不在方括号之内的字符	A[!XYZ]B可以找到以A开头、以B结尾,且中间包含除X、Y、Z之外的任意一个字符的3个字符组成的字符串

续表

字符	说　　明	示　　例
-	与某个范围内的任意一个字符匹配,必须从 A～Z 按升序指定范围	A[X-Z]B 可以找到以 A 开头、以 B 结尾,且中间包含 X～Z 之间任意一个字符的 3 个字符组成的字符串
♯	与任何单个数字字符匹配	A♯B 可以找到以 A 开头、以 B 结尾,且中间为数字字符的任意 3 个字符组成的字符串

注意:当"＊、?、♯、[]、-"等通配符为普通字符时,必须将搜索的符号放在方括号内。例如,若要搜索问号,在"查找内容"下拉列表框中应输入"[?]";若要搜索连字符,在"查找内容"下拉列表框中应输入[-];如果搜索感叹号或右方括号时,则不需要将其放在方括号内。要特别注意方括号的使用方法,虽然比较实用,但是有时也会使查找发生歧义。例如,要搜索[text]字符串,查找内容就不能写成[text],这样会搜索所有包含 t 或 e 或 x 的字符串,必须写成[text]才可以。

2. 替换指定数据

在对表进行修改时,如果多处相同的数据要做相同的修改,就可以使用 Access 2010 的替换功能,自动将查找到的数据更新为新数据。

【例 3.22】 将"学生信息"表中"籍贯"字段中的"福建"改为"福建省"。

操作步骤如下。

(1)用数据表视图打开"学生信息"表,选中"籍贯"字段列。

(2)单击"开始"选项卡,在"查找"命令组中单击"替换"命令按钮,弹出"查找和替换"对话框。

(3)在"查找内容"下拉列表框中输入"福建",在"替换为"下拉列表框中输入"福建省",在"查找范围"下拉列表框中选中"当前字段"选项,在"匹配"下拉列表框中选中"字段任何部分"选项,如图 3.72 所示。

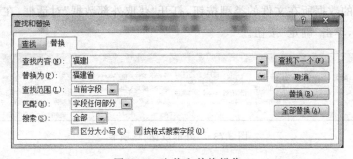

图 3.72　查找和替换操作

(4)如果一次替换一个,单击"查找下一个"按钮,找到后,单击"替换"按钮。如果不替换当前找到的内容,则继续单击"查找下一个"按钮。如果要一次替换出现的全部指定内容,则单击"全部替换"按钮。如果单击"全部替换"按钮,屏幕将显示一个提示框,提示将不能撤销该替换操作,询问是否继续,单击"是"按钮,进行替换操作。

3.5　数据的导入与导出

Access 2010 的优势之一是能够通过向导方便地实现各种环境之间的数据共享,既能将其他 Windows 或 DOS 应用程序创建的电子表格、数据库表、文本文件转换成 Access 的.accdb 格式(即导入文件),又能将表格文件导出为任何可以导入的文件格式。

3.5.1　Access 数据对象的导入

目前,Access 2010 实现数据共享的方式有两种,一种是导入数据;另一种是链接数据。导入数据是指从外部获取数据后形成数据库中的数据表对象,并与外部数据源断绝链接。导入数据一旦操作完毕就与外部数据无关,如同整个数据"复制"过来。虽然导入过程较慢,但操作较快。

链接数据是指在自己的数据库中形成一个链接表对象,每次在 Access 数据库中操作数据时,都是即时从外部数据源获取数据。链接数据未与外部数据源断绝链接,而将随着外部数据源数据的变动而变动,比较适合在网络上"资源共享"的环境中应用。链接过程比较快,但后续操作速度较慢。

通过导入的方式,可以在 Access 数据库中使用其他种类的数据库或其他格式文档中的数据。Access 可以导入和链接的数据库与文件格式包括 Access、ODBC(如 SQL Server)、dBase 数据库、SharePoint 列表、Excel、Outlook、HTML、XML 和文本文件。对于关系数据库文件,只要调入原文件基本可以实现直接导入;对于 SQL Server、Oracle 等不一定以文件形式存储的大型客户机服务器数据库,应通过 ODBC 数据源导入。将另一个 Access 数据库中的表全部导入当前数据库时,表间的关系会一并导入。

导入数据的一般操作步骤如下。

(1) 打开需要导入数据的数据库。

(2) 在 Access 主窗口中,单击"外部数据"选项卡,在图 3.73 所示的"导入并链接"组中选择要导入的数据所在文件的类型按钮,打开"获取外部数据"对话框,在该对话框中完成相关设置后,单击"确定"按钮。

图 3.73　"外部数据"选项卡

右击导航窗格中的数据表,弹出图 3.74 所示快捷菜单。从"导入"命令的级联子菜单可知,导入的数据可以来自另一个 Access 数据库、Excel 文件、SharePoint 列表文本文件、XML 文件、ODBC 数据库、HIML 文档和 Outlook 文件夹。

导入 Excel 数据的实例可以参看 3.1.4 小节例 3.4。需要注意的是,作为数据源的 Excel 原工作表不要包含合并单元格的标题数据,最好是第 1 行含有列名的规范二维表。

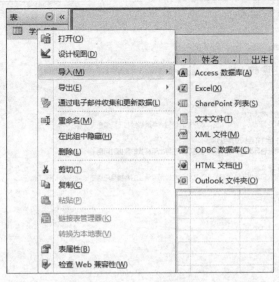

图 3.74 "导入"快捷菜单

3.5.2 Access 数据对象的导出

Access 通过导出(Export)的方式,可以将数据库中的表、查询、报表等复制到其他关系数据库或 Excel、Word、PDF、XPS、HTML、XML、SharePoint、TXT、RTF 等其他格式的数据文件中。

导出数据的一般操作步骤如下。

(1) 打开需要导出数据的数据库。

(2) 在 Access 主窗口中,单击"外部数据"选项卡,在"导出"组中选择要导出的文件类型,打开"导出"对话框,在该对话框中完成相关设置后,单击"确定"按钮。

注意:在将表格数据导出到 Microsoft Excel 工作簿或 Microsoft Word 文档时,要确保导出的字段在视图中没有被隐藏,要导出的所有记录在视图中都可见。

【例 3.23】 将"学生管理系统"数据库中的"班级信息"表转换为 Word 的 RTF 格式文档,保存到 E 盘,同时保存导出步骤。

操作步骤如下。

(1) 在"学生管理系统"数据库中,右击"班级信息"表,在图 3.75 所示的"导出"快捷菜单中选择" Word RTF 文件"命令。

(2) 在"选择数据导出操作的目标"对话框中,选择导出操作的目标,如图 3.76 所示,通过"浏览"按钮选择导出文件的位置,并可以对导出文件重新命名。

(3) 在图 3.76 中单击"确定"按钮,弹出如

图 3.75 "导出"快捷菜单

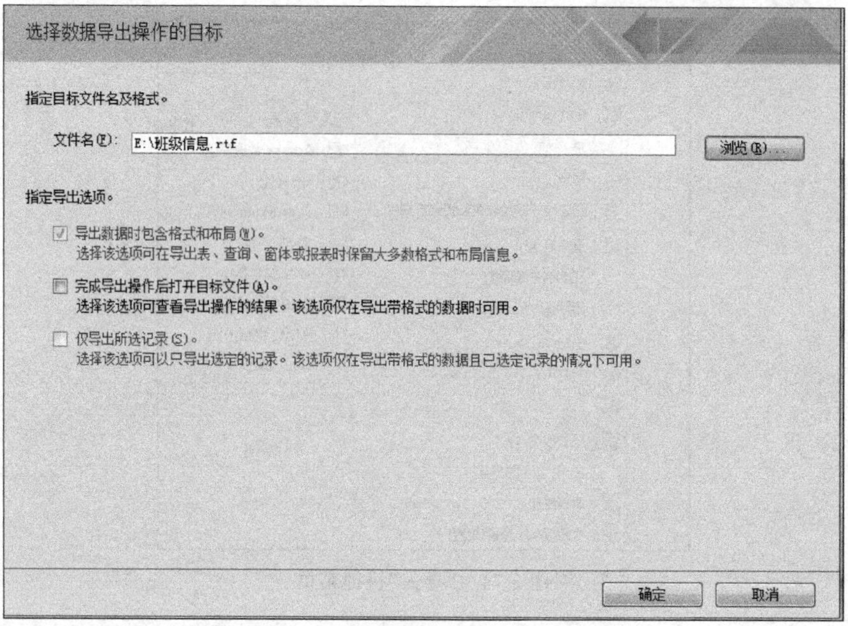

图 3.76 "选择数据导出操作的目标"对话框

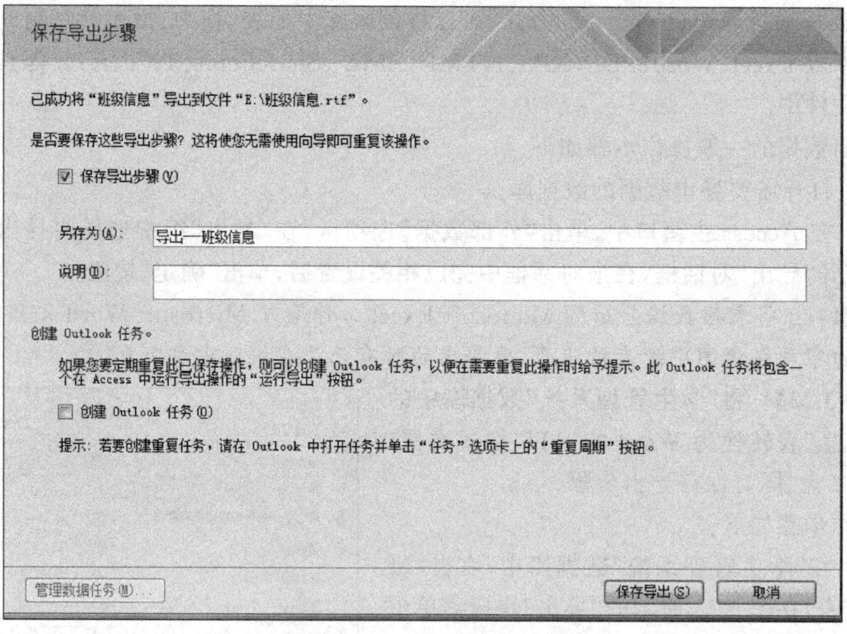

图 3.77 "保存导出步骤"对话框

图 3.77 所示对话框。勾选"保存导出步骤"复选框,在"另存为"文本框中可以设置导出步骤的名称,还可以创建 Outlook 任务,本例用默认的导出名称"导出一班级信息"。

若已有保存的导入/导出步骤,图 3.77 中左下角的"管理数据任务"按钮就为可用状态,供用户查看本数据库中已保存的导入/导出步骤。

在图 3.77 中,单击"保存导出"按钮,即可完成将"班级信息"表导出为 Word RTF 格式的任务。可在 E 盘根目录中打开"班级信息.rtf"文件查看导出的信息,数据表的字段名称在"班级信息.rtf"文件中以加粗并带灰色底纹的形式呈现。

若要查看和运行数据库已保存的导出任务,可以在如图 3.78 所示的"外部数据"选项卡中单击"已保存的导出"按钮,出现如图 3.79 所示"管理数据任务"对话框。在此对话框中可以对保存的信息进行编辑说明、运行任务、删除任务、创建 Outlook 任务。

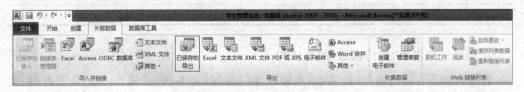

图 3.78 "外部数据"选项卡

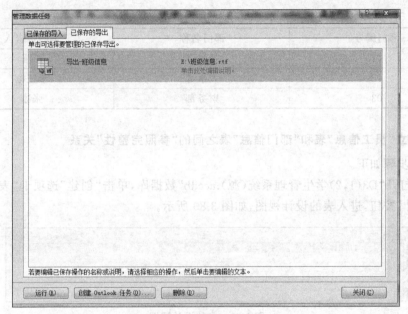

图 3.79 "管理数据任务"对话框

3.6 任务实现

任务 1 创建数据表

在"D3(1,2)学生管理系统(源).accdb"数据库中,完成以下操作。

1. 创建一个名为"员工信息"表的结构

表结构如下:员工编号(文本,5,主键,必须输入 5 位数字)、姓名(文本,8,必填)、性别(文本,2,只能取值为"男"或"女")、住址(文本,20)、出生日期(日期/时间,短日期,要求输入日期必须在 1990 年内,否则提示

第 3 章 任务 1

"请输入正确的日期")、简历(备注,默认值为"无")、部门编号(2,文本,必填)、对"住址"字段建立索引(允许出现重复值),并输入表 3.11 中的记录。

表 3.11　员工信息

员工编号	姓名	性别	住　址	出生日期	简历	部门编号
20001	张宁	男	杨桥路 1105 号	1980-01-01		01
20002	李婧	女	南环路 1011 号	1984-05-01	"优秀员工"	02
20003	张清	女	学府路 1985 号	1988-09-09		03

2. 创建一个名为"部门信息"的表结构

表结构如下:部门编号(2,文本,主键)、部门名称(文本,8,必填)、部门负责人(8,文本,必填),并输入表 3.12 中的记录。

表 3.12　部门信息

部门编号	部门名称	部门负责人
01	技术部	王强
02	人事部	李三枪
03	财务部	张冰

3. 建立"员工信息"表和"部门信息"表之间的"参照完整性"关系

操作步骤如下。

(1) 打开"D3(1,2)学生管理系统(源).accdb"数据库,单击"创建"选项卡"表格"组中的"表设计"按钮,进入表的设计视图,如图 3.80 所示。

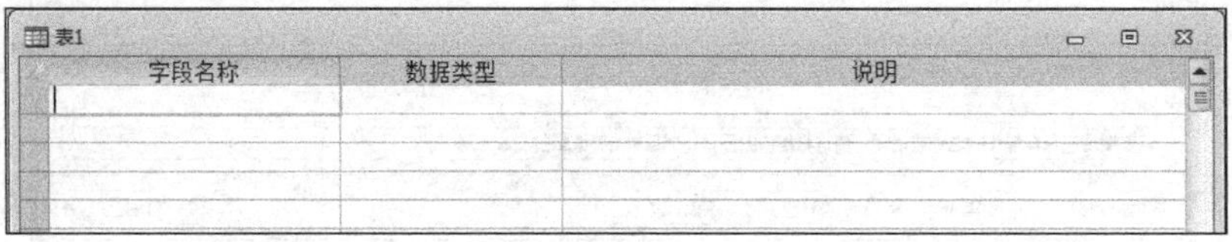

图 3.80　表的设计视图

(2) 在"字段名称"栏中输入字段的名称,在"数据类型"栏中输入字段的类型,在"字段属性"框中输入字段的各种属性,具体如下。

① 在"字段名称"栏中输入"员工编号";在"数据类型"栏中选择"文本"类型;在"字段属性"的"字段大小"属性框中输入 5,表示输入的字段大小不能超过 5;在"输入掩码"属性框中输入 00000,表示该字段必须输入 5 位数字;单击"员工编号"字段左侧的行选择器,在"表格工具"的"设计"选项卡中单击"工具"组中的"主键"按钮,将"员工编号"设为主键,如图 3.81 所示。

② 在"字段名称"栏中输入"姓名",在"数据类型"栏中选择"文本"类型;在"字段属性"的"字段大小"属性框中输入 8,表示输入的字段大小不能超过 8;在"必需"属性框中选择"是",表示"姓名"字段为必填字段,如图 3.82 所示。

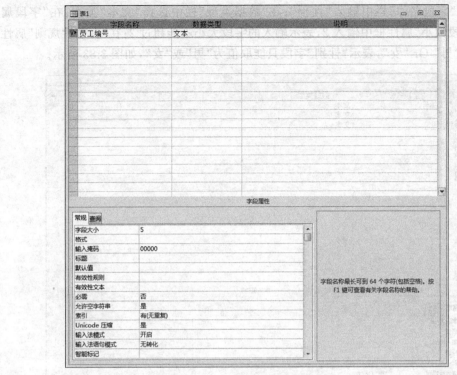

图 3.81 "员工编号"字段设计

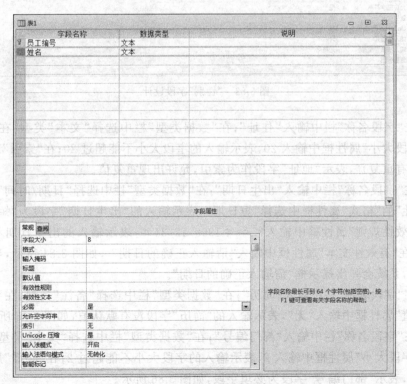

图 3.82 "姓名"字段设计

③ 在"字段名称"栏中输入"性别";在"数据类型"栏中选择"文本"类型;在"字段属性"的"字段大小"属性框中输入2,表示输入的字段大小不能超过2;在"有效性规则"属性框中输入"男" Or "女",表示"性别"字段只能取值为"男"或"女",如图3.83所示。

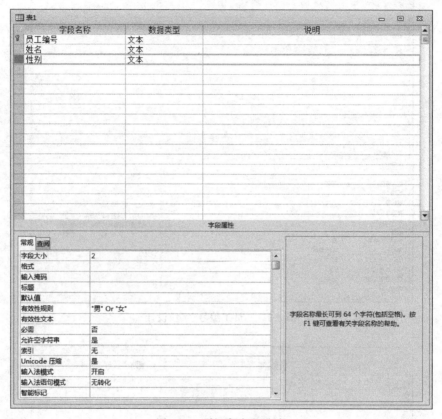

图 3.83 "性别"字段设计

④ 在"字段名称"栏中输入"住址";在"数据类型"栏中选择"文本"类型;在"字段属性"的"字段大小"属性框中输入20,表示输入的字段大小不能超过20;在"索引"属性框中选择"有(有重复)",表示"地址"字段作为索引,允许出现重复值。

⑤ 在"字段名称"栏中输入"出生日期";在"数据类型"栏中选择"日期/时间"类型;在"字段属性"的"格式"属性框中选择"短日期",表示输入的"出生日期"字段为"短日期"格式;在"有效性规则"属性框中输入<=♯1990/12/31♯,表示输入的出生日期不能大于1990年;在"有效性文本"属性框中输入"请输入正确的日期",如图3.84所示,当数据录入错误时,系统会弹出提示框"请输入正确的日期"。

⑥ 在"字段名称"栏中输入"简历";在"数据类型"栏中选择"备注"类型;在字段属性的"默认值"属性框中输入"无",表示输入的"简历"字段没有默认值,如图3.85所示。

⑦ 在"字段名称"栏中输入"部门编号";在"数据类型"栏中选择"文本"类型;在字段属性的"字段大小"属性框中输入2,表示输入的字段大小不能超过2;在"必需"属性框中选择"是",表示"部门编号"字段为必填字段,如图3.86所示。

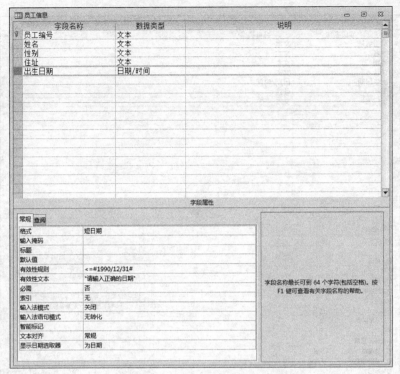

图 3.84　"出生日期"字段设计

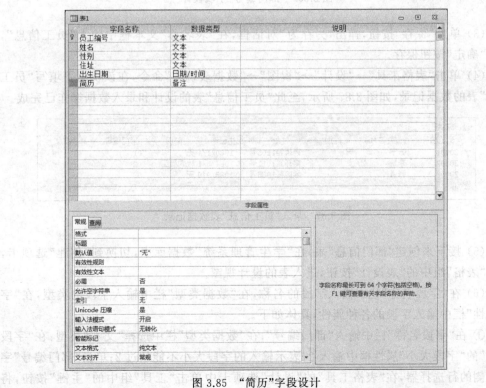

图 3.85　"简历"字段设计

表1
字段名称
数据类型
说明
员工编号
文本
姓名
文本
性别
文本
住址
文本
出生日期
日期/时间
简历
备注
部门编号
文本
字段属性
常规
查阅
字段大小
2
格式
输入掩码
标题
默认值
有效性规则
有效性文本
必需
是
允许空字符串
是
索引
无
Unicode 压缩
是
输入法模式
开启
输入法语句模式
无转化
智能标记
字段名称最长可到 64 个字符(包括空格)。按 F1 键可查看有关字段名称的帮助。

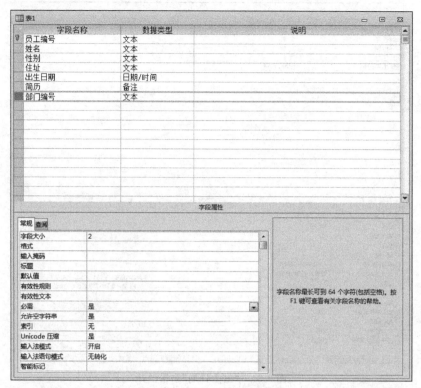

图 3.86 “部门编号”字段设计

(3) 单击“保存”按钮,弹出“另存为”对话框,在“表名称”文本框中输入“员工信息”,单击“确定”按钮保存。

(4) 单击“表格工具”→“设计”→“视图”→“数据表视图”命令,在该视图下填写“员工信息”表的数据记录,如图 3.87 所示,至此“员工信息”表的设计和录入数据操作已完成。

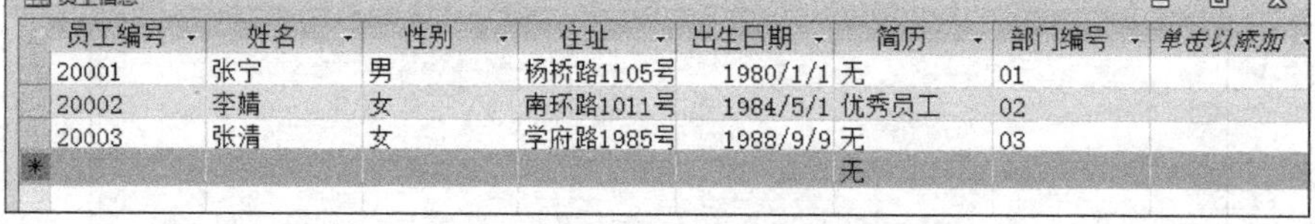

员工信息
员工编号
姓名
性别
住址
出生日期
简历
部门编号
单击以添加
20001
张宁
男
杨桥路1105号
1980/1/1
无
01
20002
李婧
女
南环路1011号
1984/5/1
优秀员工
02
20003
张清
女
学府路1985号
1988/9/9
无
03
无

图 3.87 录入“员工信息”表数据记录

(5) 接下来创建“部门信息”表,在“学生管理系统”数据库中,切换到“创建”选项卡,单击“表格”组中的“表设计”按钮,进入表的设计视图。

(6) 在“字段名称”栏中输入字段的名称,在“数据类型”栏中输入字段的类型,在“字段属性”框中输入字段的各种属性,具体如下。

① 在“字段名称”栏中输入“部门编号”;在“数据类型”栏中选择“文本”类型;在“字段属性”的“字段大小”属性框中输入 2,表示输入的字段大小不能超过 2;单击“部门编号”字段左侧的行选择器,在“表格工具”的“设计”选项卡中单击“工具”组中的“主键”按钮,将

"部门编号"设为主键,如图 3.88 所示。

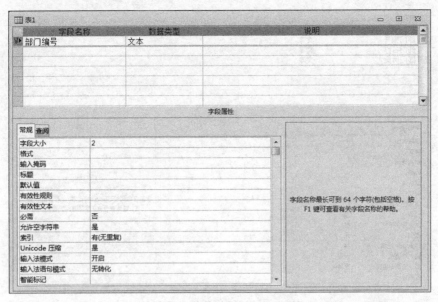

图 3.88　"部门编号"字段设计

　　② 在"字段名称"栏中输入"部门名称";在"数据类型"栏中选择"文本"类型;在"字段属性"的"字段大小"属性框中输入 8,表示输入的字段大小不能超过 8;在"必需"属性框中选择"是",表示"部门名称"字段为必填字段,如图 3.89 所示。

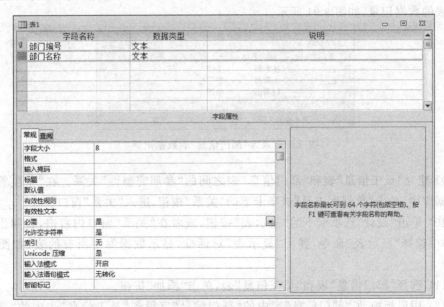

图 3.89　"部门名称"字段设计

　　③ 在"字段名称"栏中输入"部门负责人";在"数据类型"栏中选择"文本"类型;在"字段属性"的"字段大小"属性框中输入 8,表示输入的字段大小不能超过 8;在"必需"属性框

中选择"是",表示"部门负责人"字段为必填字段,如图 3.90 所示。

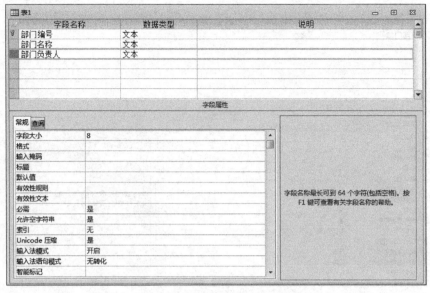

图 3.90 "部门负责人"字段设计

（7）单击"保存"按钮,弹出"另存为"对话框,在"表名称"文本框中输入"部门信息",单击"确定"按钮保存。

（8）单击"表格工具"→"设计"→"视图"→"数据表视图"命令,在该视图下填写"部门信息"表的数据记录,如图 3.91 所示。

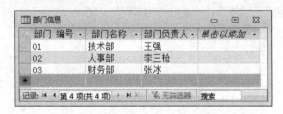

图 3.91 录入"部门信息"表数据记录

（9）建立"员工信息"表和"部门信息"表之间的"参照完整性"关系。在"学生管理系统"数据库中,单击"数据库工具"选项卡下的"关系"按钮,进入"关系"窗口。

（10）单击"设计"选项卡下的"显示表"按钮,或者在"关系"窗口内右击,在弹出的快捷菜单中选择"显示表"命令,弹出"显示表"对话框,显示数据库中所有的表,如图 3.92 所示。

（11）选择"部门信息"表和"员工信息"表,单击"添加"按钮。

（12）用鼠标拖动"部门信息"表中的"部门编号"字段到"员工信息"表中的"部门编号"字段处,松开鼠标后,弹出"编辑关系"对话框,如图 3.93 所示,在该对话框的下方显示两个表的"关系类型"为"一对多"。

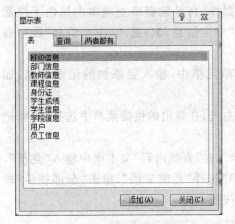

图 3.92 "显示表"对话框

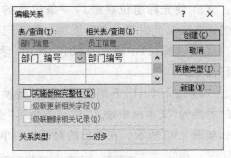

图 3.93 "编辑关系"对话框

(13) 选中"实施参照完整性"复选框,单击"创建"按钮,返回"关系"窗口,可以看到,在"关系"窗口中两个表字段之间出现了一条关系连接线,如图 3.94 所示。

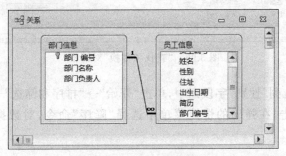

图 3.94 "一对多"联系

任务 2 数据表的基本操作

在"D3(1,2)学生管理系统(源).accdb"数据库中,打开"学生信息"表,完成以下操作。

(1) 打开"学生信息"表,输入一条新的记录,保存记录。

(2) 删除第(1)题添加的记录。

(3) 用查找与替换的方法,将"学生信息"表中的"党员"改为"中共党员"。

(4) 按"性别"字段降序排序。

(5) 按第一排序为"学号"升序,第二排序为"籍贯"降序排序。

(6) 筛选出"籍贯"为"吉林"的所有学生记录。

(7) 汇总学生总人数。

(8) 设置"学生信息"表中"姓名"字段行高为 15,列宽为 10。

(9) 将"学生信息"表中"出生日期"字段列隐藏起来。

(10) 冻结"学生信息"表中的"入学分数"和"简历"字段。

操作步骤如下。

打开"D3(1,2)学生管理系统(源).accdb"数据库,在导航窗格上端单击黑色下拉箭头,选中"表"命令,显示数据库中创建的表,双击"学生信息"表,进入"学生信息"数据表视图。

(1)使光标定位在最后一条记录的"学号"单元格中,输入要添加的记录信息,如2018030103,此时表会自动添加一条新记录。

(2)选择(1)中输入的2018030103学生记录右击,在弹出的快捷菜单中选择"删除记录"命令。

(3)按下Ctrl+F组合键,选择"替换"选项卡。在"查找内容"文本框中输入"党员",在"替换为"文本框中输入"中共党员","查找范围"选择"当前文档",单击"全部替换"按钮,如图3.95所示。在弹出的对话框中单击"是"按钮。

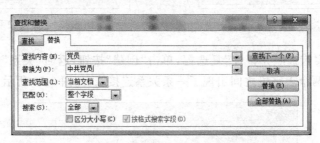

图3.95 "查找和替换"对话框

(4)将光标定位到"性别"字段列中,单击"开始"→"排序和筛选"→"降序"按钮;或在此列的任何位置右击,在弹出的快捷菜单中选择"降序"命令,对数据进行排序,结果如图3.96所示。

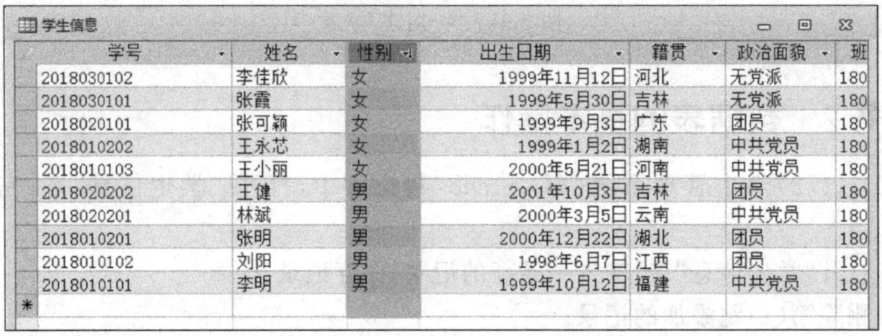

学号	姓名	性别	出生日期	籍贯	政治面貌	班
2018030102	李佳欣	女	1999年11月12日	河北	无党派	180
2018030101	张霞	女	1999年5月30日	吉林	无党派	180
2018020101	张可颖	女	1999年9月3日	广东	团员	180
2018010202	王永芯	女	1999年1月2日	湖南	中共党员	180
2018010103	王小丽	女	2000年5月21日	河南	中共党员	180
2018020202	王健	男	2001年10月3日	吉林	团员	180
2018020201	林斌	男	2000年3月5日	云南	中共党员	180
2018010201	张明	男	2000年12月22日	湖北	团员	180
2018010102	刘阳	男	1998年6月7日	江西	团员	180
2018010101	李明	男	1999年10月12日	福建	中共党员	180

图3.96 按"性别"单字段降序排序

(5)排序的操作步骤如下。

① 单击"开始"→"排序和筛选"→"高级"按钮,在弹出的快捷菜单中选择"高级筛选/排序"命令,系统将进入排序筛选窗口。

② 在查询设计窗格的字段行中选择"学号"字段,排序行中选择"升序",在另一列中选择"籍贯"字段和"降序"排序方式,如图3.97所示。

图3.97 设置排序方式

③ 单击窗体左上角的"保存"按钮,将该排序查询名称保存为"学号排序",关闭查询的"设计视图"。

④ 双击左侧导航窗格中的"学号排序"查询,即实现对数据表的排序,如图 3.98所示。

学号查询						
学号 ▾	姓名 ▾	性别 ▾	出生日期 ▾	籍贯 ▾	政治面貌 ▾	班级
2018010101	李明	男	1999年10月12日	福建	中共党员	1801
2018010102	刘阳	男	1998年6月7日	江西	团员	1801
2018010103	王小丽	女	2000年5月21日	河南	中共党员	1801
2018010201	张明	男	2000年12月22日	湖北	团员	1801
2018010202	王永芯	女	1999年1月2日	湖南	中共党员	1801
2018020101	张可颖	女	1999年9月3日	广东	团员	1802
2018020201	林斌	男	2000年3月5日	云南	中共党员	1802
2018020202	王健	男	2001年10月3日	吉林	团员	1802
2018030101	张霞	女	1999年5月30日	吉林	无党派	1803
2018030102	李佳欣	女	1999年11月12日	河北	无党派	1803
*						

图 3.98　多字段排序

(6) 单击"籍贯"字段列中的小箭头,弹出筛选操作菜单。单击"全选"复选框进行清空,再选中"吉林"复选框,单击"确定"按钮,即可筛选出"籍贯"为"吉林"的所有学生的记录。

(7) 汇总的操作步骤如下。

① 单击"开始"→"记录"→"合计"按钮,在"学生信息"表的最下部,自动添加一个空的汇总行。

② 单击"姓名"字段列的汇总行单元格,出现一个下拉箭头,单击下拉箭头,在打开的"汇总的函数"列表框中选择"计数"。

③ 计算学生人数的结果显示在单元格中,如图 3.99 所示。

学号查询						
学号 ▾	姓名 ▾	性别 ▾	出生日期 ▾	籍贯 ▾	政治面貌 ▾	班级
2018010101	李明	男	1999年10月12日	福建	中共党员	1801
2018010102	刘阳	男	1998年6月7日	江西	团员	1801
2018010103	王小丽	女	2000年5月21日	河南	中共党员	1801
2018010201	张明	男	2000年12月22日	湖北	团员	1801
2018010202	王永芯	女	1999年1月2日	湖南	中共党员	1801
2018020101	张可颖	女	1999年9月3日	广东	团员	1802
2018020201	林斌	男	2000年3月5日	云南	中共党员	1802
2018020202	王健	男	2001年10月3日	吉林	团员	1802
2018030101	张霞	女	1999年5月30日	吉林	无党派	1803
2018030102	李佳欣	女	1999年11月12日	河北	无党派	1803
*						
汇总 ▾	10					

图 3.99　汇总结果

(8) 设置行高和列宽的操作步骤如下。

① 右击表左侧的行选项区域,在弹出的下拉菜单中选择"行高"命令,弹出"行高"对话框,在文本框中输入要设置的行高数值,这里输入15,再单击"确定"按钮。

② 右击"姓名"字段名称,在弹出的快捷菜单中选择"字段宽度"命令,在弹出的"列宽"对话框中输入10,单击"确定"按钮。

(9) 右击"出生日期"字段列,字段列颜色变成灰色,右击字段列,在弹出的快捷菜单中选择"隐藏字段"命令,结果如图 3.100 所示。

学号	姓名	性别	籍贯	政治面貌	班级编号	入学分数
2018010101	李明	男	福建	中共党员	180101	563 喜
2018010102	刘阳	男	江西	团员	180101	570 绘
2018010103	王小丽	女	河南	中共党员	180101	540 唱
2018010201	张明	男	湖北	团员	180102	609
2018010202	王永芯	女	湖南	中共党员	180102	579
2018020101	张可颖	女	广东	团员	180201	596
2018020201	林斌	男	云南	中共党员	180201	607
2018020202	王健	男	吉林	团员	180201	587
2018030101	张霞	女	吉林	无党派	180301	604
2018030102	李佳欣	女	河北	无党派	180302	579
*						0
汇总	10					

图 3.100　隐藏列结果

(10) 按住 Shift 键的同时单击"入学分数"和"简历"字段列标题,字段列颜色变成灰色,右击字段列,在弹出的快捷菜单中选择"冻结字段"命令,"入学分数"和"简历"字段出现在最左侧,即被冻结,不能被拖动,结果如图 3.101 所示。

入学分数	简历	学号	姓名	性别	籍贯	政治面貌
563	喜爱运动、摄影	2018010101	李明	男	福建	中共党员
570	绘画	2018010102	刘阳	男	江西	团员
540	唱歌	2018010103	王小丽	女	河南	中共党员
609		2018010201	张明	男	湖北	团员
579		2018010202	王永芯	女	湖南	中共党员
596		2018020101	张可颖	女	广东	团员
607		2018020201	林斌	男	云南	中共党员
587		2018020202	王健	男	吉林	团员
604		2018030101	张霞	女	吉林	无党派
579		2018030102	李佳欣	女	河北	无党派
* 0						

图 3.101　冻结列结果

3.7　习题

1. 选择题

(1) 建立 Access 的数据库时要创建一系列的对象,其中最基本的是创建(　　)。

　　A. 数据库的查询　　　　　　　　　　B. 数据库的表

　　C. 表之间的关系　　　　　　　　　　D. 数据库的报表

(2) 在数据表的设计视图中,数据类型不包括(　　)类型。

　　A. 文本　　　　　B. 窗口　　　　　C. 数字　　　　　D. 货币

(3) "学生信息"表的"简历"字段需要存储大量的文本,该字段的类型应设置为(　　)。

　　A. 备注　　　　　B. OLE 对象　　　　C. 数字　　　　　D. 查阅向导

(4) 使用(　　)字段类型创建新的字段,可以使用列表框或组合框从另一个表或值列表中选择一个值。

    A. 超链接　　　　　B. 自动编号　　　　　C. 查阅向导　　　　　D. OLE 对象

(5) 如果一个数据表中含有照片,则保存照片的字段数据类型应是(　　)。

    A. OLE 对象　　　　B. 超链接　　　　　　C. 查阅向导　　　　　D. 备注

(6) 有关字段属性,下面说法错误的是(　　)。

    A. 字段大小可用于设置文本、数字或自动编号等类型的字段的最大容量

    B. 可以对任何类型的字段设置默认值属性

    C. 有效性规则属性是用于限制此字段输入值的表达式

    D. 不同的字段类型,其字段属性有所不同

(7) 在 Access 数据库表的设计视图中,不能进行的操作是(　　)。

    A. 设置索引　　　　B. 增加字段　　　　　C. 添加记录　　　　　D. 修改字段类型

(8) 以下关于表的叙述中,正确的是(　　)。

    A. 表一般包含1个或2个主体信息

    B. 表的数据表视图只用于显示数据

    C. 表设计视图的主要工作是设计和修改表的结构

    D. 在表的数据表视图中,不能修改字段名称

(9) 在 Access 数据库中,为了保持表之间的关系,如果在子表中添加记录,而主表中没有与之相关的记录时,则不能在子表中添加该记录,为此需要定义的关系是(　　)。

    A. 主键　　　　　　B. 有效性规则　　　　C. 默认值　　　　　　D. 输入掩码

(10) 如果要在一对多联系中,修改一方的原始记录后,另一方立即更改,应设置(　　)。

    A. 参照完整性　　　　　　　　　　　B. 级联删除相关记录

    C. 级联更新相关记录　　　　　　　　D. 以上都不是

(11) 设置字段默认值的意义是(　　)。

    A. 使字段值不为空

    B. 在未输入字段值之前,系统将默认值赋予该字段

    C. 不允许字段值超出某个范围

    D. 保证字段值符合规范要求

(12) 在下列选项中,可以控制输入数据的方法、样式及输入内容之间的分隔符的是(　　)。

    A. 输入掩码　　　　B. 默认值　　　　　　C. 有效性规则　　　　D. 格式

(13) "邮政编码"字段是由6位数字组成的字符串,为该字段设置输入掩码,则正确的输入数据是(　　)。

    A. 000000　　　　　B. 999999　　　　　　C. CCCCCC　　　　　D. LLLLLL

(14) 以下关于空值的叙述中,错误的是(　　)。

    A. 空值表示字段还没有确定值　　　　B. 空值等同于空字符串

    C. Access 使用 NULL 表示空值　　　　D. 空值不等于0

(15) 为了限制"成绩"字段只能输入成绩值在0～100的数(包括0和100),在该字段"有效性规则"设置中错误的表达式为(　　)。

    A. ＞＝0 And ＜＝100　　　　　　　　B. 成绩＞0 And 成绩＜＝100

    C. In(0,100)　　　　　　　　　　　　D. Between 0 And 100

(16) 下列关于获取外部数据的说法中,错误的是(　　)。

    A. 导入表后,在 Access 中修改、删除记录等操作不影响原来的数据文件

    B. 链接表后,在 Access 中对数据所做的更改都会影响到原数据文件

    C. 在 Access 中可以导入 Excel 表和其他 Access 数据库中的表等文件

    D. 链接表后形成的表的图标和用 Access 向导生成的表的图标相同

(17) 以下是关于表间关系的叙述,正确的是(　　)。

    A. 在两个表之间建立关系的条件是两个表要有相同的数据类型和相同内容的字段

    B. 在两个表之间建立关系的条件是两个表的关键字必须相同

    C. 在两个表之间建立关系的结果是两个表变成一个表

    D. 在两个表之间建立关系的结果是只要访问其中任一个表就可以得到两个表的信息

(18) 在含有"姓名"字段的数据表中,仅显示"刘"姓记录的方法是(　　)。

    A. 冻结　　　　　　B. 隐藏　　　　　　C. 排序　　　　　　D. 筛选

(19) 在 Access 中文版中,以下排序记录所依据的规则,错误的是(　　)。

    A. 中文升序按其拼音字母的升序

    B. 数字升序由小到大排序

    C. 英文按字母升序排序,小写在前,大写在后

    D. 以升序排序时,任何含有空字段值的记录将排在列表的第1条

(20) 在 Access 中,数据表记录筛选的操作结果是(　　)。

    A. 将满足与不满足筛选条件的两类记录分别保存在两个不同的数据表中

    B. 将满足筛选条件的记录保存在另一个数据表中

    C. 显示满足筛选条件的记录,隐藏不满足筛选条件的记录

    D. 显示满足筛选条件的记录,将不满足筛选条件的记录从数据表中删除

2. 填空题

(1) 在表中能够唯一标识表中每条记录的字段或字段组称为_____。

(2) 如果某个字段最常输入的值是 M,则可将其设为_____值。

(3) Access 的数据表由_____和_____组成。

(4) 表中字段的排序方式有_____和_____两种。

(5) 如果在设计视图中改变了字段的排列顺序,则在数据表视图中列的顺序_____随之改变;如果在数据表视图中改变了字段的排列顺序,则在设计视图中列的顺序_____随之改变。

(6) Access 表中有3种索引设置,即_____、_____和_____。

(7) 日期型字段的格式有常规日期、_____、_____和_____等。

(8) 表设计视图的字段属性区有＿＿＿＿和查阅两个选项卡。

(9) 在操作数据表时,如果要修改表中多处相同的数据,可以使用＿＿＿＿功能,自动将查找到的数据修改为新数据。

(10) 如果需要暂时不可见数据表中的某些字段列,可以设置＿＿＿＿。

(11) 新建数据表时,一般首先要创建表的＿＿＿＿,再输入＿＿＿＿。

(12) 把外部数据转换为 Access 数据库中的表的操作称为＿＿＿＿。

(13) 在数据表视图中,＿＿＿＿某字段后,无论用户怎么水平滚动窗口,该字段总是可见的,并且总是显示在窗口的最左侧。

(14) 将文本型字符串"14""6""10"按升序排序,则排序的结果为＿＿＿＿。

(15) 当文本型字段取值超过 255 个字符时,应改用＿＿＿＿数据类型。

3. 操作题

(1) 打开 D3(1).accdb 数据库,完成下列操作。

在数据库中建立一个名为"裁判信息"的表,表的结构如下:裁判编号(文本,5,主键,必须输入 5 个字符,且第 1 个字符必须是大写字母,后 4 位必须是数字)、姓名(文本,8,必填)、性别(文本,2,只能取值为"男"或"女")、出生日期(日期/时间,短日期)、项目编号(文本,2),组别(文本,6,默认值为"中年组"),并输入表 3.13 中的记录。

表 3.13　裁判信息

裁判编号	姓名	性别	出生日期	项目编号	组别
A0001	李文强	男	1982-05-06	12	青年组
B0002	徐文丽	女	1972-12-11	23	中年组

(2) 打开 D3(2).accdb 数据库,完成下列操作。

打开名为 customer 的表。修改表的结构:将"客户"字段名称改为"客户 ID",字段类型改为(文本,5,主键)。然后,添加表 3.14 中的两条记录。

表 3.14　新增信息

客户 ID	公司名称	联系姓名	地址	城市	邮政编码
50004	光明杂志	谢丽秋	黄古路 5 路	深圳	760908
60000	文成公司	唐克新	临江街 32 号	常州	820097

查　询

1.理解查询的基本概念；

2.掌握使用查询向导创建查询的方法；

3.熟练掌握使用设计视图创建查询的方法和查询条件设置的技巧；

4.掌握交叉表查询设计方法；

5.掌握各种操作查询的设计方法；

6.理解简单的 SQL 命令。

4.1　查询概述

查询是指根据用户指定的条件,在表中查找满足条件的记录,并将查询的设计作为一个对象存储起来。利用查询不但可以从表中查找出符合条件的数据,而且可以对表中的数据进行统计、分析和计算,还可以根据需要对数据进行排序并显示出来。可以将查询对象作为窗体、报表的数据源,也可以在查询的基础上再设置条件进行查询。通过查询还可以直接编辑数据库中的数据。

4.1.1　查询的类型

在 Access 2010 中,根据对数据源操作方式和操作结果的不同,可以把查询分为选择查询、交叉表查询、参数查询、操作查询和 SQL 查询 5 种类型。

1. 选择查询

选择查询是最基本、最常用的一种查询。选择查询可以从一个或多个数据源中提取数据并显示结果,还可以对记录进行分组,并且对分组的记录进行总计、计数、求平均值,以及其他类型的计算。

2. 交叉表查询

交叉表查询实际是一种对数据字段进行汇总计算的方法,计算的结果显示在一个行列交叉的表中。交叉表查询将表中的字段进行分类,一类放在交叉表的左侧,一类放在交叉表的上部,然后在行与列的交叉处显示表中某个字段的统计值。例如,统计每个专业男生、女生的人数,可以将"专业名"作为交叉表的行标题,"性别"作为交叉表的列标题,统计的人数显示在交叉表行与列的交叉位置。

3. 参数查询

参数查询是利用对话框提示用户输入查询数据,然后根据所输入的数据检索记录。它是一种交互式查询,可以提高查询的灵活性。

将参数查询作为窗体和报表的数据源,可以方便地显示和打印所需要的信息。例如,可以以参数查询为基础创建某个专业的成绩统计报表,打印报表时,Access 会弹出对话框询问报表所需显示的专业,在输入专业后,Access 便打印该专业的成绩报表。

4. 操作查询

操作查询与选择查询相似,都需要指定查询记录的条件,不同之处在于选择查询是检索符合条件的一组记录,而操作查询是在一次查询操作中对检索出的记录进行操作。

操作查询共有生成表查询、删除查询、更新查询和追加查询 4 种类型。生成表查询是利用一个或多个表中的数据建立一个新表;删除查询是用来从一个或多个表中删除记录;更新查询可以对一个或多个表中的记录进行更新和修改;追加查询是将一个或多个表中符合特定条件的记录添加到另一个表的末尾。

5. SQL 查询

SQL 查询是使用 SQL 语句创建的查询。有一些特定的 SQL 查询无法使用查询设计视图进行创建,而必须使用 SQL 语句创建。

4.1.2　查询条件的设置

在查询操作中,往往需要设置查询条件。例如,查找 1999 年出生的男生的记录,"1999 年出生的男生"就是一个条件,如何表示这个条件是需要学习、掌握的问题。

查询条件是用各种运算符把常量、字段名称、函数等运算对象连接起来的一个表达式,在创建带条件的查询时经常用到。因此,掌握查询条件的书写规则非常重要。

在 Access 2010 中,常量有数字型常量、文本型常量、日期/时间型常量、是/否型常量,不同类型的常量有不同的表示方法。

1. 数字型常量

数字型常量分为整型常量和实型常量,其表示方法和数学中整数、实数的表示方法类似。如 235、0、−411 为整型常量。实型常量有小数和指数两种表示形式。小数形式的实数由数字和小数点组成,如 5.25、65.0 等。指数形式的实数用字母 e(或 E)表示以 10 为底的指数,e 之前为数字部分,之后为指数部分,且两部分必须同时出现。指数必须为整数,如 58e4、2.35e−3 等是合法的实型常量,分别代表 58×10^4、2.35×10^{-3},而 e2、45e3.6、51e等是非法的实型常量。

2. 文本型常量

文本型常量也称为字符型常量或字符串常量,是用英文单引号或双引号括起来的一串字符,如'Central South university'、"信息系统"等。

3. 日期/时间型常量

日期/时间型常量是用"♯"括起来的一个日期或时间,如将 2016 年 1 月 21 日表示成♯2016-01-21♯或♯2016/1/21♯。还可以表示时间,如♯2016-01-21 23:12:54♯、♯23:12:54♯。

4. 是/否型常量

是/否型常量也称逻辑型常量,在 Access 中用 True、Yes 或 1 表示"是"(逻辑真),用 False、No 或 0 表示"否"(逻辑假)。

在对表进行查询时,常常要表明各种条件,即对满足条件的记录进行操作,此时就要综合运用 Access 2010 各种数据对象的表示方法,写出条件表达式。表 4.1 列举了一些查询条件。

表 4.1　查询条件示例

字段名称	条　件	功　能
籍贯	"湖南长沙" Or "云南昆明"	查询籍贯是湖南长沙或云南昆明的学生记录
	In("湖南长沙","云南昆明")	
姓名	Like"刘 * "	查询姓"刘"的学生记录
	Left([姓名],1)="刘"	
	Mid([姓名],1,1)="刘"	
	InStr([姓名],"刘")=1	
出生日期	Date()−[出生日期]<=20 * 365	查询 20 岁以下的学生记录
	Year(Date())−Year([出生日期])<=20	
	Year([出生日期])=1997	查询 1997 年出生的学生记录
	Between ♯1997-01-01♯ And ♯1997-12-31♯	
是否为少数民族	Not[少数民族]	查询汉族的学生记录
入学分数	>=560 And <=650 分	查询入学成绩在 560~650 分的学生记录
	Between 560 And 650	

其中,查询"籍贯"为湖南长沙或云南昆明的学生记录的查询条件可以表示为"=湖南长沙" Or ="云南昆明",但为了输入方便,Access 2010 允许在表达式中省略"=",所以直接表示为"胡南长沙" Or "云南昆明"。输入字符时,如果没有加双引号,Access 2010 会自动加上。

在条件中,字段名称可以用方括号括起来。在引用字段时,字段名称和字段类型应遵循字段定义时的规则,否则会出现错误。

4.1.3　常用计算函数

Access 2010 提供了大量的标准函数,这些函数为更好地表示查询条件提供了方便,也为进行数据的统计、计算和处理提供了有效的方法。表 4.2~表 4.5 列举了一些常用函数,函数详细的使用方法可以查阅系统的帮助文档。

表 4.2　常用算术函数

格　式	功　能
Abs(<数值表达式>)	返回数值表达式的绝对值
Sqr(<数值表达式>)	返回数值表达式的平方根值
Sin(<数值表达式>)	返回数值表达式的正弦值
Cos(<数值表达式>)	返回数值表达式的余弦值
Tan(<数值表达式>)	返回数值表达式的正切值
Atn(<数值表达式>)	返回数值表达式的反正切值
Exp(<数值表达式>)	将数值表达式的值作为指数 x,返回 e^x 的值
Log(<数值表达式>)	返回数值表达式的自然对数值
Rnd(<数值表达式>)	返回一个 0~1 的随机数
Round(<数值表达式>,n)	对数值表达式求值并保留 n 位小数,从 $n+1$ 位小数起进行四舍五入。例如,Round(3.1415,3) 输出的函数值为 3.142
Fix(<数值表达式>)	返回数值表达式的整数部分,即截掉小数部分
Int(<数值表达式>)	返回不大于数值表达式的最大整数

表 4.3　常用日期和时间函数

格　式	功　能
Date()	返回系统日期
Time()	返回系统时间
Now()	返回系统日期和时间
DateDiff(<间隔方式>,<日期表达式 1>,<日期表达式 2>)	返回日期表达式 2 与日期表达式 1 之间的间隔。例如,DateDiff ("d","2018-05-01","2018-06-01")表示返回两个日期之间相差的天数
Year(<日期表达式>)	返回日期表达式的年份
Month(<日期表达式>)	返回日期表达式的月份
Day(<日期表达式>)	返回日期表达式所对应月份的日期,即该月的第几天
Hour(<日期/时间表达式>)	返回日期/时间表达式的小时(按 24 小时制)
Minute(<日期/时间表达式>)	返回日期/时间表达式的分钟
Second(<日期/时间表达式>)	返回日期/时间表达式的秒数
Weekday(<日期表达式>)	返回某个日期的当前星期(星期天为 1,星期一为 2,……)

表 4.4　常用条件函数

格　式	功　能
IIf(逻辑表达式,表达式 1,表达式 2)	如果逻辑表达式的值为真,取表达式 1 的值为函数值;否则取表达式 2 的值为函数值。例如,IIf(7>5,"AAA","BBB"),返回的值为 "AAA"

表4.5 常用字符函数

格　式	功　能
Asc(＜字符表达式＞)	返回字符表达式首字符的 ASCII 码值。例如，Asc("A")返回值为 65
Chr(＜字符的 ASCII 码值＞)	将 ASCII 码值转换成字符。例如，Chr(65) 返回字符 A
Len(＜字符表达式＞)	返回字符表达式的字符个数。例如，Len("北京大学")返回值为 4
Left(＜字符表达式＞,＜数值表达式＞)	从字符表达式的左侧截取若干个字符，字符的个数由数值表达式的值确定。例如，Left("北京大学",2) 返回值为"北京"
Right(＜字符表达式＞,＜数值表达式＞)	从字符表达式的右侧截取若干个字符，字符的个数由数值表达式的值确定。例如，Right("北京大学",2) 返回值为"大学"
Mid(＜字符表达式＞,＜数值表达式 1＞,＜数值表达式 2＞)	从字符表达式的某个字符开始截取若干个字符，起始字符的位置由数值表达式 1 的值确定，字符的个数由数值表达式 2 的值确定。例如，Mid("ABCDEFG",3,4) 返回值为 CDEF
Space(＜数值表达式＞)	产生空字符串，空格的个数由数值表达式的值确定。例如，Space(5) 返回 5 个空格
Ucase(＜字符表达式＞)	将字符串中的小写字母转换成相应的大写字母。例如，Ucase("abCDEF")返回值为"ABCDEF"
Lcase(＜字符表达式＞)	将字符串中的大写字母转换成相应的小写字母。例如，Lcase("abCDEF")返回值为"abcdef"
Format(＜表达式＞[,＜格式串＞])	对表达式的值进行格式化。例如，Format(5/3,"0.0000")返回值为 1.6667，Format(＃06/01/2018＃,"yyyy-mm-dd")返回值为"2018-06-01"
InStr(＜字符表达式 1＞,＜字符表达式 2＞)	查询字符表达式 2 在字符表达式 1 中的位置。例如，InStr("数据库 Access","e")返回值为 7，InStr("abc","f")返回值为 0
LTrim(＜字符表达式＞)	删除字符串的前导空格
RTrim(＜字符表达式＞)	删除字符串的尾部空格
Trim(＜字符表达式＞)	删除字符串的前导和尾部空格

4.1.4 Access 中的运算

Access 2010 提供了算术运算、字符运算、日期运算、关系运算和逻辑运算，每种运算有各自不同的运算符，这些运算符遵循相应的运算规则。

1. 算术运算

Access 2010 的算术运算符包括^(乘方)、*（乘)、/(除)、\(整除)、Mod(求余)、＋(加)和－(减)。

各运算符运算的优先顺序和数学中的算术运算规则完全相同，即乘方运算的优先级最高，接下来是乘、除，最后是加、减。同级运算按自左向右的方向进行运算。

各运算符的运算规则也和一般算术运算规则相同，其中，求余运算符 Mod 的作用是求两个数相除的余数，例如，5 Mod 3 的结果为 2。"/"与"\"的运算含义不同，前者是进行除法运算，后者是进行除法运算后将结果取整，如 5/2 的结果为 2.5，而 5\2 的结果为 2。

2. 字符运算

Access 2010 的字符运算可以将两个字符连接起来得到一个新的字符,其运算符有 "＋"和"&"两种。

(1)"＋"运算符的功能是将两个字符连接起来形成一个新的字符,要求连接的两个量必须是字符。例如,"Access"＋"数据库"的结果是"Access 数据库"。

(2)"&"连接的两个量可以是字符、数值、日期、时间或逻辑型数据,当不是字符时,Access 2010 先把它们转换成字符,再进行连接运算。例如,"ABC"&"XYZ"的结果是"ABCXYZ","123"&"456"的结果是"123456","总计:"&"5 ＊ 6"的结果是"总计:30"。

3. 日期运算

Access 2010 的日期运算符有"＋"和"－"两种,它们的运算规则如下。

(1) 一个日期型数据加上或减去一个整数(代表天数)得到将来或过去的某个日期。例如,♯2016-03-21♯＋10 的结果是 2016-03-31。

(2) 一个日期型数据减去另一个日期型数据将得到两个日期之间相差的天数。例如,♯2016-03-21♯ － ♯2015-03-21♯的结果是 366(2016 年是闰年)。

4. 关系运算

Access 2010 的关系运算表示两个量之间的比较,其值是一个逻辑量。关系运算符包括<(小于)、<＝(小于等于)、>(大于)、>＝(大于等于)、=(等于)和<>(不等于)。

关系运算符的运算规则与记录排序时字段的比较规则相同。例如,"abc"<"a"的结果为 False,♯2016-02-22♯>＝♯2013-02-22♯的结果为 True。

在数据库操作中,还经常需要用到一组特殊的关系运算符,包括以下 4 种。

(1) Between A and B 用于判断左侧表达式的值是否介于 A 和 B 两值(包括 A 和 B,且 A≤B)。如果是,结果为 True;否则为 False。例如,Between 10 And 20 为判断是否在 [10,20]区间范围内。

(2) In 用于判断左侧表达式的值是否在右侧的各个值中。如果在,结果为 True;否则为 False。例如,In("优""良""中""及格")判断是否等于"优""良""中"和"及格"中的一个。

(3) Like 用于判断左侧表达式的值是否符合右侧指定的模式。如果符合,结果为 True;否则为 False。例如,Like"Ma ＊ "表示以"Ma ＊ "开头的字符串。

(4) Is Null 用于判断字段是否为"空值",而 Is Not Null 则用于判断字段是否为"非空"。

注意:"空值"(Null)表示未定义值,而不是空格或 0。

5. 逻辑运算

逻辑运算符可以将逻辑型数据连接起来,能表示更复杂的条件,其值仍是逻辑量。常用的逻辑运算符有 Not(逻辑非)、And(逻辑与)和 Or(逻辑或)。

(1) 逻辑非运算符是单目运算符,只作用于后面的一个逻辑型数据,若操作数为 True,则返回 False;若操作数为 False,则返回 True。例如,Not Like "Ma ＊ ",表示不是以"Ma ＊ "开头的字符串。

(2) 逻辑与运算符是将两个逻辑量连接起来,只有两个逻辑量同时为 True 时,结果才为 True,只要其中有一个为 False,结果就为 False。例如,"30>＝10 And 30<＝20"

结果为 False。

(3) 逻辑或运算符是将两个逻辑量连接起来,两个逻辑量中只要有一个为 True,结果就为 True,只有两个逻辑量均为 False 时,结果才为 False。例如,"30>=10 And 30<=20"结果为 True。

4.2 选择查询

选择查询的目的是挑选表中的记录并组合成动态数据集。该动态数据集既可供数据的查看或编辑使用,又可作为窗体或报表的数据源。选择查询的另一目的是对记录进行分组,以及对字段进行各种计算。

4.2.1 使用查询向导创建选择查询

Access 2010 提供了简单查询向导、交叉表查询向导、查找重复项查询向导和查找不匹配项查询向导创建查询。其中,交叉表查询向导用于创建交叉表查询(将在 4.4 节详细介绍),而其他查询向导创建的都是选择查询。

1. 简单查询向导

简单查询向导可以从一个或多个表中检索数据,并可对记录进行计算。创建查询时,先要确定数据源,即确定创建查询所需要的字段由哪些表或查询提供,然后确定查询中要使用的字段。

【例 4.1】 查找"学生信息"表中的记录,并显示"姓名""性别""出生日期"和"籍贯"4 个字段。

操作步骤如下。

(1) 打开"学生管理系统"数据库,单击"创建"选项卡,然后在"查询"组中单击"查询向导",弹出"新建查询"对话框,如图 4.1 所示。

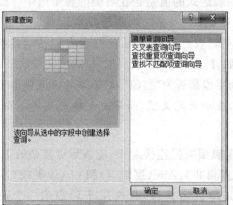

图 4.1 "新建查询"对话框

(2) 选择"简单查询向导"选项,单击"确定"按钮,弹出"简单查询向导"对话框,在"表/查询"下拉列表框中选择"学生信息"表作为选择查询的数据源。这时"可用字段"列表框中显示"学生信息"表中包含的所有字段,双击"姓名"字段,将该字段添加到"选定字段"列表框中。使用相同的方法分别将"性别""出生日期"和"籍贯"3个字段都添加到"选定字段"列表框中,结果如图4.2所示。

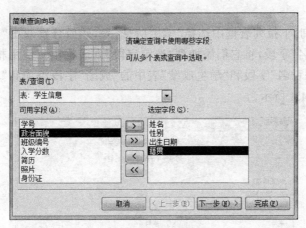

图4.2　字段选定结果

在选择字段时,也可以使用 > 和 >> 按钮。使用 > 按钮,一次只能选择一个字段,使用 >> 按钮,一次可以选择所有字段。若对已选择的字段不满意,可以使用 < 和 << 按钮删除所选字段。

(3) 单击"下一步"按钮,在"请为查询指定标题"文本框中输入查询名称,也可以使用默认标题"学生信息 查询",本例使用默认名称。如果要修改查询设计,则选中"修改查询设计"单选按钮。本例选中"打开查询查看信息"单选按钮,最后单击"完成"按钮,完成查询设置,并同时显示查询结果,如图4.3所示。

姓名	性别	出生日期	籍贯
李明	男	1999年10月12日	福建
刘阳	男	1998年6月7日	江西
王小丽	女	2000年5月21日	河南
张明	男	2000年12月22日	湖北
王永芯	女	1999年1月2日	湖南
张可颖	女	1999年9月3日	广东
林斌	男	2000年3月5日	云南
王健	男	2001年10月3日	吉林
张霞	女	1999年5月30日	吉林
李佳欣	女	1999年11月12日	河北

图4.3　学生信息查询结果

在例4.1中,查询的内容来自一个表,但有时需要查询的记录可能在多个不同的表中,这时必须建立多表查询才能找出满足要求。

【例4.2】 查询学生所选课程的成绩,并显示"学号""姓名""课程名"和"成绩"4个字段。

这个查询要涉及"学生信息""课程信息"和"学生成绩"3个表,要求必须已经建立了3个表之间的关联。

例4.2

操作步骤如下。

(1)打开"学生管理系统"数据库,单击"创建"选项卡,然后在"查询"组中单击"查询向导",弹出"新建查询"对话框,选择"简单查询向导"选项,单击"确定"按钮,弹出"简单查询向导"对话框。

(2)在"表查询"下拉列表框中选择"学生信息"表,然后分别双击"可用字段"列表框中的"学号"和"姓名"字段,将它们添加到"选定字段"列表框中。使用相同的方法,将"课程信息"表中的"课程名"字段和"学生成绩"表中的"成绩"字段添加到"选定字段"列表框中,选择结果如图 4.4 所示。

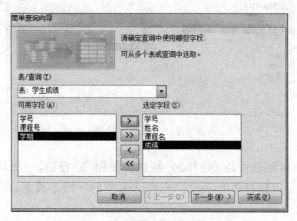

图 4.4　确定查询中所需字段

(3)单击"下一步"按钮,此时用户需要确定是建立明细查询,还是建立汇总查询。选中"明细(显示每个记录的每个字段)"单选按钮,则查看详细信息;选中"汇总"单选按钮,则对一组或全部记录进行各种统计。本例选中"明细(显示每个记录和每个字段)"单选按钮,如图 4.5 所示。

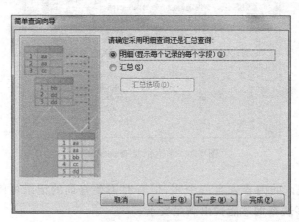

图 4.5　选择明细查询

(4)单击"下一步"按钮,在"请为查询指定标题"文本框中输入"学生选课成绩",并选中"打开查询查看信息"单选按钮,然后单击"完成"按钮,查询结果如图 4.6 所示。

学号	姓名	课程名	成绩
2018010101	李明	asp.net程序设计	55
2018010102	刘阳	asp.net程序设计	89
2018010101	李明	大学英语	57
2018010102	刘阳	大学英语	82
2018010103	王小丽	asp.net程序设计	69
2018010103	王小丽	asp.net程序设计	51
2018010101	李明	政治经济学	95
2018010103	王小丽	政治经济学	73
2018010202	王永芯	大学英语	80
2018010201	张明	C语言程序设计	92
2018020201	林斌	asp.net程序设计	64
2018020201	林斌	C语言程序设计	55
2018020201	林斌	政治经济学	66
2018020202	王健	asp.net程序设计	62
2018020202	王健	政治经济学	53
2018030101	张霞	大学英语	81
2018030102	李佳欣	大学英语	62
2018030102	李佳欣	C语言程序设计	46
2018010101	李明	C语言程序设计	54
2018010202	王永芯	政治经济学	87
2018020101	张可颖	大学英语	77
2018010102	刘阳	C语言程序设计	93

记录: ◄ 第 1 项(共 38 项 ► ►| 无筛选器 搜索

图 4.6 "学生选课成绩"查询结果

2. 查找重复项查询向导

查找重复项是指查找一个或多个字段的相同值的记录,其数据源只能有一个。

【例 4.3】 查找学分相同的课程,要求显示课程名和学分。

课程名和学分都包含在"课程信息"表中,因此"课程信息"表就是该查询的数据源。

操作步骤如下。

(1) 参考简单查询向导的操作步骤,在"新建查询"对话框中双击"查找重复项查询向导"选项,在弹出的对话框中选择"课程信息"表,如图 4.7 所示,单击"下一步"按钮。

例 4.3

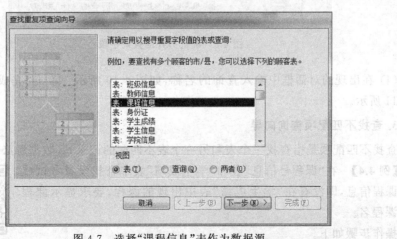

图 4.7 选择"课程信息"表作为数据源

（2）确定可能包含重复信息的字段，即要求哪些字段取值相同，这里将"学分"字段添加到"重复值字段"列表框中，如图 4.8 所示，然后单击"下一步"按钮。

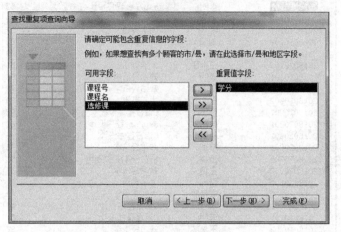

图 4.8　确定重复值字段

（3）在查询结果中除了显示第（2）步选择的带有重复值的字段外，按要求将"课程名"字段添加到"另外的查询字段"列表框中，如图 4.9 所示，然后单击"下一步"按钮。

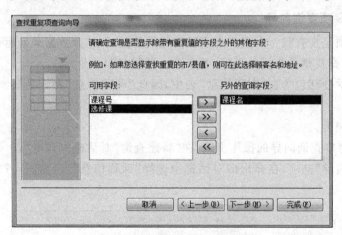

图 4.9　确定另外的查询字段

（4）在出现的对话框中输入查询的名称，如图 4.10 所示。单击"完成"按钮，结果如图 4.11 所示。

3. 查找不匹配项查询向导

查找不匹配项是指查找一个表和另一个表不匹配的记录，其数据源必须是两个。

【例 4.4】　在"课程号信息"表和"学生成绩"表中查找没有考试成绩的课程信息，即没有在"学生成绩"表中出现的课程，要求显示课程号和课程名。

操作步骤如下。

例 4.4

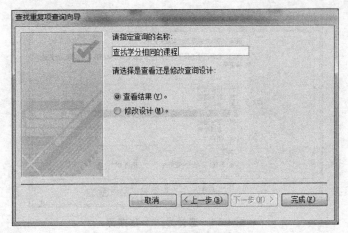

图 4.10　输入查找重复项查询的名称

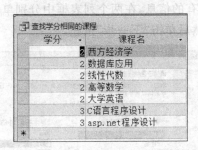

图 4.11　查找重复项查询结果

（1）参考简单查询向导的操作步骤，在"新建查询"对话框中双击"查找不匹配项查询向导"选项，在弹出的对话框中要求确定包含查询结果字段的表或查询记录，这里选择"课程信息"表，如图 4.12 所示，然后单击"下一步"按钮。

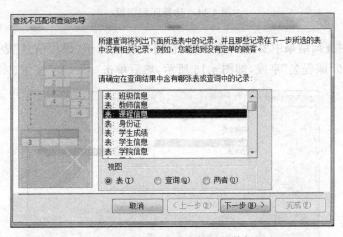

图 4.12　确定包含查询结果的数据源

（2）确定查询结果中的记录在所选的表中没有相关记录，这里选择"学生成绩"表，如图 4.13 所示，然后单击"下一步"按钮。

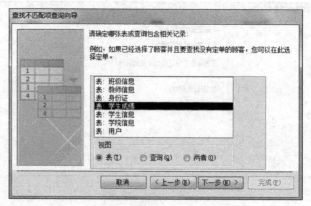

图 4.13　选择另一个数据源

（3）确定在两个表中都有的信息，在两个列表框中分别单击"课程号"字段，然后单击 **<=>** 按钮，如图 4.14 所示，然后单击"下一步"按钮。

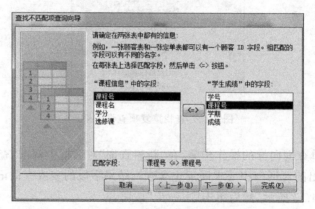

图 4.14　选择匹配字段

（4）确定在查询结果中要显示的字段，它们只能来源于"课程信息"表。按要求选择 "课程号"字段和"课程名"字段，如图 4.15 所示，然后单击"下一步"按钮。

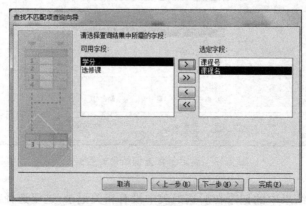

图 4.15　选择查询结果要显示的字段

（5）输入查询名称，如图 4.16 所示，然后单击"完成"按钮，查询结果如图 4.17 所示。

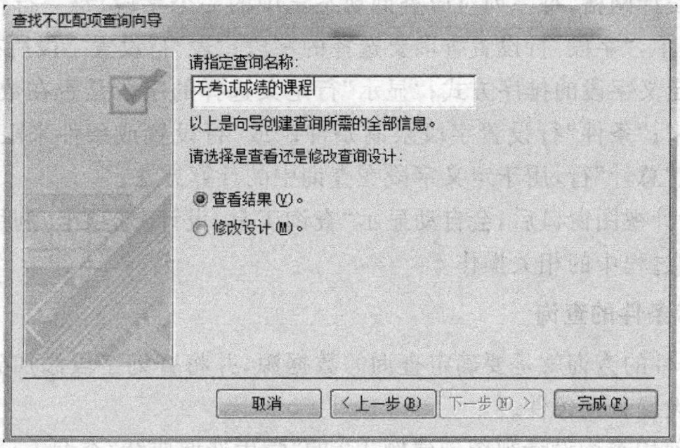

图 4.16 输入查找不匹配项查询名称

图 4.17 查找不匹配项查询结果

4.2.2 在查询设计视图中创建选择查询

使用"查询设计"命令是建立和修改查询最主要的方法。在查询设计视图中，既可以创建不带条件的查询，也可以创建带条件的查询，还可以对已创建的查询进行修改。这种由用户自主设计查询的方法比采用查询向导创建的查询更加灵活。

1. 查询设计视图窗口

打开"学生管理系统"数据库，单击"创建"选项卡，在"查询"组中单击"查询设计"，打开查询设计视图窗口，并弹出"显示表"对话框，关闭"显示表"对话框可以得到空白的查询设计视图窗口，如图 4.18 所示。

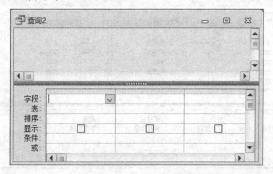

图 4.18 查询设计视图窗口

　　查询设计视图窗口分为上下两部分。上半部分是字段列表区,显示所选表的所有字段;下半部分是设计网格,每一列对应查询动态集中的一个字段,每一行代表查询所需要的一个参数。其中,"字段"行设置查询要选择的字段;"表"行设置字段所在的表或查询的名称;"排序"行定义字段的排序方式;"显示"行定义选择的字段是否在数据表视图(查询结果)中显示出来;"条件"行设置字段限制条件;"或"行设置或条件来限制记录的选择。汇总时还会出现"总计"行,用于定义字段在查询中的计算方法。

　　打开查询设计视图窗口后,会自动显示"查询工具/设计"选项卡,利用其中的命令按钮可以实现查询过程中的相关操作。

2. 创建不带条件的查询

　　创建不带条件的查询就是要确定查询的数据源,并将查询字段添加到查询设计视图窗口,但不需要设置查询条件。

　　【例 4.5】　使用查询设计视图创建例 4.2 的"学生选课成绩"查询。操作步骤如下。

例 4.5

　　(1) 打开"学生管理系统"数据库,单击"创建"选项卡 ,然后在"查询"组中单击"查询设计",打开查询设计视图窗口,并显示"显示表"对话框。

　　(2) 双击"学生信息"表,将"学生信息"表的字段列表添加到查询设计视图窗口的上半部分的字段列表区中,同样分别双击"课程信息"表和"学生成绩"表,也将它们的字段列表添加到查询设计视图窗口的字段列表区中。单击"关闭"按钮,关闭"显示表"对话框。

　　(3) 在字段列表中选择字段并添加到设计网格的"字段"行上,方法有以下 3 种。

　　① 单击某字段,按住鼠标左键不放将其拖到设计网格中的"字段"行;

　　② 双击选中的字段;

　　③ 单击设计网格中"字段"行要放置字段的列,单击右侧的下拉按钮,并从下拉列表中选择所需的字段。

　　这里分别双击"学生信息"表中的"学号"和"姓名"字段,"课程信息"表中的"课程名"字段,"学生成绩"表中的"成绩"字段,将它们添加到"字段"行的第 1～4 列中,这时"表"行上显示了这些字段所在表的名称,结果如图 4.19 所示。

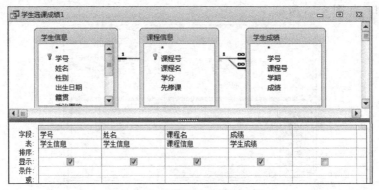

图 4.19　确定查询所需的字段

（4）选择"文件"→"保存"菜单命令，或在快速访问工具栏中单击"保存"按钮，打开"另存为"对话框，在"查询名称"文本框中输入"学生选课成绩1"，单击"确定"按钮。

（5）在"查询工具"的"设计"选项卡中，单击"结果"组中的"视图"下拉按钮，再在下拉菜单中选择"数据表视图"，或单击"结果"组中的"运行"，即可看到"学生选课成绩1"查询的运行结果，结果与图4.6相同。

3. 创建带条件的查询

在查询操作中，经常需要用到带条件的查询，这时可以在查询设计视图中设置条件创建带条件的查询。

【例4.6】 在"学生信息"表中查找1999年出生的女生信息，要求显示"学号""姓名""性别"和"籍贯"等字段内容。

例4.6

操作步骤如下。

（1）打开"学生管理系统"数据库，单击"创建"选项卡，然后在"查询"组中单击"查询设计"，打开查询设计视图窗口，在"显示表"对话框中将"学生信息"表添加到字段列表区中。

（2）查询结果没有要求显示"出生日期"字段，但由于查询条件需要使用这个字段，因此，在确定查询所需的字段时必须选择该字段。分别双击"学号""姓名""性别""籍贯""出生日期"字段，将它们添加到设计网格的"字段"行的第1~5列中。

（3）"出生日期"字段只作为查询条件，不显示其内容，因此应该取消"出生日期"字段显示。单击"出生日期"字段"显示"行上的复选框取消选中。

（4）在"性别"字段列的"条件"行中输入条件"女"，在"出生日期"字段列的"条件"行中输入条件 Between ♯1999/1/1♯ And ♯1999/12/31♯，设置结果如图4.20所示。

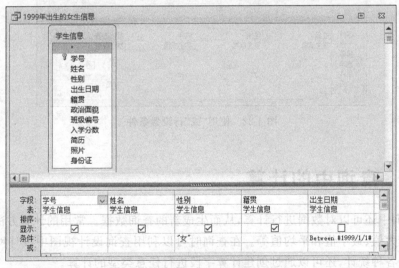

图4.20 设置查询条件

出生日期字段的条件设置还有多种描述方法，如 Year([出生日期])＝1999、＞＝♯1999-01-01♯ And ＜＝♯1999-12-31♯、Like"1999"等。

(5) 保存查询,将查询名称改为"1999年出生的女生信息",然后单击"确定"按钮。

(6) 运行该查询,或切换到数据表视图,查询结果如图 4.21 所示。

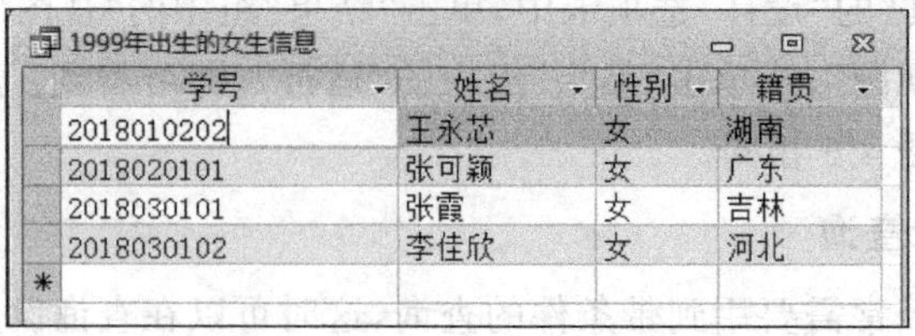

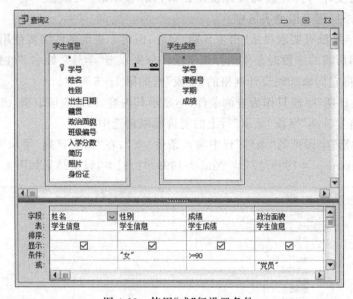

学号	姓名	性别	籍贯
2018010202	王永芯	女	湖南
2018020101	张可颖	女	广东
2018030101	张霞	女	吉林
2018030102	李佳欣	女	河北

图 4.21　带条件查询的结果

在例 4.6 所建查询中,查询条件涉及"性别"和"出生日期"两个字段,要求两个字段值均等于条件给定值,此时,应将两个条件同时写在"条件"行上。若两个条件是"或"关系,应将其中一个条件放在"或"行。例如,查找党员或成绩大于等于 90 分的女生,显示"姓名""性别""成绩"和"政治面貌"等字段,则查询设计视图中设置结果如图 4.22 所示。

图 4.22　使用"或"行设置条件

4.3　查询中的计算

在查询中还可以对数据进行计算,从而生成新的查询数据。常用的计算方法有求和、计数、求最大值、最小值和平均值等。在查询时可以利用查询设计视图中设计网格的"总计"行进行各种统计,还可以通过创建计算字段进行任意类型的计算。

4.3.1　Access 2010 查询计算功能

在 Access 2010 查询中,可以执行预定义计算和自定义计算两种类型的计算。

预定义计算是系统提供的用于对查询结果中的记录组或全部记录进行的计算。单击"查询工具/设计"选项卡,在"显示/隐藏"命令组中单击"汇总"命令按钮,可以在设计网格中显示出"总计"行。对设计网格中的每个字段,都可以在"总计"行中选择所需选项对查询中的全部记录、多条记录或一条记录组进行计算。"总计"行中有12个选项,其名称与作用如表4.6所示。

表 4.6 "总计"行中各选项的名称及作用

选 项 名 称		作 用
函数	合计(Sum)	计算字段中所有记录值的总和
	平均值(Avg)	计算字段中所有记录值的平均值
	最小值(Min)	取字段中所有记录值的最小值
	最大值(Max)	取字段中所有记录值的最大值
	计数(Count)	计算字段中非空记录值的个数
	标准差(StDev)	计算字段记录值的标准偏差
	方差(Var)	计算字段记录值的方差
其他选项	分组(Group By)	将当前字段设置为分组字段
	第一条记录(First)	找出表或查询中第一条记录的字段值
	最后一条记录(Last)	找出表或查询中最后一条记录的字段值
	表达式(Expression)	创建一个用表达式产生的计算字段
	条件(Where)	设置分组条件

自定义计算是指直接在设计网格的空字段行中输入表达式,从而创建一个新的计算字段,以所输入表达式的值作为新字段的值。

4.3.2 创建计算查询

使用查询设计视图中的"总计"行,可以对查询中全部记录、记录组计算一个或多个字段的统计值。

【例 4.7】 统计"学生信息"表中的学生人数。

操作步骤如下。

例 4.7

(1) 打开"学生管理系统"数据库,单击"创建"选项卡,然后在"查询"组中单击"查询设计",打开查询设计视图窗口,并在"显示表"对话框中将"学生信息"表添加到其字段列表区中。

(2) 双击"学生信息"表字段列表中的"学号"字段,将其添加到"字段"行的第1列。

(3) 在"显示隐藏"命令组中单击"汇总"命令按钮,在设计网格中插入一个"总计"行,并自动将"学号"字段的"总计"行设置成 Group By。

(4) 单击"学号"字段的"总计"行,单击其右侧的下拉按钮,从打开的下拉列表中选择"计数"函数,如图4.23所示。

(5) 保存查询,查询名称为"学生人数",然后单击"确定"按钮。

(6) 运行查询,或切换到数据表视图,查询结果如图4.24所示。

图 4.23 设置"总计"项   图 4.24 总计查询结果

此例是最基本的统计计算，没有任何条件。在实际应用中，往往需要对符合某个条件的记录进行统计计算。

【例 4.8】 统计 1999 年出生的女生人数。

该查询的数据源是"学生信息"表，要实施的总计方式是计数，因为学号是不重复的数据，所以选择"学号"字段作为计数对象。由于"出生日期"字段和"性别"字段只能作为条件，因此，在两个字段的"总计"行选择 Where 选项。Access 2010 规定，在"总计"行指定条件选项的字段不能出现在查询结果中，因此，查询结果中只显示学生人数。将查询设计保存，查询设计视图与运行结果分别如图 4.25 和图 4.26 所示。

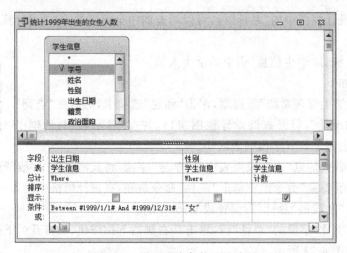

图 4.25 设置查询条件及总计项

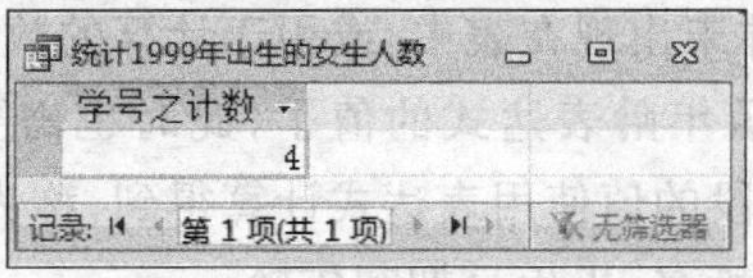

统计1999年出生的女生人数

学号之计数

4

记录: |◀ 第1项(共1项) ▶ |▶| 无筛选器

图 4.26 带条件的总计查询结果

4.3.3 创建分组统计查询

在查询过程中,如果需要对记录进行分类统计,可以使用分组统计功能。分组统计时,只需在查询设计视图中将用于分组字段的"总计"行设置成 Group By 即可。

【例 4.9】 统计男女生入学分数的最高分、最低分和平均分。

该查询的数据源是"学生信息"表,分组字段是"性别"(性别相同的是一组),选择"入学分数"字段作为计算对象。将查询设计保存,查询的设计视图与运行结果分别如图 4.27 和图 4.28 所示。

例 4.9

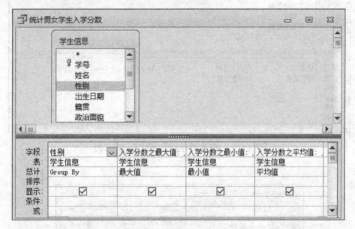

图 4.27 设置分组总计项

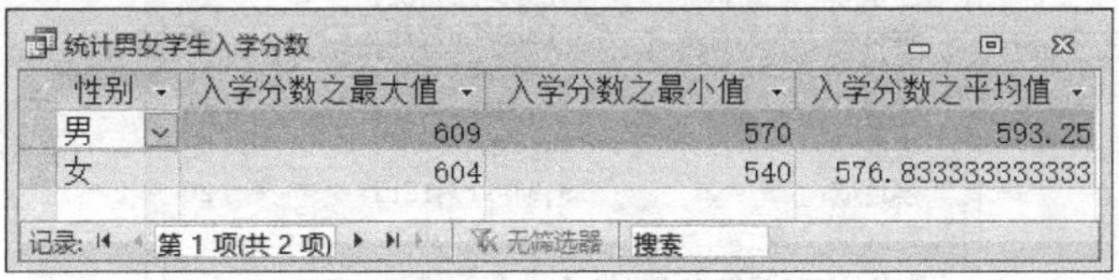

统计男女学生入学分数

性别	入学分数之最大值	入学分数之最小值	入学分数之平均值
男	609	570	593.25
女	604	540	576.833333333333

记录: |◀ 第1项(共2项) ▶ |▶| 无筛选器 搜索

图 4.28 分组统计查询结果

4.3.4 创建计算字段

有时在查询结果中直接显示字段名称作为每一列的标题,或在统计时默认显示字段标题,往往不太直观,而且也不符合习惯的表达方式,例如,图 4.28 所示的查询结果中统计字段标题显示为"入学成绩之最大值""入学成绩之最小值""入字成绩之平均值"。此时,可以增加一个新字段,使其更加清晰、明了,而且还可以进行相应的计算。另外,在有些统计中，需要统计的内容并未出现在表中，或用于计算的数值来源于多个字段，例如，要显示学生的年龄，就只能显示年龄表达式的值了，此时也需要在设计网格中添加一个新字段。新字段的值使用表达式计算得到，称为计算字段。

例 4.10

【例 4.10】 显示学生的姓名、出生日期和年龄。

查询中的年龄并未直接显示在“学生信息”表中，而只能根据“出生日期”字段用一个表达式计算出来。这时在查询设计视图的“字段”行的第 3 列中添加一个计算字段，字段标题为“年龄”，表达式为“Year(Date())－Year([出生日期])”，即输入“年龄：Year(Date())－Year([出生日期])”。将查询设计保存，查询设计视图与运行结果分别如图 4.29 和图 4.30 所示。

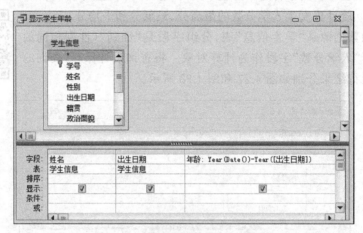

图 4.29　查询中的“年龄”计算字段

姓名	出生日期	年龄
李明	1999年10月12日	20
刘阳	1998年6月7日	21
王小丽	2000年5月21日	19
张明	2000年12月22日	19
王永芯	1999年1月2日	20
张可颖	1999年9月3日	20
林斌	2000年3月5日	19
王健	2001年10月3日	18
张霞	1999年5月30日	20
李佳欣	1999年11月12日	20

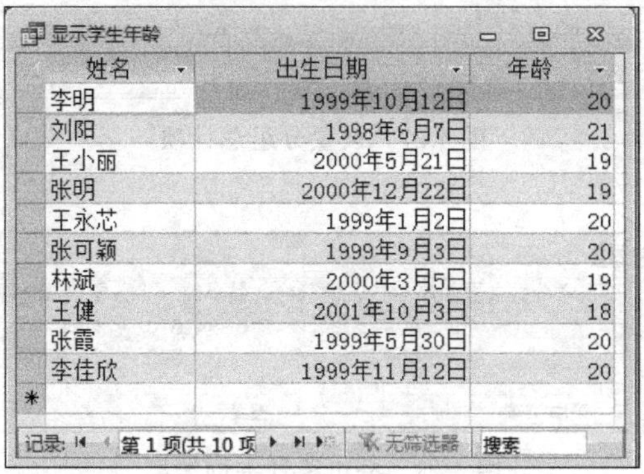

图 4.30　“年龄”计算字段查询结果

4.4　交叉表查询

交叉表查询是一种常用的统计表格，它显示来自表中某个字段的计算值(包括总计、平均值、计数或其他类型的计算)，并将它们分组，一组为行标题，显示在表格的左侧，另一组为列标题,显示在表格的顶端,在表格行和列的交叉位置处显示表中某个字段的各种计算值。

创建交叉表查询可以使用交叉表查询向导和查询设计视图两种方法。在创建过程中,需要指定3个字段:作为列标题的字段、作为行标题的字段、放在表格行与列交叉位置上的字段,并为该字段指定一个总计项。

4.4.1 使用交叉表查询向导创建交叉表查询

使用交叉表查询向导创建交叉表查询时,数据源只能来自一个表或一个查询,如果要包含多个表中的字段,就需要先创建一个含有全部所需字段的查询对象,然后再用这个查询作为数据源创建交叉表查询。

【例4.11】 统计各班级男女生的人数。

查询中要显示学生的班级编号和性别,它们均来源于“学生信息”
表。作为行标题的是“班级编号”字段的取值;作为列标题的是“性别”字段的取值;行和列的交叉点采用“计数”方式计算字段取值非空的记录个
数,因此可选取不允许为空的“学号”字段进行计算。   例4.11

操作步骤如下。

(1) 打开“学生管理系统”数据库,单击“创建”选项卡,然后在“查询”组中单击“查询向导”按钮,打开“新建查询”对话框,选择“交叉表查询向导”选项。

(2) 单击“确定”按钮,弹出“交叉表查询向导”第1个对话框,选择需要的数据源。交叉表查询的数据源可以是表,也可以是查询。这里选择“学生信息”表,如图4.31所示。

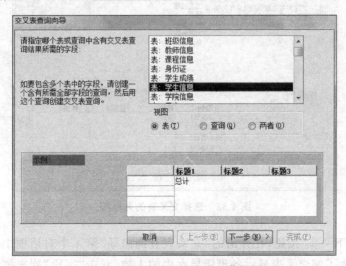

图4.31 选择交叉表查询的数据源

(3) 单击“下一步”按钮,弹出“交叉表查询向导”第2个对话框,在该对话框中,确定交叉表的行标题。行标题最多可以选择3个字段,这里只需1个行标题字段。为了在交叉表第1列的每行显示专业名,双击“可用字段”列表框中的“班级编号”字段,将它添加到“选定字段”列表框中,如图4.32所示。

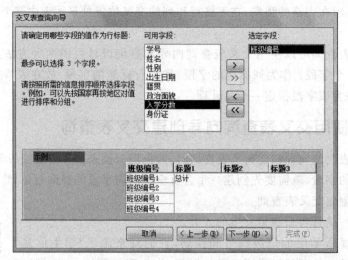

图 4.32　选择交叉表的行标题

（4）单击"下一步"按钮，弹出"交叉表查询向导"第 3 个对话框，在该对话框中，确定交叉表的列标题。列标题最多只能选择 1 个字段，为了在交叉表的每一列最上端显示性别，这里选择"性别"字段，如图 4.33 所示。

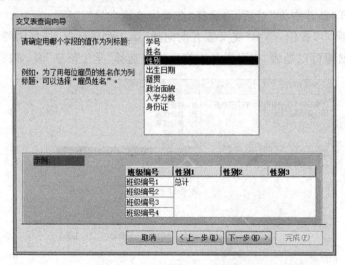

图 4.33　选择交叉表的列标题

（5）单击"下一步"按钮，在弹出的"交叉表查询向导"第 4 个对话框中确定计算字段和计算函数。为了使交叉表显示各班级男女生的人数，双击"字段"列表框中的"学号"字段。在"函数"列表框中选择 Count 选项。若不在交叉表的每行前面显示总计数，应取消勾选"是，包括各行小计"复选框，如图 4.34 所示。

（6）单击"下一步"按钮，弹出"交叉表查询向导"第 5 个对话框，输入"统计各班级男女生的人数"作为查询的名称，然后选中"查看查询"单选按钮，最后单击"完成"按钮，系统以数据表视图的方式显示查询结果，如图 4.35 所示。

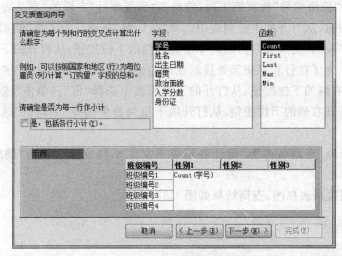

图 4.34 选择交叉表的计算字段和计算函数

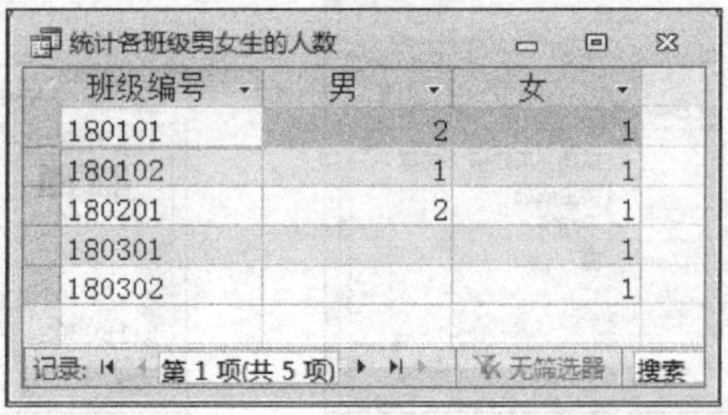

图 4.35 交叉表查询的结果

4.4.2 在查询设计视图中创建交叉表查询

使用查询向导创建交叉表查询，需要先将所需的数据放在一个表或查询里，然后才能创建此查询。有时查询所需数据来自多个表，这时可以使用查询设计视图创建交叉表查询。

【例 4.12】 使用查询设计视图创建交叉表查询，用于统计各班级男女生的平均成绩。

查询所需数据来自"学生信息"表和"学生成绩"表，可以使用查询设计视图创建交叉表查询。

例 4.12

操作步骤如下。

(1) 打开"学生管理系统"数据库，单击"创建"选项卡，然后在"查询"组中单击"查询设计"按钮，打开查询设计视图窗口。在"显示表"对话框中将"学生信息"表和"学生成绩"表添加到查询设计视图窗口的上半部分的字段列表区中。

(2) 双击"学生信息"表中的"班级编号"和"性别"字段，分别放到"字段"行的第 1 列和第 2 列，双击"学生成绩"表中的"成绩"字段，将其放到"字段"行的第 3 列。

(3) 在"查询类型"组中单击"交叉表"命令按钮。

（4）为了将"班级编号"放在第1列，应单击"班级编号"字段的"交叉表"行，然后单击其右侧的下拉按钮，从打开的下拉列表中选择"行标题"选项。为了将"性别"放在第1行，应单击"性别"字段的"交叉表"行，然后单击其右侧的下拉按钮，从打开的下拉列表中选择"列标题"选项。为了在行和列交叉处显示成绩的平均值，应单击"成绩"字段的"交叉表"行，然后单击其右侧的下拉按钮，从打开的下拉列表中选择"值"。单击"成绩"字段的"总计"行，然后单击其右侧的下拉按钮，从打开的下拉列表中选择"平均值"选项。设置结果如图4.36所示。

（5）保存查询，查询名称为"统计各班级男女生平均成绩"，单击"确定"按钮，完成保存。

（6）切换到数据表视图，查询结果如图4.37所示。

图4.36　设置交叉表中的字段

图4.37　统计各班级男女生平均成绩

显然，如果所用数据源来自一个表或一个查询，使用交叉表查询向导比较简单，如果所用数据源来自几个表或几个查询，则使用设计视图更方便。另外，如果"行标题"或"列标题"需要通过建立新字段得到，那么使用查询设计视图建立查询是最好的选择。

4.5　参数查询

前面创建的查询，无论是内容还是条件都是固定的。如果希望根据某个或某几个字段不同的值进行查找记录，就需要不断地更改所创建查询的条件，显然很麻烦。为了更灵活地实现查询，可以使用Access 2010提供的参数查询功能。参数查询功能利用对话框提示用户输入参数，并检索出符合所输入参数的记录。

设置参数查询在很多方面类似于设置选择查询。可以使用简单查询向导，先从要包含的表和字段开始设置，然后在查询设计视图中添加查询条件，也可以直接在查询设计视图中设置表、字段和查询条件。

对于参数查询，可以创建一个参数提示的单参数查询，也可以创建多个参数提示的多参数查询。

4.5.1 单参数查询

创建单参数查询,就是在字段中指定一个参数。在执行单参数查询时,需要输入一个参数值。

【例4.13】 以创建的"学生选课成绩1"查询为基础建立一个参数查询,按照学生姓名查看某学生的成绩,并显示"学号""姓名""课程名"和"成绩"字段的值。

操作步骤如下。

(1)打开"学生管理系统"数据库,在导航窗格的"查询"对象中右击"学生选课成绩1"查询,在弹出的快捷菜单中选择"设计视图"命令,打开"学生选课成绩1"查询设计视图。

(2)在"姓名"字段的"条件"行中输入"[请输入学生姓名]",如图4.38所示。

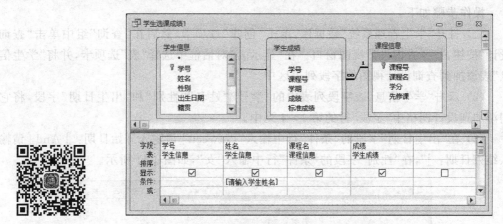

例4.13

图4.38 设置单参数查询条件

方括号中的内容即为查询运行时出现在"输入参数值"对话框中的提示文本。注意提示文本不能与字段名完全相同。

(3)选择"文件"→"对象另存为"菜单命令,将查询另存为"按姓名查找学生选课成绩",单击"确定"按钮。

(4)单击"查询工具"中的"设计"选项卡,然后在"结果"组中单击"运行"按钮,显示"输入参数值"对话框,在"请输入学生姓名"文本框中输入"王小丽",如图4.39所示。

图4.39 运行查询时输入参数值

(5)单击"确定"按钮,这时就可以看到所建参数查询的查询结果,如图4.40所示。

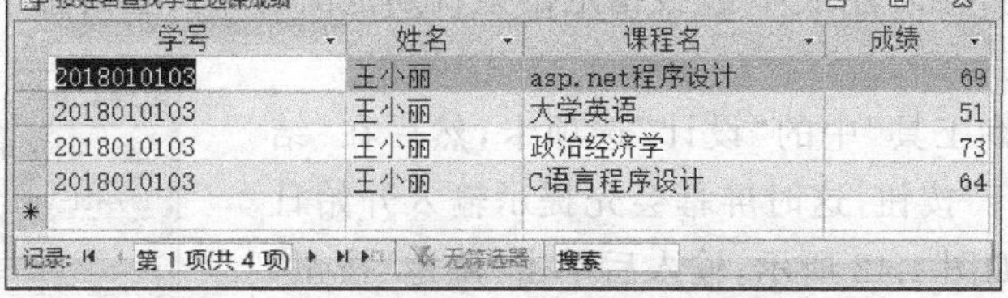

学号	姓名	课程名	成绩
2018010103	王小丽	asp.net程序设计	69
2018010103	王小丽	大学英语	51
2018010103	王小丽	政治经济学	73
2018010103	王小丽	C语言程序设计	64

图4.40 单参数查询的查询结果

注意：如果在一个已创建的查询中创建参数查询，则直接在查询设计视图中打开该查询，然后在其基础上输入参数条件即可。保存时，应选择"文件"→"另存为"菜单命令，以保留原查询。

4.5.2 多参数查询

创建多参数查询，就是在字段中指定多个参数。在执行多参数查询时，需要依次输入多个参数值。

【例4.14】 建立一个多参数查询，用于显示指定出生日期范围内的所有女生信息，要求显示"学号""姓名""性别"和"出生日期"字段的值。

这里选择"学生信息"表作为数据源，需要输入开始日期和结束日期两个参数。

操作步骤如下。

（1）打开"学生管理系统"数据库，单击"创建"选项卡，然后在"查询"组中单击"查询设计"按钮，打开查询设计视图窗口。在"显示表"对话框中选择"表"选项卡，并将"学生信息"表添加到查询设计视图的字段列表区中。

（2）双击"学生信息"表字段列表中的"学号""姓名""性别"和"出生日期"字段，将它们添加到设计网格中"字段"行的第1～4列中。

（3）在"出生日期"字段的"条件"行中输入"Between［请输入开始日期：］And［请输入结束日期：］"，在"性别"字段的"条件"行中输入"女"，如图4.41所示。

图4.41 多参数查询的设计视图

"条件"行方括号中的内容即为查询运行时出现在"输入参数值"对话框中的提示文本。在运行查询时，系统将提示用户按照从左到右的顺序逐个输入参数。

（4）保存查询，查询名称为"查找指定出生日期范围内的女生信息"，单击"确定"按钮完成保存。

（5）单击"查询工具"中的"设计"选项卡，然后在"结果"组中单击"运行"按钮，这时屏幕会先提示输入开始日期"1999-01-01"，如图4.42所示，输入后单击"确定"按钮，在下一个对话框中输入结束日期"1999-12-31"，单击"确

图4.42 "输入参数值"对话框

定"按钮,运行结果如图4.43所示。

学号	姓名	性别	出生日期
2018010202	王永芯	女	1999年1月2日
2018030101	张霞	女	1999年5月30日
2018020101	张可颖	女	1999年9月3日
2018030102	李佳欣	女	1999年11月12日

图4.43 多参数查询结果

4.6 操作查询

操作查询用于对数据库进行复杂的数据管理操作,可以根据需要利用操作查询在数据库中增加一个新的表,或对数据库中的数据进行增加、删除和修改等操作。也就是说,操作查询不像选择查询只能查看满足检索条件的记录,而是可以对满足条件的记录进行更改。

操作查询包括生成表查询、删除查询、更新查询和追加查询4种。操作查询会导致数据库中的数据发生变化,因此,一般需对数据库进行备份后再进行操作查询。

4.6.1 生成表查询

生成表查询是利用从一个或多个表中提取的数据创建新表的一种查询,这种由表生成查询,再由查询生成表的方法,使得数据的组织更加灵活、方便。生成表查询所创建的表继承源表的字段数据类型,但并不继承源表的字段属性和主键设置。

在Access 2010中,从表中访问数据要比从查询中访问数据快得多,因此,如果经常要从几个表中提取数据,最好的方法就是使用生成表查询,将从多个表中提取的数据组合在一起生成一个新表。

【例4.15】 将考试成绩在90分以上的学生的"学号""姓名""成绩"字段存储到"优秀成绩"表中。

查询的数据源是"学生信息"表和"学生成绩"表,"成绩"字段需要设置条件,然后运行生成表查询。

例4.15

操作步骤如下。

(1) 打开"学生管理系统"数据库,单击"创建"选项卡,然后在"查询"组中单击"查询设计"按钮,打开查询设计视图窗口。在"显示表"对话框中将"学生信息"表和"学生成绩"表添加到查询设计视图的字段列表区。

(2) 双击"学生信息"表中的"学号""姓名"字段,将它们添加到设计网格的第1列和第2列中,双击"学生成绩"表中的"成绩"字段,将它添加到设计网格中的第3列中。在"成绩"字段的"条件"行中输入条件">=90",如图4.44所示。

(3) 在"查询工具"的"设计"选项卡中,单击"查询类型"命令组中的"生成表"命令按钮,打开"生成表"对话框。

图 4.44　生成表查询设置

　　(4) 在"表名称"文本框中输入"优秀成绩",选中"当前数据库"单选按钮,将新表放入当前打开的"学生管理系统"数据库中,如图 4.45 所示,单击"确定"按钮。

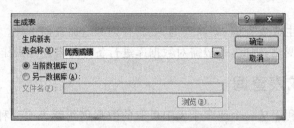

图 4.45　"生成表"对话框

　　(5) 切换到查询的数据表视图,预览利用生成表查询新建的表。如果需要修改,则在"视图"命令组中单击下拉按钮,选择"设计视图"命令,即可查询进行修改。

　　(6) 单击"查询工具"中的"设计"选项卡,然后在"结果"组中单击"运行"命令按钮,屏幕中显示提示框,单击"是"按钮建立"优秀成绩"表(注意生成新表后不能撤销所做的更改);单击"否"按钮不建立新表,本例单击"是"按钮。

　　(7) 保存查询,在"另存为"对话框中输入查询名"优秀成绩",单击"确定"按钮完成保存。

　　(8) 在导航窗格中双击新建的"优秀成绩"表,结果如图 4.46 所示。

图 4.46　利用生成表查询创建的"优秀成绩"表

4.6.2　删除查询

　　如果要成批删除记录,使用删除查询比在表中删除记录的效率更高。删除查询可以从一个或多个表中删除符合条件的记录。如果删除的记录来自多个表,必须已经定义了相关表之间的关联,并且在"关系"窗口中勾选"实施参照完整性"复选框和"级联删除相关记录"复选框,才可以在相关联的表中删除记录。

　　删除查询将永久删除指定表中的记录,并且无法恢复,因此,在运行删除查询时要十分慎重,最好对要删除记录所在的表进行备份,以防止由于误操作而引起的数据丢失。

　　【例4.16】 创建删除查询,将"学生信息"表中姓"张"的学生的记录删除。

例4.16

　　先对"学生信息"表进行复制,得到"学生信息的副本"表,然后对"学生信息的副本"表进行操作。

　　操作步骤如下。

　　(1) 打开"学生管理系统"数据库,单击"创建"选项卡,然后在"查询"组中单击"查询设计"按钮,打开查询设计视图窗口,在"显示表"对话框中将"学生信息的副本"表添加到查询设计视图的字段列表区中。

　　(2) 在"查询工具"的"设计"选项卡中,单击"查询类型"命令组中的"删除"命令按钮,这时设计网格中显示一个"删除"行。

　　(3) 单击"学生信息的副本"字段列表中的" * ",并将其拖到设计网格"字段"行的第1列上,这时第1列上显示"学生信息的副本",表示已将该表中的所有字段放在了设计网格中。同时,在"删除"行中显示 From,表示从何处删除记录。

　　(4) 双击字段列表中的"姓名"字段,这时"学生信息的副本"表中的"姓名"字段被放到了设计网格"字段"行的第2列上。同时,在该字段的"删除"行中显示 Where,表示要删除哪些记录。

　　(5) 在"姓名"字段的"条件"行中输入条件"Left([姓名],1)='张'",此时的查询设计视图如图4.47所示。

图4.47 删除查询的设计视图

　　(6) 单击"查询工具"中的"设计"选项卡,然后在"结果"组中单击"数据表视图"命令按钮,能够预览"删除查询"检索到的一组记录。如果预览到的记录不是要删除的信息,可以返回到设计视图,对查询进行修改,直到符合要求为止。

　　(7) 单击"查询工具"中的"设计"选项卡,然后在"结果"组中单击"运行"按钮,这时将弹出提示准备运行删除查询的对话框,单击"是"按钮,完成删除查询的操作。

　　(8) 保存查询,在"另存为"对话框中输入查询名"删除查询",单击"确定"按钮完成保存。

(9) 打开"学生信息的副本"表查看其变化。如果有级联删除的关联,相关表中也会有记录被删除。

删除查询每次都删除整条记录,而不是指定字段中的数据。如果只删除指定字段中的数据,可以使用更新查询,将该值改为"空值"。

4.6.3 更新查询

在数据表视图中可以对记录进行修改,但当需要修改符合一定条件的批量记录时,使用更新查询是更有效的方法,更新查询可以对一个或多个表中的一组记录进行批量修改。如果建立表间关联时设置了级联更新,那么运行更新查询会引起多个表发生变化。

【例4.17】 创建更新查询,将党员学生的入学分数增加20分。

在本例中,查询的数据源是"学生信息"表,在"政治面貌"字段设置条件,需要更新的字段是"入学分数"。

例4.17

操作步骤如下。

(1) 打开"学生管理系统"数据库,在"创建"选项卡的"查询"组中单击"查询设计"按钮,打开查询设计视图窗口,在"显示表"对话框中将"学生信息"表添加到查询设计视图的字段列表区中。

(2) 单击"查询工具"中的"设计"选项卡,然后在"查询类型"组中单击"更新"命令按钮,此时设计网格中将显示一个"更新到"行。

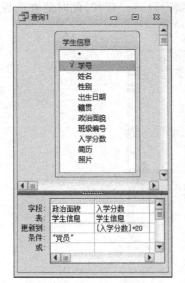

图4.48 更新查询的设置

(3) 双击"学生信息"表字段列表中的"政治面貌"字段和"入学分数"字段,将它们添加到设计网格"字段"行的第1列和第2列中。

(4) 在"政治面貌"字段的"条件"行中输入条件"党员",在"入学分数"字段的"更新到"行中输入要更新的内容"[入学分数]+20",此时的查询设计视图如图4.48所示。

(5) 单击"查询工具"中的"设计"选项卡,然后在"结果"组中单击"数据表视图"命令按钮,可以预览要更新的一组记录。单击"视图"下拉按钮,选择"设计视图"命令可返回设计视图中。

(6) 单击"查询工具"中的"设计"选项卡,然后在"结果"组中单击"运行"按钮,弹出提示准备运行更新查询的对话框,单击"是"按钮,系统开始更新属于同一组的所有记录。

(7) 保存查询,在"另存为"对话框中输入查询名"更新查询",单击"确定"按钮完成保存。

(8) 打开"学生信息"表可以查看入学分数发生了变化。

Access 2010除了可以更新一个字段的值外,还可以更新多个字段的值,只要在设计网格中指定要修改字段的内容即可。

4.6.4 追加查询

追加查询能够将一个或多个表中符合条件的记录追加到另一个表的尾部。

【例 4.18】 建立一个追加查询,将考试成绩在 80～89 分的学生信息添加到已建立的"优秀成绩"表中。

例 4.18

操作步骤如下。

(1) 打开"学生管理系统"数据库,在"创建"选项卡的"查询命令"组中单击"查询"按钮,打开查询设计视图窗口,在"显示表"对话框中将"学生信息"表和"学生成绩"表添加到查询设计视图的字段列表区中。

(2) 单击"查询工具"中的"设计"选项卡,然后在"查询类型"组中单击"追加"按钮,这时屏幕上显示"追加"对话框。

(3) 在"表名称"下拉列表框中输入"优秀成绩"或从下拉列表框中选择"优秀成绩"表,表示将查询的记录追加到"优秀成绩"表中,并选中"当前数据库"单选按钮,如图 4.49 所示。

图 4.49 "追加"对话框

(4) 单击"确定"按钮,此时设计网格中将显示一个"追加到"行。双击"学生信息"表中的"字号""姓名"字段,将它们添加到设计网格"字段"行的第 1 列和第 2 列中。双击"学生成绩"表中的"成绩"字段,将其添加到设计网格"字段"行的第 3 列中,并在"追加到"行中填上"学号""姓名""成绩"字段。

(5) 在"成绩"字段的"条件"行中输入条件">＝80 And ＜=89",如图 4.50 所示。

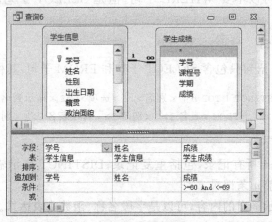

图 4.50 追加查询设置

（6）单击"查询工具"中的"设计"选项卡，然后在"结果"组中单击"数据表视图"命令按钮，可以预览追加的一组记录。单击"视图"下拉按钮，选择"设计视图"命令，可返回设计视图。

（7）单击"查询工具"中的"设计"选项卡，然后在"结果"组中单击"运行"按钮，弹出提示准备运行追加查询的对话框，单击"是"按钮，系统开始追加符合条件的所有记录。

（8）保存查询，在"另存为"对话框中输入查询名"追加查询"，单击"确定"按钮，完成保存。

（9）打开"优秀成绩"表就可以看到增加了成绩在 80～89 分学生的情况。

通过操作查询不但可以检索表中的数据，而且可以对表中数据进行修改。由于运行一个操作查询时，可能会对数据库中的表进行许多修改，并且这种修改不能恢复，因此，在执行操作查询之前，先要预览即将更改的记录，以避免因误操作引起不必要的改变。另外，在使用操作查询之前，应该备份数据。由于操作查询的危险性，在导航窗格中可以看到每个操作查询图标之后都显示一个感叹号，以引起注意。

4.7 SQL 查询

SQL 即是结构化查询语言（Structurecl Query Language），是目前使用最广泛的关系数据库语言，常用的 SQL 语句有 SELECT 语句、INSERT 语句、UPDAT 语句和 DELETE 语句。

从本质上讲，Access 是以 SQL 语句为基础实现查询功能的。在查询设计视图中创建查询时，Access 将生成等价的 SQL 语句，可以在 Access 的 SQL 视图窗口中查看和编辑当前查询对应的 SQL 语句，也可以直接输入 SQL 语句创建查询。

4.7.1 SQL 基本查询

SQL 数据查询通过 SELECT 语句实现。SELECT 语句中包含的子句较多，其基本框架是 SELECT…FROM…WHERE，各子句分别指定输出字段、数据来源和查询条件。在这种固定格式中，可以不要 WHERE 子句，但是 SELECT 子句和 FROM 子句是必须的。

1. 简单的查询语句

简单的 SELECT 语句只包含 SELECT 子句和 FROM 子句，其格式为

SELECT [ALL | DISTINCT | TOP n][<别名>.] <选项>[AS <显示列名>] [,[<别名>.] <选项>[AS <显示列名>…]]FROM <表名 1>[<别名 1>][, <表名 2>[<别名 2>…]]

各选项的含义如下。

（1）ALL 表示输出所有记录，包括重复记录；DISTINCT 表示输出无重复结果的记录；TOP n 表示输出前 n 条记录。

（2）<选项>表示输出的内容，可以是字段名称、函数或表达式。当选择多个表中的字段时，可使用别名区分不同的表。如果要输出全部字段，选项用" * "表示。在输出的结

果中,如果不希望显示字段名称,可以使用 AS 后面的<显示列名>设置一个显示名称。

(3) FROM 子句用于指定要查询的表,可以同时指定表的别名。

【例 4.19】 对"学生信息"表进行以下操作并写出操作步骤和 SQL 语句。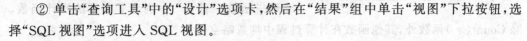

例 4.19

(1) 显示"学生信息"表中的所有信息。

操作步骤如下。

① 打开"学生管理系统"数据库,在"创建"选项卡的"查询"组中单击"查询设计"按钮,打开查询设计视图窗口,然后在"显示表"对话框中单击"关闭"按钮,不添加任何表或查询,进入空白的查询设计视图。

② 单击"查询工具"中的"设计"选项卡,然后在"结果"组中单击"视图"下拉按钮,选择"SQL 视图"选项进入 SQL 视图。

③ 在 SQL 视图中输入以下 SELECT 语句:

```
SELECT * FROM 学生信息
```

④ 单击"查询工具"中的"设计"选项卡,然后在"结果"组中单击"运行"按钮,此时进入该查询的数据表视图,显示查询结果如图 4.51 所示。

学号	姓名	性别	出生日期	籍贯	政治面貌	班级编号
2018010101	李明	男	1999年10月12日	福建	党员	180101
2018010102	刘阳	男	1998年6月7日	江西	团员	180101
2018010103	王小丽	女	2000年5月21日	河南	党员	180101
2018010201	张明	男	2000年12月22日	湖北	团员	180102
2018010202	王永芯	女	1999年1月2日	湖南	党员	180102
2018020101	张可颖	女	1999年9月3日	广东	团员	180201
2018020201	林斌	男	2000年3月5日	云南	党员	180201
2018020202	王健	男	2001年10月3日	吉林	团员	180201
2018030101	张霞	女	1999年5月30日	吉林	无党派	180301
2018030102	李佳欣	女	1999年11月12日	河北	无党派	180302

图 4.51 SQL 查询显示"学生信息"表的内容

⑤ 保存查询结果。

(2) 显示出前 5 个学生的姓名和年龄。

操作步骤如下。

例 4.19(2)

① 打开"学生管理系统"数据库,在"创建"选项卡的"查询"组中单击"查询设计"按钮,打开查询设计视图窗口,然后在"显示表"对话框中单击"关闭"按钮,不添加任何表或查询,进入空白的查询设计视图。

② 单击"查询工具"中的"设计"选项卡,然后在"结果"组中单击"视图"下拉按钮,选择"SQL 视图"选项进入 SQL 视图。

③ 在 SQL 视图中输入以下 SELECT 语句:

```
SELECT TOP 5 姓名,Year(Date())-Year(出生日期) AS 年龄 FROM 学生信息
```

④ 单击"查询工具"中的"设计"选项卡,然后再单击"结果"组中的"运行"按钮,进入该查询的数据表视图,显示查询结果如图 4.52 所示。

⑤ 保存查询结果。

"学生信息"表中没有"年龄"字段，要显示年龄，只能通过"出生日期"字段求出年龄。

姓名	年龄
李明	20
刘阳	21
王小丽	19
张明	19
王永芯	20

图 4.52　显示出前 5 个学生的姓名和年龄

运行结果如图 4.52 所示。

SELECT 语句中的选项，可以是字段名称、表达式，也可以是一些函数。有一类函数可以针对几个或全部记录进行数据汇总，它常用来计算 SELECT 语句查询结果集的统计值，例如，求一个结果集的平均值、最大值、最小值或求全部元素之和等。这些函数称为统计函数，也称为集合函数或聚集函数。表 4.7 中列出了常用的统计函数，除 Count(*)函数外，其他函数在计算过程中均忽略空值。

表 4.7　SELECT 语句中常用的统计函数

函　数	功　能	函　数	功　能
Avg(<字段名>)	求该字段的平均值	Min(<字段名>)	求该字段的最小值
Sum(<字段名>)	求该字段的和	Count(<字段名>)	统计该字段值的个数
Max(<字段名>)	求该字段的最大值	Count(*)	统计记录的个数

【例 4.20】 在"学生信息"表中求出所有学生的平均入学分数。

SELECT Avg(入学分数) AS 入学分数平均分 FROM 学生信息

语句中利用 Avg()函数求入学分数的平均值，其作用范围是全部记录，即求所有学生的入学成绩的平均值，语句的执行结果如图 4.53 所示。

2. 带条件查询

WHERE 子句用于指定查询条件，其格式为

图 4.53　查询所有学生的入学分数平均分

WHERE<条件表达式>

其中，条件表达式是指查询结果集合应满足的条件，如果某行条件为真就包括该行记录。

【例 4.21】 列出入学分数在 600 分以上的学生记录。

SELECT * FROM 学生信息 WHERE 入学分数>600

语句的执行结果如图 4.54 所示。

例 4.21

姓名	性别	出生日期	籍贯	政治面貌	班级编号	入学分数
张明	男	2000年12月22日	湖北	团员	180102	609
林斌	男	2000年3月5日	云南	党员	180201	607
张霞	女	1999年5月30日	吉林	无党派	180301	604
						0

图 4.54　入学分数在 600 分以上的学生记录

该语句的执行过程是,从"学生信息"表中取出一条记录,测试该记录的"入学分数"字段的值是否大于 600,如果大于,则取出该记录的全部字段值,在查询结果中产生一条输出记录,否则跳过该记录,取出下一条记录。

在 4.1.4 小节中曾介绍过用于条件表达式中的几个特殊运算符的使用方法,如 Between A And B、In、Like、Is Null 等。这类条件运算的基本使用方法是:左边是一个字段名,右边是一个特殊的条件运算符,语句执行时判断字段值是否满足条件。

【例 4.22】　写出对"学生信息"表进行以下操作的 SQL 语句。

(1) 列出籍贯是"福建"和"吉林"的学生"学号""姓名"和"籍贯"。

SELECT 学号,姓名,籍贯 FROM 学生信息 WHERE 籍贯 In("福建","吉林")

语句中的 WHERE 子句还有以下等价的形式:

WHERE 籍贯="福建" Or 籍贯="吉林"

语句的执行结果如图 4.55 所示。

图 4.55　籍贯是"福建"和"吉林"的学生记录　　　　例 4.22(1)

(2) 列出入学分数在 560～600 分的学生名单。

SELECT 学号,姓名,入学分数 FROM 学生信息 WHERE 入学分数 Between 560 And 600

语句中的 WHERE 子句还有以下等价的形式:

WHERE 入学分数 >=560 And 入学分数 <=600

语句的执行结果如图 4.56 所示。

图 4.56　入学分数大于 560 分小于 600 分的学生记录　　　　例 4.22(2)

(3) 列出所有姓"王"的学生名单。

SELECT 学号,姓名 FROM 学生信息 WHERE 姓名 Like "王 * "

语句中的 WHERE 子句还有以下等价的形式：

```
WHERE Left(姓名,1)="王" 或 WHERE Mid(姓名,1,1)="王" 或 WHERE InStr(姓名, "王")=1
```

语句的执行结果如图 4.57 所示。

例 4.22(3)

学号	姓名
2018010103	王小丽
2018010202	王永芯
2018020202	王健

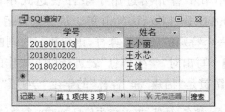

图 4.57 姓"王"的学生记录

3. 查询结果处理

使用 SELECT 语句完成查询工作后，所查询的结果默认显示在屏幕上，若需要对这些查询结果进行处理，则需要 SELECT 语句的其他子句配合操作。

(1) 排序输出(ORDER BY)。SELECT 语句的查询结果是按查询过程中的自然顺序给出的，因此查询结果通常无序；如果希望查询结果有序输出，则需要配合使用 ORDER BY 子句，其格式为

```
ORDER BY<排序选项 1>[ ASC | DESC][,<排序选项 2>[ASC | DESC]...]
```

其中，＜排序选项＞可以是字段名或表达式，也可以是数字。字段名或表达式必须是 SELECT 语句的输出选项，数字是排序选项在 SELECT 语句输出选项中的序号。ASC 表示指定的排序项按升序排序，DESC 表示指定的排序项按降序排序。

【例 4.23】 对"学生信息"表，按性别顺序列出学生的学号、姓名、性别、年龄、籍贯，性别相同的按年龄由大到小排序。执行下面的语句：

```
SELECT 学号,姓名,性别,Year(Date())-Year(出生日期) AS 年龄,籍贯
FROM 学生信息 ORDER BY 性别,Year(Date())-Year(出生日期) DESC
```

例 4.23

语句的执行结果如图 4.58 所示

学号	姓名	性别	年龄	籍贯
2018010102	刘阳	男	21	江西
2018010101	李明	男	20	福建
2018020201	林斌	男	19	云南
2018010201	张明	男	19	湖北
2018020202	王健	男	18	吉林
2018030102	李佳欣	女	20	河北
2018030101	张霞	女	20	吉林
2018020101	张可颖	女	20	广东
2018010202	王永芯	女	20	湖南
2018010103	王小丽	女	19	河南

图 4.58 查询结果的排序输出

要注意语句中"年龄"的表达方法。在该语句中，由于两个排序选项是第 3 个和第 4 个输出选项，所以 ORDER BY 子句也可以写成 ORDER BY3,4DESC。

(2) 分组统计(GROUP BY)与筛选(HAVING)。使用 GROUP BY 子句可以对查询结果进行分组,其格式为

```
GROUP BY<分组选项 1>[,<分组选项 2>…]
```

其中,<分组选项>是作为分组依据的字段名。

GROUP BY 子句可以将查询结果按指定列进行分组,每组列上的值相同。需要注意的是,如果使用了 GROUP BY 子句,则查询输出选项只能是分组选项或统计函数,因为分组后每个组只返回一行结果。

若在分组后还要按照一定的条件进行筛选,则需要使用 HAVING 子句,其格式为

```
HAVING<分组条件>
```

HAVING 子句与 WHERE 子句一样,也可以起到按条件选择记录的功能,但两个子句作用的对象不同。WHERE 子句作用于表,而 HAVING 子句作用于组,必须与 GROUP BY 子句连用,用来指定每一分组内应满足的条件。HAVING 子句与 WHERE 子句不矛盾,在查询中先用 WHERE 子句选择记录,然后进行分组,最后再用 HAVING 子句选择记录。当然,GROUP BY 子句也可单独出现。

【例 4.24】 写出对"学生信息"表和"学生成绩"表进行以下操作的语句。

(1) 分别统计男女生人数。

```
SELECT 性别,Count(*) AS 人数 FROM 学生信息 GROUP BY 性别
```

例 4.24(1)

该语句是对查询结果按"性别"字段进行分组,性别相同的为一组,对每一组应用 Count(*)函数求该组的记录个数,即该组学生人数。每一组在查询结果中产生一条记录。

(2) 分别统计男女生中党员的人数。

```
SELECT 性别,Count(*) AS 人数 FROM 学生信息 WHERE 政治面貌="党员"
GROUP BY 性别
```

例 4.24(2)

该语句是对党员学生按"性别"字段进行分组统计,所以增加了 WHERE 子句,限定了查询操作的记录范围。

(3) 列出平均考试成绩大于 70 分的课程号、平均考试成绩,并按平均考试成绩升序排序。

```
SELECT 课程号,Avg(成绩) AS 平均考试成绩 FROM 学生成绩 GROUP BY 课程号 HAVING Avg(成绩) >=70 ORDER BY Avg(成绩) ASC
```

例 4.24(3)

该语句先用 GROUP BY 子句按"课程号"字段进行分组,然后计算出每一组的平均考试成绩。HAVING 子句指定选择组的条件,最后满足条件 Avg(成绩)>=70 的组作为最终输出结果,输出时按平均考试成绩排序,语句的执行结果如图 4.59 所示。

(4) 统计每个学生选修课程的门数(超过 1 门的学生才统计),要求输出学生学号和选课门数,查询结果按选课门数降序排序,若门数相同,

例 4.24(4)

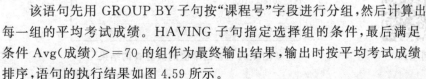

按学号升序排序。

```
SELECT 学号,Count(课程号) AS 选课门数 FROM 学生成绩 GROUP BY 学号 HAVING Count(课程号) >1 ORDER BY 2 DESC, 1
```

语句的执行结果如图 4.60 所示。

图 4.59 平均考试成绩大于 70 分的课程号　　　图 4.60 选课超过 1 门的学生

4.7.2 嵌套查询

有时一个 SELECT 语句无法完成查询任务,需要一个子 SELECT 语句的结果作为查询的条件,即需要在 SELECT 语句的 WHERE 子句中出现另一个 SELECT 语句,这种查询称为嵌套查询。

1. 返回单值的子查询

【例 4.25】 以"学生成绩"表和"课程信息"表为数据源,列出选修"高等数学"的所有学生的学号和课程号。

```
SELECT 学号,课程号 FROM 学生成绩 WHERE 课程号=(SELECT 课程号 FROM 课程信息 WHERE 课程名="高等数学")
```

语句的执行结果如图 4.61 所示。

例 4.25　　　　　图 4.61 返回单值的嵌套查询结果

语句的执行分两个阶段,首先在"课程信息"表中找出"高等数学"的课程号(1005),然后在"学生成绩"表中找出课程号等于 1005 的记录,列出这些记录的学号。

2. 返回一组值的子查询

若某个子查询的返回值不止一个,则必须指明在 WHERE 子句中应怎样使用这些返回值。通常使用条件运算符 Any(或 Some)、ALL 和 In。

(1) Any 运算符的用法。Any 运算符可以找出满足子查询中任意一个值的记录,格式为

<字段><比较符>Any(<子查询>)

【例 4.26】 以"学生成绩"表为数据源,列出选修 1004 课程的学生中考试成绩比选修 1005 课程的最低考试成绩高的学生的学号、成绩和课程号。

SELECT 学号,成绩,课程号 FROM 学生成绩 WHERE 课程号="1004" And 成绩>Any (SELECT 成绩 FROM 学生成绩 WHERE 课程号="1005")

语句的执行结果如图 4.62 所示。

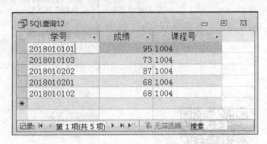

例 4.26

图 4.62 使用 Any 运算符的查询结果

该查询首先找出选修 1005 课程的所有学生的考试成绩,然后在选修 1004 课程的学生中选出其考试成绩高于选修 1005 课程的成绩的那些学生。

(2) ALL 运算符的用法。ALL 运算符可以找出满足子查询中所有值的记录,格式为

<字段><比较符>ALL(<子查询>)

【例 4.27】 以"学生成绩"表为数据源,列出选修 1004 课程的学生中考试成绩比选修 1005 课程的最高考试成绩还要高的学生的学号、成绩和课程号。

SELECT 学号,成绩,课程号 FROM 学生成绩 WHERE 课程号="1004" And 成绩>ALL (SELECT 成绩 FROM 学生成绩 WHERE 课程号="1005")

语句的执行结果如图 4.63 所示。

例 4.27

图 4.63 使用 ALL 运算符的查询结果

该查询首先找出选修 1005 课程的所有学生的考试成绩,然后在选修 1004 课程的学生中选出其考试成绩高于选修 1005 课程最高成绩的学生。

(3) In 运算符的用法。In 是属于的意思,等价于"Any",即等于子查询中任何一个值。

【**例 4.28**】 以"学生成绩"表和"课程信息"表为数据源,列出选修"政治经济学"或"高等数学"的所有学生的学号以及课程号。

SELECT 学号,课程号 FROM 学生成绩 WHERE 课程号 In(SELECT 课程号 FROM 课程信息 WHERE 课程名="政治经济学" Or 课程名="高等数学")

语句的执行结果如图 4.64 所示。

例 4.28

图 4.64 使用 In 运算符的查询结果

该查询首先在"课程信息"表中找出"政治经济学"或"高等数学"的课程号,然后在"学生成绩"表中查找课程号所属两门课程的记录。

4.7.3 多表查询

在实际应用中,许多查询需要将多个表的数据组合起来。也就是说,查询的数据源来自多个表,使用 SELECT 语句能够完成此类查询操作。

【**例 4.29**】 在"学生管理系统"数据库中,输出所有学生的成绩单,要求给出学号、姓名、成绩、课程号和课程名。

例 4.29

SELECT a.学号,姓名,b.成绩,课程号,c.课程名 FROM 学生信息 a ,学生成绩 b ,课程信息 c WHERE a.学号=b.学号 And b.课程号=c.课程号

语句的执行结果如图 4.65 所示。

由于此查询的数据源来自 3 个表,因此,在 FROM 子句中列出了 3 个表,同时使用 WHERE 子句指定链接表的条件。这里还应注意,在涉及多表查询中,如果字段名在两个表中出现,应在所用字段的字段名前加上表名(如果字段名是唯一的,可以不加表名)。

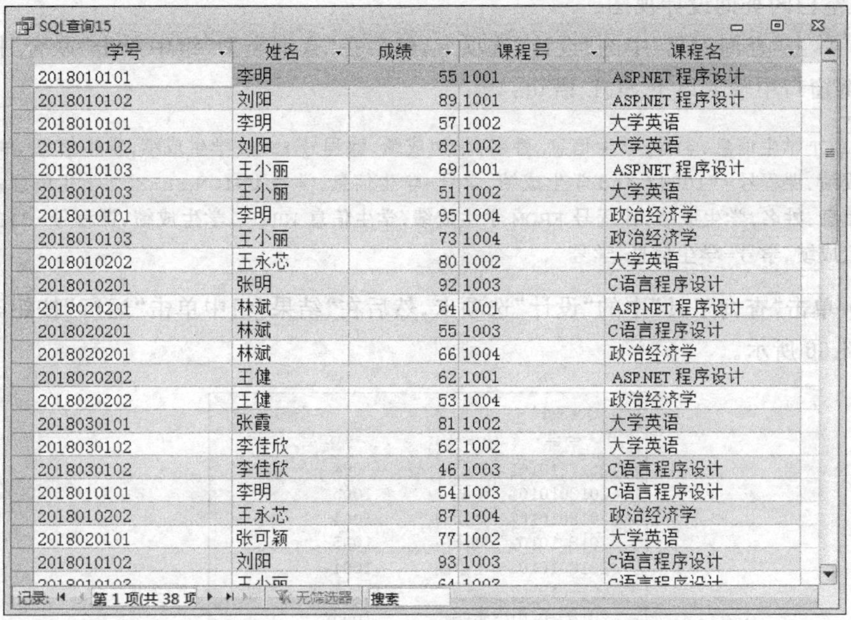

图 4.65　多表查询结果

因表名输入时比较麻烦，所以在 FROM 子句中给相关表定义了别名，以便在查询语句的其他部分时使用。

4.7.4　联合查询

联合查询实际是将两个或者更多个表或查询中的记录纵向合并成为一个查询结果。数据合并（UNION）子句的格式为

`[UNION [ ALL]<SELECT 语句>]`

其中，ALL 表示结果全部合并。若没有 ALL，则重复的记录将被自动删除。合并的规则如下：

① 不能合并子查询的结果；

② 两个 SELECT 语句必须输出同样的列数；

③ 两个表相应列的数据类型必须相同，数字和字符不能合并；

④ 仅最后一个 SELECT 语句中可以用 ORDER BY 子句，且排序选项必须用数字说明。

【例 4.30】　以"学生成绩"表和"学生信息"表为数据源，列出选修 1004 课程或 1005 课程的所有学生的学号、姓名和课程号，要求建立联合查询。

例 4.30

操作步骤如下。

（1）打开"学生管理系统"数据库，在"创建"选项卡的"查询"组中单击"查询设计"按钮，打开查询设计视图窗口。在"显示表"对话框中单击"关闭"按钮，不添加任何表或查

询,进入空白的查询设计视图。

(2) 单击"查询工具"中的"设计"选项卡,然后在"查询类型"组中单击"联合"按钮,在联合查询窗口中输入以下 SQL 语句:

SELECT 学生信息.学号,学生信息.姓名,学生成绩.课程号 FROM 学生成绩,学生信息 WHERE 学生成绩.课程号="1004" And 学生成绩.学号=学生信息.学号 UNION SELECT 学生信息.学号,学生信息.姓名,学生成绩.课程号 FROM 学生成绩,学生信息 WHERE 学生成绩.课程号="1005" And 学生成绩.学号=学生信息.学号

(3) 单击"查询工具"中的"设计"选项卡,然后在"结果"组中单击"运行"按钮,显示结果如图 4.66 所示。

学号	姓名	课程号
2018010101	李明	1004
2018010101	李明	1005
2018010102	刘阳	1004
2018010102	刘阳	1005
2018010103	王小丽	1004
2018010201	张明	1004
2018010201	张明	1005
2018010202	王永芯	1004
2018020201	张可颖	1005
2018020201	林斌	1004
2018020201	林斌	1005
2018020202	王健	1004
2018030101	张霞	1005
2018030102	李佳欣	1005

图 4.66　联合查询结果

(4) 保存查询结果。

4.7.5　插入语句 insert

insert 语句可以实现数据的插入功能。其格式为

insert into<表名>[(<字段名 1>][,<字段名 2>...])] values(<常量 1>[,<常量 2>]...)

各选项的含义如下。

(1) <表名>:指要插入记录的表的名字。

(2) <字段名 1>][,<字段名 2>...]:指表中插入新记录的字段名。

(3) values(<常量 1>[,<常量 2>]...):指表中新插入字段的具体值。

说明:

① 要求各字段值的顺序和数据类型必须与各字段名的顺序和数据类型相对应,否则会出现操作错误。

② 可以只给部分字段赋值,但是主键字段必须赋值。允许为空的和有默认值的字段名可以省略,但不允许为空的字段不能省略。

③ 不需要给自动编号的字段赋值。

④ 若字段类型为文本型或备注型,则该字段值两边要加引号;若为日期/时间型,则该字段值两边要加"#";若为数值型,可直接写数字;若为是/否型,则字段值为 True 或 False。

【**例 4.31**】　写出在"学生信息"表中插入一条新记录(2018030102,李佳惠,女,1998年6月11日,福建,团员,180302,580)的操作语句。

```
insert into 学生信息(学号,姓名,性别,出生日期,籍贯,政治面貌,班级编号,入学分数)
values("2018030102","李佳惠","女",# 1998-06-11# ,"福建","团员","180302",580)
```

4.7.6　更新语句 Update

Update 语句可以实现更新数据的功能。其格式为

```
Update <表名 set <字段名 1>=<字段值 1>[,<字段名 2>= <字段值 2>……][WHERE <条件表达式>]
```

各选项的含义如下。

(1) <表名>:指定要更新数据的表的名字。

(2) <字段名>=<字段值>:用字段值替代对应字段的值,并且一次可以修改多个字段。

(3) WHERE <条件表达式>:指定被更新记录字段所满足的条件。

说明:如课设定了 WHERE 条件,那么 WHERE 条件是用来指定更新数据的范围;如果省略 WHERE 条件,则将更新数据库表中的所有记录。

【**例 4.32**】　写出将"学生信息"表中学号为 2018050101 学生的班级编号改为 180402。

```
Update 学生信息 set 班级编号="180402" WHERE 学号="2018050101"
```

4.7.7　删除语句 Delete

Delete 语句可以实现删除数据表中的记录。其格式为

```
Delete From 表名 [WHERE 条件表达式]
```

各选项的含义如下。

(1) <表名>:指定要删除数据的表的名字。

(2) WHERE <条件表达式>:指定被删除的记录应满足的条件。

说明:如果设定了 WHERE 条件,那么凡是符合条件的记录都会被删除;如果没有符合条件的记录,则不删除。如果用户在使用 Delete 语句时不设定 WHERE 条件,则删除整个数据表记录。

【**例 4.33**】　写出将"学生信息"表中学号为 2018050102 学生的记录删除。

```
Delete FROM 学生信息 WHERE 学号="2018050102"
```

4.8 任务实现

任务1 创建单表查询

第4章 任务1(1)

1. 创建"考生基本信息"查询

以"D4(1)源.accdb"数据库中的"考生信息"表为数据源,创建一个名为"考生基本信息"的查询,输出所有字段,并按姓名降序显示。

操作步骤如下。

(1) 打开"D4(1)源.accdb"数据库,在"创建"选项卡的"查询"组中单击"查询设计"按钮,打开查询设计视图窗口,在"显示表"对话框中将"考生信息"表添加到字段列表区中。

(2) 分别双击"考生信息"表中的所有字段,将它们添加到设计网格的"字段"中。

(3) 按要求,将"考生姓名"字段中的排序行设置为"降序",设置结果如图4.67所示。

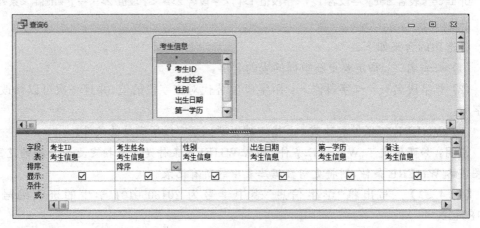

图4.67 "考生基本信息"的查询设置

(4) 保存查询,查询名称为"考生信息",然后单击"确定"按钮完成保存。

(5) 运行该查询,或切换到数据表视图,查询结果如图4.68所示。

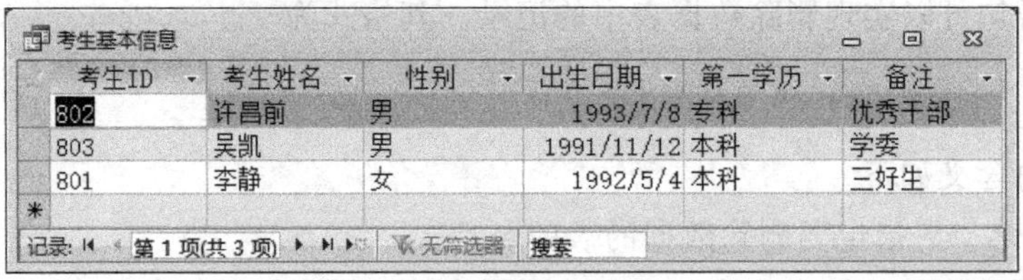

图4.68 "考生基本信息"的查询结果

2. 创建"报考科目统计"查询

以"D4(1)源.accdb"数据库中的"考试成绩"表为数据源,创建一个名为"报考科目统计"的查询,查询各个考生的考试成绩大于等于80分的科目个数,输出字段为"考生ID"和"科目个数"。

操作步骤如下。

(1) 打开"D4(1)源.accdb"数据库,在"创建"选项卡的"查询"组中单击"查询设计"按钮,打开查询设计视图窗口,在"显示表"对话框中将"考试成绩"表添加到字段列表区中。

第4章 任务1(2)

(2) 分别双击"考生ID""科目代码"和"成绩"字段,将它们添加到设计网格的"字段"行的第1~3列中,并修改第2列字段"科目代码"为"科目个数:科目代码"。

(3) 按要求将"学号"字段中的"总计"行设置为 Group By,"科目个数:科目代码"字段中的"总计"行设置为"计数","成绩"字段中的"总计"行设置为 WHERE,"条件"行设置为≥80,设置结果如图 4.69 所示。

(4) 保存查询,查询名称为"报考科目统计",然后单击"确定"按钮完成保存。

(5) 运行该查询或切换到数据表视图,查询结果如图 4.70 所示。

图 4.69 "报考科目统计"的查询设置

图 4.70 "报考科目统计"的查询结果

任务 2　创建多表查询

第4章 任务2

以"D4(2)源.accdb"数据库中的"线路信息""游客信息"和"缴费情况"表为数据源,创建一个名为"未缴费情况"的多表查询。要求查询报名参加 A 线路但未缴费的游客信息,输出字段为"姓名""性别""住址"和"电话"。

操作步骤如下。

(1) 打开"D4(2)源.accdb"数据库,在"创建"选项卡的"查询"组中单击"查询设计"按钮,打开查询设计视图窗口,在"显示表"对话框中将"线路信息""缴费情况"和"游客信息"表添加到字段列表区中。

(2) 分别双击"游客信息"表的"姓名""性别""住址""电话","线路信息"表的"线路代码"字段和"缴费情况"表的"已缴费"字段,将它们添加到设计网格的"字段"行的第1~6列中。

(3) 按要求取消第5列"线路代码"字段的"显示"行复选框,"条件"行输入"A",取消第6列"已缴费"字段的"显示"行复选框,"条件"行输入No,设置结果如图4.71所示。

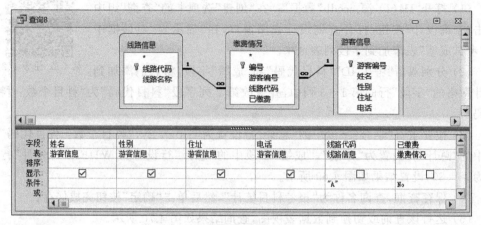

图4.71 "未缴费情况"的查询设置

(4) 保存查询,查询名称为"未缴费情况",然后单击"确定"按钮完成保存。

(5) 运行该查询或切换到数据表视图,查询结果如图4.72所示。

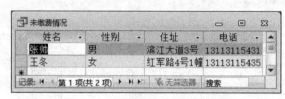

图4.72 "未缴费情况"的查询结果

4.9 习题

1. 选择题

(1) 以下关于查询的叙述,正确的是( )。

    A. 只能根据数据表创建查询

    B. 只能根据已建查询创建查询

    C. 可以根据数据表和已建查询创建查询

    D. 不能根据已建查询创建查询

(2) 若用"学生信息"表中的"出生日期"字段计算每个学生的年龄(取整),正确的计算公式为( )。

    A. Year(Date())−Year([出生日期])

    B. (Date()−[出生日期])/365

    C. Date()−[出生日期]/365

    D. Year([出生日期])/365

(3) 条件 Like t[iou]p 能查找到的内容是( )。

    A. tap   B. top   C. tioup   D. tiup

(4) 假设表中有一个"姓名"字段,查找为"张三"或"李四"的记录的条件是( )。

    A. In("张三","李四")   B. "张三" And "李四"

    C. Like("张三","李四")   D. Like "张三" And Like "李四"

(5) 查询设计视图窗口中通过设置( )行,可以让某个字段只用于设定条件,而不出现在查询结果中。

    A. "排序"   B. "显示"   C. "字段"   D. "条件"

(6) 在查询设计视图中,对一个字段指定的多个条件的取值之间满足( )关系。

    A. And   B. Or   C. Not   D. Like

(7) 假设员工表中有"性别"(文本型)和"工资"(数值型)等字段,按性别查询男女员工的最高工资,正确的 SQL 语句是( )。

    A. SELECT Max(工资)FROM 员工 GROUP BY 工资

    B. SELECT Min (工资)FROM 员工 GROUP BY 性别

    C. SELECT Max(工资)FROM 员工 GROUP BY 性别

    D. SELECT Max(工资)FROM 员工 ORDER BY 性别

(8) 设员工表中有"考勤"(文本型)等字段,删除考勤值为-1的所有记录,正确的 SQL 语句是( )。

    A. DELETE FROM 员工 WHERE 考勤=-1

    B. DELETE 考勤="-1"

    C. DELETE FROM 员工 WHERE 考勤="-1"

    D. DELETE 考勤=-1

(9) 假设员工表中有"工资"(数值型)等字段,查询工资在[3500,5000]范围内的员工信息,并按降序排序,正确的 SQL 语句是( )。

    A. SELECT * FROM 员工 WHERE 工资 >= 3500 And 工资 <=5000
        ORDER BY 工资 DESC

    B. SELECT * FROM 员工 WHERE 工资 >= 3500 And 工资 <=5000
        ORDER BY 工资

    C. SELECT * FROM 员工 WHERE 工资 Between 3500 And 5000 GROUP BY
        工资 ASC

    D. SELECT * FROM 员工 WHERE 工资 Between 3500 And 5000 GROUP BY
        工资

(10) 假设"员工"表中有"工号"(文本型)和"部门"(文本型)等字段,将所有工号以 Y 开头的员工部门改为"运营部",正确的 SQL 语句是( )。

    A. UPDATE 员工 SET 部门="运营部" WHERE 工号 Like "Y%"

    B. UPDATE 员工 SET 部门="运营部" WHERE 工号 Like "Y*"

    C. UPDATE 员工 WHERE 部门="运营部" WHERE 工号 Like "Y%"

    D. UPDATE 工号="Y*" SET 部门="运营部"

(11) 假设"员工"表中有"工号"(文本型)等字段,删除所有工号第 2、3 位为 18 的员工信息,正确的 SQL 语句是(　　)。

    A. DELETE FROM 员工 WHERE 工号 Like"％18％"

    B. DELETE FROM 员工 WHERE 工号 Like"＊18＊"

    C. DELETE FROM 员工 WHERE 工号 Like"＊18％"

    D. DELETE FROM 员工 WHERE 工号 Like":?18＊"

(12) 将 Access 表中退休人员的工资上调 5％,应使用(　　)查询。

    A. 交叉表   B. 追加   C. 更新   D. 删除

(13) Access 支持的查询类型有(　　)。

    A. 选择查询、交叉表查询、参数查询、SQL 查询和操作查询

    B. 基本查询、选择查询、参数查询、SQL 查询和操作查询

    C. 多表查询、单表查询、交叉表查询、参数查询和操作查询

    D. 选择查询、统计查询、参数查询、SQL 查询和操作查询

(14) 关于查询和表之间的关系,下面说法正确的是(　　)。

    A. 查询的结果是建立了一个新表

    B. 查询的记录集中存储在用户保存的地址

    C. 查询中所存储的只是在数据库中筛选数据的准则

    D. 每次运行查询时,Access 便会从相关的地方调出查询形成的记录集,这是物理上就已经存在的

(15) 如果在数据库中已经有同名的表,要通过查询覆盖原来的表,应该使用的查询类型是(　　)查询。

    A. 生成表   B. 追加   C. 删除   D. 更新

2. 填空题

(1) 假定"教师"表有"工作日期"字段,要查找去年参加工作的教师记录,查询条件为_____。

(2) 查询"学生"表中专业名称为"会计学"或"金融学"的记录的条件为_____。

(3) 操作查询共有 4 种类型,分别是生成表查询、删除查询、更新查询和_____。

(4) 创建交叉表查询,必须对行标题和列标题进行_____操作。

(5) 设计查询时,设置在同一行的条件之间是_____的关系,设置在不同行的条件之间是_____的关系。

(6) 如果要求通过输入学号查询学生的基本信息,可以采用_____查询。如果在"教师"表中按年龄生成"青年教师"表,可以采用_____查询。

(7) 在 SQL SELECT 语句中用_____子句对查询的结果进行排序,_____子句指出的是查询条件。

(8) 用 SQL 语句查询"图书"表的所有记录,应该使用的 SELECT 语句是_____。

(9) 语句

SELECT 选课 FROM 选课 WHERE 选课.考试成绩>(SELECT Avg(选课.考试成绩) FROM 选课)

查询的结果是_____。

(10) 要将"学生"表中女生的入学成绩加 10 分,可使用的语句是_____。

3. 操作题

(1) 打开 D4(1).accdb 数据库,以"歌手"表为数据源,创建一个名为"选送人数"的查询,要求查询每个选送城市的参赛人数,输出字段为"选送城市"和"人数",并按人数降序显示。

(2) 打开 D4(1).accdb 数据库,以"歌手"表、"评委"表和"评分"表为数据源,创建一个名为"歌手得分情况"的多表查询。要求查询来自广州的歌手的得分情况,输出字段为"歌手姓名""选送城市""评委姓名"和"分数"。

第 **5** 章 ———————————————— **Chapter 5**

窗 体

学习目标

1. 掌握创建窗体的不同方法;

2. 熟练掌握窗体中各种控件的功能和用法;

3. 掌握在设计视图中对窗体控件进行设计的方法。

5.1 创建简单窗体

在 Access 2010 主窗口中,"创建"选项卡中的"窗体"命令组提供了多种创建窗体的
命令按钮,包括"窗体""窗体设计"和"空白窗体"3 个主要的
命令按钮,还有"窗体向导""导航"和"其他窗体"3 个辅助按
钮,如图 5.1 所示。下面介绍"窗体"命令组中各命令按钮的
功能。

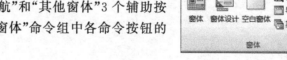

图 5.1 "窗体"命令组

1. 窗体

单击"窗体"命令按钮,可根据用户选定的表或查询自
动创建窗体。使用"窗体"命令所创建的窗体,其数据源来自单个表或单个查询,且窗体的
布局结构简单。这种方法创建的窗体是一种单记录布局的窗体,窗体对表中的各个字段
进行排列和显示,左边是字段名,右边是字段值,字段排成一列或两列。

2. 窗体设计

单击"窗体设计"命令按钮将直接创建空白窗体并显示窗体设计视图。使用设计视图
时,既要确定窗体的数据源、调整控件在窗体上的布局并设置属性和响应事件,也要设置
窗体的外观。

3. 空白窗体

单击"空白窗体"命令按钮,直接创建一个空白窗体,用户可以在空白窗体中自由添加
控件设计窗体。空白窗体不会自动添加任何控件,而是显示"字段列表"任务窗格,通过手

动添加表中的字段设计窗体。

注意：空白窗体是一种所见即所得的创建窗体的方式，即当向空白窗体添加字段后，不用进行视图转换就可立即显示出具体记录的内容，因此操作非常直观、方便。

4. 窗体向导

单击"窗体向导"命令按钮，通过向导对话框的方式设计窗体，用户可以通过选择对话框中的各种选项设计窗体。使用向导可以方便、快捷地创建窗体。向导将引导用户完成创建窗体的任务，并让用户在窗体上选择所需要的字段、最合适的布局及窗体所具有的背景样式等。

(1) 创建单个窗体。使用"窗体向导"命令创建单个窗体，其数据可以来自一个表或查询，也可以来自多个表或查询。

(2) 创建主/子窗体。使用"窗体向导"命令也可以创建基于多个数据源的主/子窗体。在创建这种窗体之前，要确定作为主窗体的数据源与作为子窗体的数据源之间存在着一对多的联系。例如，在"学生管理系统"数据库中，"学生信息"表和"学生成绩"表之间就存在一对多联系，可以创建一个带有子窗体的窗体，用于显示两个表中的数据。"学生信息"表是一对多联系中的"一"端，在主窗体中显示；"学生成绩"表是一对多联系中的"多"端，在子窗体中显示。在主/子窗体中，主窗体和子窗体彼此链接，主窗体显示某一条记录的信息，子窗体就会显示与主窗体当前记录相关的记录信息。

在 Access 2010 中，可以使用两种方法创建主/子窗体，一是同时创建主窗体与子窗体；二是将已创建的窗体作为子窗体添加到另一个已创建的窗体中。子窗体与主窗体的关系，可以是嵌入式，也可以是链接式。

【例 5.1】 以"学生管理系统"数据库中的"学生信息"表和"学生成绩"表为数据源，创建嵌入式的主/子窗体。

例 5.1

操作步骤如下。

① 打开"学生管理系统"数据库，在"创建"选项卡的"窗体"组中单击"窗体向导"按钮，弹出"窗体向导"第 1 个对话框。在该对话框中，选择"学生信息"表的部分字段及"学生成绩"表的所有字段。

② 单击"下一步"按钮，弹出"窗体向导"第 2 个对话框，要求确定窗体查看数据的方式。由于数据来源于两个表，因此有两个可选项：通过学生信息或通过学生成绩；通过"带有子窗体的窗体"和"链接窗体"两个单选按钮设置创建嵌入式的主/子窗体或创建链接式的主/子窗体。本例选择"通过学生信息"，并选中"带有子窗体的窗体"单选按钮，如图 5.2 所示。

③ 单击"下一步"按钮，弹出"窗体向导"第 3 个对话框，要求确定窗体所采用的布局，其中有两个可选项：表格和数据表，这里选择"数据表"。

④ 单击"下一步"按钮，弹出"窗体向导"第 4 个对话框，在"窗体"文本框中输入"学生各科成绩"作为主窗体标题，在"子窗体"文本框中输入子窗体标题"学生成绩"，然后单击"完成"按钮，所建的主窗体和子窗体同时显示在屏幕上，如图 5.3 所示。

此例中，数据来源于"学生信息"和"学生成绩"两个表，且这两个表之间存在主从关系，因此，选择不同的数据查看方式会产生不同结构的窗体。在步骤②中选择了"通过学

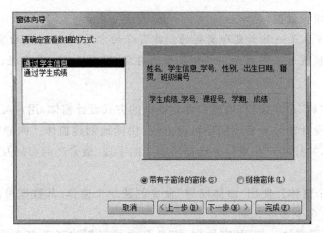

图 5.2 确定子窗体查看方式

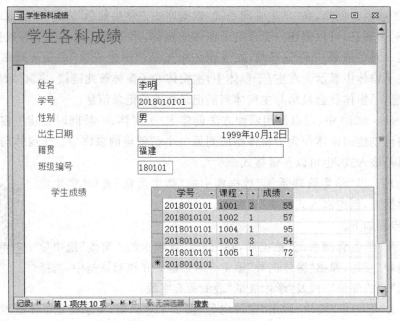

图 5.3 主/子窗体的设计结果

生信息"查看数据,因此,在所建窗体中,主窗体显示"学生信息"表记录,子窗体显示"学生成绩"表记录。如果选择从子表查看数据,则产生一个独立的窗体,显示多个数据源链接后产生的所有记录。如果在步骤②中选择"通过学生成绩"查看数据,则将创建单个窗体。

如果存在一对多联系的两个表都已经分别创建了窗体,就可以将具有"多"端的窗体添加到具有"一"端的窗体中,使其成为子窗体。

5. 导航

"导航"命令按钮用于创建导航窗体,即只包含导航控件的窗体。导航控件是 Access 2010 的一种新的控件。如果希望将数据库发布到 Web,则创建导航窗体非常重要,因为

Access 2010 导航窗体虽然不会在浏览器中显示,但可以利用导航窗体方便地在数据库中的各种窗体和报表之间进行切换。单击"导航"下拉按钮,可以从下拉菜单中选择不同的导航选项卡布局格式,如图 5.4 所示。可选择将导航选项卡在窗体顶部排列成一行,或排列在窗体的左侧或右侧。对于多层选项卡,可将其放置在窗体顶部的两行中,或先将这些选项卡在顶部横向排列,然后在窗体的左侧或者右侧向下排列。虽然布局格式不同,但是创建的方式是相同的。

6. 其他窗体

"其他窗体"命令按钮包括 6 个命令选项,如图 5.5 所示。

图 5.4　"导航"命令选项　　　　　　图 5.5　"其他窗体"命令选项

(1) 多个项目。该命令选项创建像数据表一样布局的窗体,字段名称在第 1 行,下面是数据记录行。

利用"多个项目"命令创建窗体与利用"窗体"命令创建窗体的操作步骤是一样的,但创建窗体的效果不一样。多个项目窗体通过行与列的形式显示数据,一次可以查看多条记录。多个项目窗体提供了比数据表更多的自定义选项,如添加图形元素、按钮和其他控件功能。

(2) 数据表。该命令选项创建数据表窗体,在窗体中以紧凑的形式显示多条记录。

(3) 分割窗体。该命令选项创建一种分割窗体,它同时提供窗体视图和数据表视图,这两种视图链接到同一数据源,并且总是保持相互同步。如果在窗体的一个部分中选择了一个字段,则会在窗体的另一个部分中选择相同的字段。可以在任一部分中添加、编辑或删除数据。

利用"分割窗体"命令创建窗体与利用"窗体"命令创建窗体的操作步骤是一样的,只是创建窗体的效果不一样。

(4) 模式对话框。该命令选项用于创建对话框窗体,窗体运行时总是浮在系统界面的最上面,默认有"确认"和"取消"按钮。如果不关闭该窗体,就不能进行其他操作,登录窗体就属于这种窗体。

(5) 数据透视图。数据透视图窗体以图形表示数据。利用数据透视图窗体可对数据库中的数据进行行列合计、数据分析和版面重组。

　　【例 5.2】 以"学生管理系统"数据库中的"学生信息"表为数据源，创建统计各专业不同籍贯人员的数据透视图窗体。

　　操作步骤如下。

　　① 打开"学生管理系统"数据库，在导航窗格中选择作为窗体数据源的"学生信息"表。

例 5.2

　　② 在"创建"选项卡的"窗体"组中单击"其他窗体"按钮，然后选择"数据透视图"命令，出现数据透视图的框架，同时打开"图表字段列表"任务窗格，如图 5.6 所示

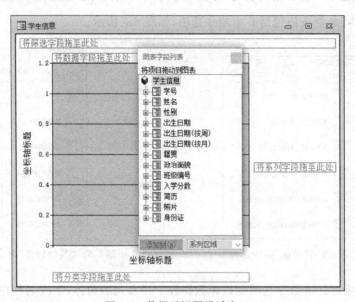

图 5.6　数据透视图设计窗口

　　③ 将"图表字段列表"任务窗格中的"班级编号"字段拖至"分类字段"区域，将"籍贯"字段拖至"系列字段"区域，选中"学号"字段，在任务窗格右下角的下拉列表框中选择"数据区域"选项，单击"添加到"按钮，生成学生信息数据透视图，如图 5.7 所示。

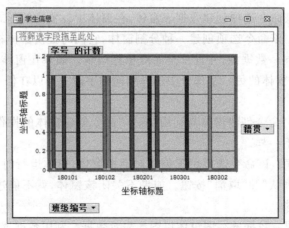

图 5.7　学生信息数据透视图

④ 保存窗体。

（6）数据透视表。该命令针对要分析的数据，利用行与列的交叉产生数据运算，其字段分布如图 5.8 所示。其中，行字段是指在数据透视表中被指定为行方向的字段；列字段是指在数据透视表中被指定为列方向的字段；筛选字段是指用来对数据透视表做进一步分类筛选的字段，以便只显示与该字段相关联的汇总数据；汇总或明细字段是指显示在各行与各列交叉部分的字段，用于统计计算。

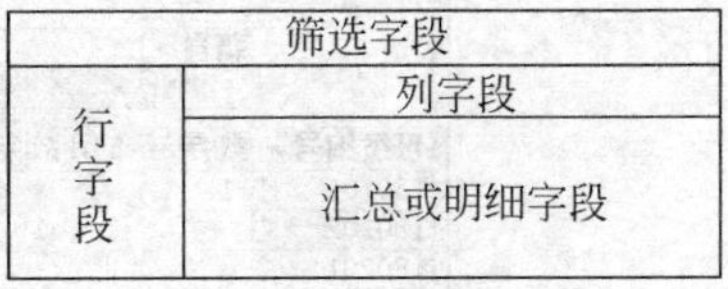

筛选字段		
行字段	列字段	
	汇总或明细字段	

图 5.8 数据透视表的结构

在数据透视表的窗体中，窗体按照行和列显示数据，并按行和列统计汇总数据，对数据进行计算。

【例 5.3】 以"学生管理系统"数据库中的"学生信息"表为数据源，创建统计各专业不同籍贯人数的数据透视表窗体。

操作步骤如下。

① 打开"学生管理系统"数据库，在导航窗格中选择作为窗体数据源的"学生信息"表。

② 在"创建"选项卡的"窗体"组中单击"其他窗体"按钮，然后选择"数据透视表"命令，出现数据透视表的框架，同时打开"数据透视表字段列表"任务窗格，如图 5.9 所示。若没有出现该任务窗格，可在数据透视表中右击，在弹出的快捷菜单中选择"字段列表"命令。

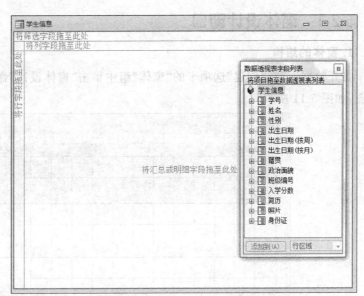

例 5.3

图 5.9 数据透视表设计窗口

③ 将"数据透视表字段列表"窗格中的"班级编号"字段拖至"行字段"区域，将"籍贯"字段拖至"列字段"区域；选中"学号"字段，在任务窗格右下角的下拉列表框中选择"数据区域"选项，单击"添加到"按钮，生成的学生信息数据透视表如图 5.10 所示。从中可以看到在字段列表中新生成一个"总计"字段，该字段的值是选中的"学号"字段的计数，同时在

数据区域产生了"班级编号"（行字段）和"籍贯"（列字段）分组。

学生信息													
将筛选字段拖至此处													
		籍贯 ▾											
		湖北		湖南		吉林		江西		云南		总计	
班级编号 ▾	数	学号	的计数	学号	的计数	学号	的计数	学号	的计数	学号	的计数	学号	的计数
180101	±	1							1				3
180102	±			1		1							2
180201	±							1			1		3
180301	±							1					1
180302	±									1			1
总计	±	1		1		1		2		1		1	10

图 5.10　学生信息数据表视图

④ 保存窗体。

5.2　使用设计视图创建窗体

Access 2010 创建窗体的方法各有特点，其中在设计视图中创建窗体最为灵活，且功能最强。利用设计视图，用户可以完全控制窗体的布局和外观，并可以根据需要添加控件并设置它们的属性，从而设计出符合要求的窗体。

5.2.1　窗体设计窗口

1. 窗体的结构

打开数据库，在"创建"选项卡的"窗体"组中单击"窗体设计"命令按钮，打开窗体设计视图，如图 5.11 所示。

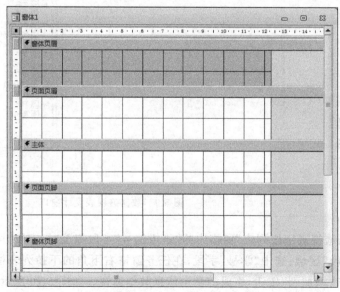

图 5.11　窗体设计视图

窗体设计视图是设计窗体的窗口,它由 5 个部分组成,分别为窗体页眉、页面页眉、主体、页面页脚和窗体页脚。其中,每部分称为一个节,每个节都有特定的用途,窗体中的信息可以分布在多个节中。窗体的节既可以隐藏,也可以调整大小、添加图片或设置背景颜色。在默认情况下,打开窗体设计视图只显示"主体"节。若要显示其他 4 个节,需要右击"主体"节的空白处,在打开的快捷菜单中选择"窗体页眉/页脚"命令或"页面页眉/页脚"命令。取消显示也执行同样的操作。另外,每一节左边的小方块是相应的节选定器,窗体左上角的小方块是窗体选定器,双击相应的选定器可以打开"属性表"任务窗格,进而设置相应节或窗体的属性。

窗体页眉位于窗体顶部,一般用于显示每条记录都一样的信息,如窗体标题、窗体使用说明及执行其他功能的命令按钮等。在窗体视图中,窗体页眉显示在窗体的顶端;打印窗体时,窗体页眉打印输出到文档的开始处。窗体页眉不会出现在数据表视图中。窗体页脚位于窗体底部,一般用于显示所有记录都要显示的内容,如窗体操作说明,也可以设置命令按钮,以便进行必要的控制。在窗体视图中,窗体页脚显示在窗体的底部;打印窗体时,窗体页脚打印输出到文档的结尾处。与窗体页眉相似,窗体页脚也不会出现在数据表视图中。

页面页眉一般用来设置窗体在打印时的页头信息,如每页的标题、用户要在每一页上方显示的内容;页面页脚一般用来设置窗体在打印时的页脚信息,如日期、页码或用户要在每一页下方显示的内容。页面页眉和页面页脚只出现在打印的窗体上。

主体用于显示窗体数据源的记录。"主体"节通常包含与数据源字段绑定的控件,但也可以包含未绑定的控件,如用于识别字段含义的标签及线条、图片等。

2. 窗体设计工具选项卡

打开窗体设计视图时,在功能区选项卡上会出现"窗体设计工具/设计""窗体设计工具/排列"和"窗体设计工具/格式"3 个选项卡。

(1)"窗体设计工具/设计"选项卡中包括"视图""主题""控件""页眉页脚"和"工具"5 个命令组,这些命令组提供了窗体的设计工具。

(2)"窗体设计工具/排列"选项卡中包括"表""行和列""合并/拆分""移动""位置"和"调整大小和排序"6 个命令组,主要用来对齐和排列控件。

(3)"窗体设计工具/格式"选项卡中包括"所选内容""字体""数字""背景"和"控件格式"5 个命令组,主要用来设置控件的各种格式。

5.2.2 控件的功能与分类

控件是窗体上图形化的对象,如标签、文本框、复选框、滚动条或命令按钮等,用于显示数据和执行操作。

1. 控件的功能

在窗体设计视图中单击"窗体设计工具/设计"选项卡,在"控件"命令组中包含各种控件命令按钮,如图 5.12 所示,通过这些命令按钮可以向窗体添加控件。

各种控件命令按钮的功能说明如表 5.1 所示。

图 5.12　各种控件命令按钮

表 5.1　各种控件命令按钮的功能说明

图标	名　称	功　能
	选择	用于选取控件、节或窗体,单击该命令按钮可以释放以前锁定的控件
ab	文本框	用于显示、输入或编辑窗体、报表的数据源数据,还可以显示计算结果或接收用户输入的数据
Aa	标签	用于显示说明性文本。标签也能附加到另一个控件上,用于显示该控件的说明性文本
xxxx	按钮	提供一种执行各种操作的方法,单击该按钮,不仅会执行相应的操作,其外观也会有先按下后释放的视觉效果
	选项卡控件	通过选项卡控件,可以为窗体同一区域定义多个页面
	插入超链接	创建指向网页、图片、电子邮件地址或程序的链接
	Web 浏览器控件	浏览指定网页或文件的内容
	导航控件	创建导航标签,用于显示不同的窗体或报表
XYZ	选项组	与复选框、选项按钮或切换按钮配合使用,显示一组选项值,在选项组中每次只能选择一个选项
	插入分页符	用于在窗体上开始一个新的屏幕,或在打印窗体上开始一个新页
	组合框	类似于文本框和列表框的组合,既可以在组合框中输入新值,也可以从下拉列表框中选择一个值
	图标	打开图标向导,创建图标窗体
\	直线	创建直线,用于突出显示数据或分隔显示不同的控件
	切换按钮	显示是/否型数据值,或在选项组中用来显示要从中进行选择的值
	列表框	显示可滚动的数据列表,并可从列表中选择一个值
	矩形	创建矩形框,将一组相关的控件组织在一起
✓	复选框	显示是/否型数据值,或在选项组中用来显示要从中进行选择的值
	非绑定对象框	用于在窗体中显示未绑定的 OLE 对象。当在记录中移动时,该对象将保持不变
	附件	在窗体中插入附件控件,用于保存 Office 文档
◉	选项按钮	显示是/否型数据值,或在选项组中用来显示要从中进行选择的值
	子窗体/子报表	用于创建子窗体或者子报表

图标	名　称	功　能
	绑定对象框	用于在窗体或报表上显示 OLE 对象。该控件用于保存在窗体或报表数据源字段中的对象。当在记录间移动时,不同的对象将显示在窗体或报表上
	图像	用于在窗体中显示静态图片。由于静态图片并非 OLE 对象,所以一旦将图片添加到窗体或报表中,便不能在 Access 内进行图片编辑

2. 控件的分类

根据控件与数据源的关系,控件可以分为绑定型控件、未绑定型控件和计算型控件3 种。

(1) 绑定型控件。绑定型控件与表或查询中的字段相关联,可用于显示输入、更新数据库中字段的值。例如,窗体中显示学生姓名的文本框可从"学生信息"表中的"姓名"字段获得信息。

(2) 未绑定型控件。未绑定型控件是无数据源的控件,其"控件来源"属性没有绑定字段或表达式,可用于显示文本、线条、矩形和图片等。如窗体页中显示窗体标题的标签就是未绑定型控件。

(3) 计算型控件。计算型控件使用表达式而不是字段作为数据源,表达式可以是窗体或报表所引用的表或查询字段中的数据,也可以是窗体或报表上其他控件中的数据。例如,表达式"＝[考试成绩] * 0.7"表示将"考试成绩"字段的值乘以 0.7。

5.2.3　控件的操作

1. 向窗体添加控件

利用窗体设计视图可以设计出不同类型的窗体,从而构建所需要的操作界面。在窗体设计视图中创建窗体时,从一个空白窗体开始,将数据来源表或查询中的字段添加到窗体上。向窗体添加控件的方法有以下两种。

(1) 自动添加。单击"窗体设计工具/设计"选项卡,在"工具"组中单击"添加现有字段"按钮,打开"字段列表"任务窗格,双击其中的字段名或将字段从"字段列表"任务窗格拖至窗体,这时会创建绑定控件,即每个字段通常对应标签和文本框两个控件,标签用于提示文本框的内容(多为字段名),文本框用于显示或输入字段中的数据。

(2) 使用控件命令按钮向窗体添加控件。切换到窗体设计视图,在"窗体设计工具/设计"选项卡的"控件"组中单击所需要的控件按钮。移动鼠标到窗体中,在需要放置控件的位置处单击并拖动鼠标,这时屏幕会呈现一个矩形框,矩形框为将要创建控件的大小,松开鼠标,窗体上将创建选中的控件。控件会自动创建一个名称,如 Text1,Text 表示该控件为文本框,后面的数字提示该控件为窗体创建的第 1 个文本框。在添加文本框时,文本框前面会自动添加一个关联标签。在窗体上添加的控件,可以反复调整大小和位置。

如果"控件"组中的"使用控件向导"命令处于选中状态,在创建控件时会弹出相应的向导对话框,以方便对控件的相关属性进行设置,否则,创建控件时将不会弹出向导对话框。在默认情况下,"使用控件向导"命令处于选中状态。

【例5.4】 在窗体设计视图中创建一个窗体,用于显示和编辑"学生信息"表中的数据。

例5.4

操作步骤如下。

① 打开"学生管理系统"数据库,在"创建"选项卡的"窗体"组中单击"窗体设计"按钮,打开窗体设计视图,此时,将创建一个只有"主体"节的空白窗体。在窗体设计视图中,窗体顶部和左侧都有标尺,而且窗体上显示网格线。

② 右击"主体"节空白处,在弹出的快捷菜单中选择"窗体页眉/页脚"命令,在窗体中添加"窗体页眉"节和"窗体页脚"节,然后用光标指向"窗体页眉"节的下边线,并向上拖动鼠标,以减小"窗体页眉"节的高度,接着用同样的方法改变"窗体页脚"节的高度。

③ 在"窗体设计工具/设计"选项卡"控件"组中单击"标签"按钮,然后在"窗体页眉"节中画出一个标签控件,输入"学生基本情况"后按Enter键,完成在"窗体页眉"节中添加一个标签控件。

④ 右击添加的标签控件,在弹出的快捷菜单中选择"属性"命令,打开"属性表"任务窗格,选择"格式"选项卡,在"字体名称"下拉列表框中选择"华文新魏",在"字号"下拉列表框中选择28,"文本对齐"下拉列表框中选择"居中"。

⑤ 在"属性表"任务窗格中选择"窗体"对象,在"数据"选项卡中,设置窗体"记录源"属性为"学生信息"表。在"窗体设计工具/设计"选项卡"工具"组中单击"添加现有字段"命令按钮,出现"字段列表"任务窗格。

⑥ 在"字段列表"任务窗格中,依次双击"学生信息"表的字段,添加到窗体的"主体"节中。此时Access 2010为每个字段都放置了一个标签和相应类型的控件,标签中显示的文本内容是相应字段的字段名。可以任意拖动控件调整窗体布局,如图5.13所示。

图5.13 将字段添加到窗体中

⑦ 在"视图"组中单击"视图"下拉按钮，选择"窗体视图"菜单命令，此时将看到如图 5.14 所示的窗体。

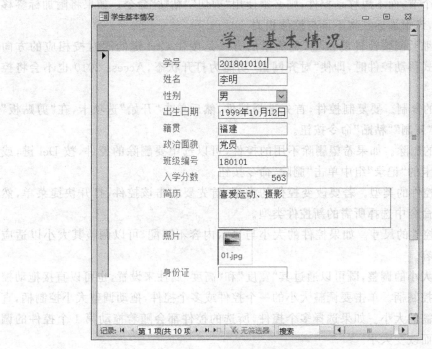

图 5.14　在窗体视图中查看窗体

⑧ 选择"保存"菜单命令，输入文件名"学生基本情况"，保存所创建的窗体。

2. 控件的布局

窗体的布局主要取决于窗体中控件的布局，这就涉及对控件的操作，包括控件的选择、移动、复制、删除，调整控件的类型、尺寸、对齐等。

(1) 控件的选择。Access 2010 将窗体中的每个控件都看成一个独立的对象，用户可以单击控件选择它，被选中的控件四周及左上角会出现小方块状的控制柄，四周的控制柄用于改变控件的大小，左上角的控制柄用于移动控件。

选择多个控件时，可以按住 Ctrl 键或 Shift 键，再分别单击要选择的控件。选择全部控件可以使用组合键 Ctrl＋A，或单击"窗体设计工具/格式"选项卡，在"所选内容"组中单击"全选"按钮。也可以使用标尺选择控件，方法是将光标移动到水平标尺，当鼠标指针变为向下的箭头后，拖动鼠标指针到需要选择的位置。

(2) 控件的移动。要移动控件，首先选择控件，然后将光标指向控件的边框，当光标变成四向箭头时，即可用鼠标将控件拖动到目标位置。

单击组合控件及其附加标签的任意部分时，会显示两个控件的移动控制柄和调整大小控制柄。如果要分别移动控件及其标签，应将光标放在控件或附加标签左上角的移动控制柄上，当光标变成四向箭头时，拖动控件或附加标签即可分别移动控件或标签。当光标移动到控件或附加标签的边框(不是移动控制柄)上，光标变成四向箭头时，会同时移动两个控件。

对于组合控件,即使分别移动各个部分,组合控件的各部分仍相关。如果要将附加标签移动到另一个节,而不想移动控件,则必须使用"剪切""粘贴"命令。如果将附加标签移动到另一个节,该附加标签将不再与控件相关。

如果需要细微调整控件的位置,更简单的方法是按住 Ctrl 键的同时按相应的方向键。以这种方式移动控件时,即使"对齐网格"功能为打开状态,Access 2010 也不会将控件对齐网格。

(3) 控件的复制。要复制控件,首先选择控件,然后单击"开始"选项卡,在"剪贴板"命令组中单击"复制""粘贴"命令按钮。

(4) 控件的删除。如果希望删除不用的控件,可以选中要删除的控件,按 Del 键,或在"开始"选项卡的"记录"组中单击"删除"命令按钮。

(5) 改变控件的类型。若要改变控件的类型,首先要右击该控件,打开快捷菜单,然后在"更改为"命令中选择所需的新控件类型。

(6) 改变控件的尺寸。如果控件的大小与显示内容不匹配,可以调整其大小以适应控件的显示内容。

对于控件大小的调整,既可以通过其"宽度"和"高度"属性来设置,也可以直接拖动控件的调整大小控制柄。单击要调整大小的一个控件或多个控件,拖动调整大小控制柄,直到控件变为所需的大小。如果选择多个控件,所选的控件都会随着拖动第 1 个控件的调整大小控制柄而改变大小。

如果通过属性设置改变控件的大小,首先右击所选择的控件,在弹出的快捷菜单中选择"属性"命令,在相应控件的"属性表"任务窗格中选择"格式"选项卡,分别在"宽度"和"高度"属性框中输入控件的宽度与高度。如果选择了多个控件,设置完成后所选择的全部控件将具有相同的宽度和高度。

如果要调整控件的大小以容纳其显示内容,则选择要调整大小的一个或多个控件,然后在"窗体设计工具/排列"选项卡的"调整大小和排序"组中单击"大小/空格"命令按钮,在弹出的下拉菜单中选择"正好容纳"命令,即可根据控件显示内容确定其宽度和高度。

如果要统一调整控件之间的相对大小,首先选择需要调整大小的控件,然后在"大小/空格"命令按钮的下拉菜单中选择下列其中一项命令:"至最高"命令使选定的所有控件调整为与最高的控件同高;"至最短"命令使选定的所有控件调整为与最短的控件同高;"至最宽"命令使选定的所有控件调整为与最宽的控件同宽;"至最窄"命令使选定的所有控件调整为与最窄的控件同宽。

(7) 将窗体中的控件对齐。当需要设置多个控件对齐时,先选中需要对齐的控件,然后在"窗体设计工具/排列"选项卡的"调整大小和排序"组中单击"对齐"按钮,再在下拉菜单中选择所需的命令。选择"靠左"或"靠右"命令,可以使控件之间垂直方向对齐;选择"靠上"或"靠下"命令,可以使控件之间水平对齐。选择"对齐网格"命令,则以网格为参照,选中的控件自动与网格对齐。

在水平对齐或垂直对齐的基础上,可以进一步设定等间距。假设已经设定了多个控件垂直方向对齐,则可选择"大小/空格"下拉菜单的"垂直相等"菜单命令。

3. 添加当前日期和时间

要使设计完成的窗体显示当前的日期和时间,可以通过添加一个带有日期和时间表达式的文本框实现。

操作步骤如下。

(1) 在窗体设计视图中打开窗体,单击"窗体设计工具/设计"选项卡,在"页眉/页脚"组中单击"日期和时间"按钮,打开"日期和时间"对话框,如图 5.15 所示。

(2) 若只插入日期或时间,则在对话框中选择"包含日期"或"包含时间"的复选框,也可以全选。选择某项后,再选择日期或时间格式,单击"确定"按钮,此时在窗体中会添加相应的文本框。

图 5.15 "日期和时间"对话框

5.3 窗体控件

控件是构成窗体的基本元素,而窗体是控件的容器。窗体的功能要通过在窗体中放置的各种控件来实现,控件与窗体结合起来才能构造出实用、友好的操作界面。

5.3.1 窗体和控件的属性

窗体和窗体中的每一个控件都具有各自的属性,这些属性决定了窗体和控件的外观、包含的数据及对鼠标或键盘事件的响应。设计窗体需要了解窗体和控件的属性,并根据设计要求进行属性设置。

1. 属性表

在窗体设计视图中,窗体和控件的属性都可以在"属性表"任务窗格中设定。右击窗体或控件,并从打开的快捷菜单中选择"属性"命令,或单击"窗体设计工具/设计"选项卡,在"工具"组中单击"属性表"命令按钮,都可以打开"属性表"任务窗格,如图 5.16

图 5.16 "属性表"任务窗格

所示。

"属性表"任务窗格上方的下拉列表框是当前窗体上所有对象的列表,可以从中选择要设置属性的对象,也可以直接在窗体上选中对象,此时下拉列表框将显示被选中对象的控件名称。

"属性表"任务窗格包含格式、数据、事件、其他和全部 5 个选项卡。其中,"格式"选项卡包含了窗体或控件的外观属性;"数据"选项卡包含了与数据源、数据操作相关的属性;"事件"选项卡包含了窗体或当前控件能够响应的事件;"其他"选项卡包含了"名称""制表位"等其他属性;"全部"选项卡每个属性行的左侧是属性名称,右侧是属性值。窗体也是一个对象,因此也具有这些属性。

在"属性表"任务窗格中,单击其中一个选项卡即可对相应属性进行设置。设置某一属性时,首先单击要设置的属性,然后在属性框中输入一个设置值或表达式。如果属性框中有下拉按钮,也可以单击该下拉按钮,并从打开的下拉列表中选择一个数值。如果属性框右侧有显示按钮,单击该按钮,将显示一个生成器或显示一个可用以选择生成器的对话框,通过该生成器也可以设置其属性。

2. 窗体的常用属性

窗体的属性与整个窗体相关联,对窗体属性的设置可以确定窗体的整体外观和行为。在"属性表"任务窗格上方的下拉列表框中选择"窗体",即可显示并设置窗体的属性。窗体的属性如表 5.2~表 5.4 所示。

表 5.2 窗体"格式"选项卡

属性名称	属性标识	功 能
标题	Caption	指定在"窗体"视图的标题栏上显示的文本。默认为"窗体名:窗体",例: Me.Caption="人员信息输入"
滚动条	ScrollBars	指定是否在窗体上显示滚动条。该属性值有"两者均无""只水平""只垂直"和"两者都有"(默认值)4 个选项,对应值为 0、1、2、3。例: Me.ScrollBars=3
记录选择器	RecordSelectors	指定窗体在"窗体"视图中是否显示记录选择器。属性值有"是"(默认值)和"否"。例: Me.RecordSelectors=False Me.RecordSelectors=True
导航按钮	NavigationButtons	指定窗体上是否显示导航按钮和记录编号框。属性值有"是"(默认值)和"否"。例: Me.NavigationButtons=False Me.NavigationButtons=True
分隔线	DividingLines	指定是否使用分隔线分隔窗体上的节或连续窗体上显示的记录。属性值有"是"(默认值)和"否"。例: Me.DividingLines=False Me.DividingLines=True
自动调整	AutoResize	在打开"窗体"窗口时,是否自动调整"窗体"窗口大小以显示整条记录。属性值有"是"(默认值)和"否"。例: Me.AutoResize=False Me.AutoResize=True
自动居中	AutoCenter	当窗体打开时,是否在应用程序窗口中将窗体自动居中。属性值有"是"(默认值)和"否"。例: Me.AutoCenter=False Me.AutoCenter=True

续表

属性名称	属性标识	功　能
边框样式	BorderStyle	可以指定用于窗体的边框和边框元素（标题栏、"控制"菜单、"最小化""最大化""关闭"按钮）的类型。一般情况下，常规窗体、弹出式窗体和自定义对话框需要使用不同的边框样式。属性值有"无""细边框""可调边框"（默认值）和"对话框边框"，对应值为 0、1、2、3。例： Me.BorderStyle=3
控制框	ControlBox	指定在"窗体"视图和"数据表"视图中窗体是否具有"控制"菜单。属性值有"是"（默认值）和"否"。例： Me.ControlBox=False Me.ControlBox=True
最大最小化按钮	MinMaxButtons	指定在窗体上"最大化"或"最小化"按钮是否可见。属性值有"无""最小化按钮""最大化按钮"和"两者都有"（默认值），对应值为 0、1、2、3。例： Me.MinMaxButtons=1
关闭按钮	CloseButton	指定是否启用窗体上的"关闭"按钮。属性值有"是"（默认值）和"否"
宽度	Width	可以将窗体的大小调整为指定的尺寸。窗体的宽度是从边框的内侧开始度量的。默认值为 9.998cm
图片	Picture	指定窗体背景图片的位图或其他类型的图形。位图文件必须有 .bmp、.ico 或 .dib 扩展名。也可以使用 .wmf 或 .emf 格式的图形文件，或其他任何具有相应图形筛选器的图形文件类型。例： Me.Picture="C:\Windows\Winlogo.bmp"
图片类型	PictureType	指定 Access 是将图片存储为链接对象还是嵌入（默认值）对象，对应值为 0、1。例： Me.PictureType=1
图片缩放模式	PictureSizeMode	指定对窗体或报表中的图片调整大小的方式。属性值有"剪裁"（默认值）、"拉伸"和"缩放"，对应值为 0、1、2。例： Me.PictureSizeMode=2
可移动的	Moveable	表明用户是否可以移动指定的窗体。属性值有"是"（默认值）和"否"

表 5.3　窗体"数据"选项卡

属性名称	属性标识	功　能
记录源	RecordSource	指定窗体的数据源。属性值可以是表名称、查询名称或者 SQL 语句。例： Me.RecordSource="表名或查询名或 SQL 语句"
筛选	Filter	在对窗体应用筛选时指定要显示的记录子集

续表

属性名称	属性标识	功　　能
排序依据	OrderBy	指定如何对窗体中的记录进行排序。属性值是一个字符串表达式,表示要以其对记录进行排序的一个或多个字段(用逗号分隔)的名称。降序时输入 DESC
允许筛选	AllowFilters	指定窗体中的记录能否进行筛选。属性值有"是"(默认值)和"否"
允许编辑 允许删除 允许添加	AllowEdits AllowDeletions AllowAdditions	指定用户是否可在使用窗体时编辑、删除、添加记录。属性值有"是"(默认值)和"否"
数据输入	DataEntry	指定是否允许打开绑定窗体进行数据输入。该属性不决定是否可以添加记录,只决定是否显示已有的记录。属性值有"是"和"否"(默认值)
记录集类型	RecordsetType	指定何种类型的记录集可以在窗体中使用。属性值包括以下3个。 ① 动态集(默认值)。对基于单个表或基于具有一对一联系的多个表的绑定控件可以编辑。对于绑定到字段(基于一对多联系的表)的控件,若未启用表间的级联更新,则不能编辑位于联系中"一"方的链接字段中的数据。 ② 动态集(不一致的更新)。所有绑定到其字段的表和控件都可以编辑。 ③ 快照。绑定到其字段的表和控件都不能编辑
记录锁定	RecordLocks	指定在多用户数据库中更新数据时,如何锁定基础表或基础查询中的记录。属性值包括以下3个。 ① 不锁定(默认值)。在窗体中,两个或更多用户能够同时编辑同一条记录,也称为"开放式"锁定。如果两个用户试图保存对同一条记录的更改,则 Microsoft Access 将对第2个试图保存记录的用户显示一则消息,此后这个用户可以选择放弃该记录,将记录复制到剪贴板,或替换其他用户所做的更改。这种设置通常用在只读窗体或单用户数据库中,如果用在多用户数据库中,允许多个用户同时更改同一条记录。 ② 所有记录。当在"窗体"视图或"数据表"视图中打开窗体时,基础表或基础查询中的所有记录都会被锁定。用户可以读取记录,但在关闭窗体以前不能编辑、添加或删除任何记录。 ③ 已编辑的记录。只要用户开始编辑某条记录中的任一字段,就会锁定该页面记录,直到用户移到其他记录,锁定才会被解除。因为一条记录一次只能由一位用户进行编辑,所以也称为"保守式"锁定

表 5.4　窗体"其他"选项卡

属性名称	属性标识	功　　能
弹出方式	Popup	指定窗体是否作为弹出式窗口打开。弹出式窗口将停留在其他所有Access 窗口的上面。典型的情况是将弹出式窗口的"边框样式"属性设为"细边框",属性值有"是"和"否"(默认值)

续表

属性名称	属性标识	功　能
模式	Modal	指定窗体是否可以作为模式窗口打开。作为模式窗口打开时,在焦点移到另一个对象之前,必须先关闭该窗口,属性值有"是"和"否"(默认值)
菜单栏	MenuBar	可以将菜单栏指定给 Microsoft Access 数据库(.accdb)、Access 项目(.adp)、窗体或报表使用;也可以使用"菜单栏"属性指定菜单栏宏,以便用于显示数据库、窗体或报表的自定义菜单栏
工具栏	ToolBar	可以指定窗体或报表使用的工具栏。通过使用"视图"→"工具栏"→"自定义"子命令可以创建这些工具栏
快捷菜单	ShortcutMenu	指定当右击窗体上的对象时是否显示快捷菜单,属性值有"是"(默认值)和"否"

3. 控件的常用属性

在"属性表"任务窗格上方的下拉列表框中选择某个控件,可显示并设置该控件的属性。控制的属性见表 5.5～表 5.7。

表 5.5　控件"格式"选项卡

属性名称	属性标识	功　能
标题	Caption	对不同视图中对象的标题进行设置,为用户提供有用的信息。它是一个最多包含 2048 个字符的字符串表达式。窗体和报表上超过标题栏所能显示的数量时,标题部分会被截掉。可以使用该属性为标签或命令按钮指定访问键。在标题中,将 & 字符放在要用作访问键的字符前面,则字符将以下划线形式显示。通过按 Alt 键和加下划线的字符,即可将焦点移到窗体中的控件上
小数位数	DecimalPlaces	指定自定义数字、日期/时间和文本显示数字的小数点位数。属性值有"自动"(默认值)、0～15
格式	Format	自定义数字、日期/时间和文本的显示方式。可以使用预定义的格式,或者使用格式符号创建自定义格式
可见性	Visible	显示或隐藏窗体、报表、窗体或报表的节、数据访问页或控件。属性值有"是"(默认值)和"否"
边框样式	BorderStyle	指定控件边框的显示方式。属性值有"透明"(默认值)、"实线""虚线""短虚线""点线""稀疏点线""点划线""点点划线""双实线"
边框宽度	BorderWidth	指定控件的边框宽度。属性值有"细线"(默认值)、1～6 磅
左边距	Left	指定对象在窗体或报表中的位置。控件的位置是指从它的左边框到包含该控件的节的左边缘的距离,或者它的上边框到包含该控件的节的上边缘的距离
背景样式	BackStyle	指定控件是否透明。属性值有"常规"(默认值)和"透明"
特殊效果	SpecialEffect	指定是否将特殊格式应用于控件。属性值有"平面""凸起""蚀刻""阴影""凿痕"和"凹陷"(默认值)6 种

续表

属性名称	属性标识	功　能
字体名称	FontName	显示文本所用的字体名称。默认值为宋体(与 OS 设定有关)
字号	FontSize	指定显示文本字体的大小。默认值为 9 磅(与 OS 设定有关),属性值范围为 1~127
字体粗细	FontWeight	指定 Windows 在控件中显示以及打印字符所用的线宽(字体的粗细)。属性值有"淡""特细""细""正常"(默认值)、"中等""半粗""加粗""特粗""浓"
倾斜字体	FontItalic	指定文本是否变为斜体。属性值有"是"(默认值)和"否"
前景色	ForeColor	指定一个控件的文本颜色。属性值是包含一个代表控件中文本颜色的值的数值表达式。默认值为 0
背景色	BackColor	属性值包含一个代表控件中文本颜色的数值表达式,该表达式对应于填充控件或节内部的颜色。默认值为 1677721550

表 5.6　控件"数据"选项卡

属性名称	属性标识	功　能
控件来源	ControlSource	可以显示和编辑绑定到表、查询或 SQL 语句中的数据;还可以显示表达式的结果
输入掩码	InputMask	可以更容易地输入数据,并且可以控制用户在文本框类型的控件中输入的值。只影响直接在控件或组合框输入的字符
默认值	DefaultValue	指定在新建记录时自动输入控件或字段中的文本或表达式
有效性规则	ValidationRule	指定对输入记录、字段或控件中的数据的限制条件
有效性文本	ValidationText	当输入的数据违反了"有效性规则"的设置时,可以使用该属性指定显示给用户的消息
是否锁定	Locked	指定是否可以在"窗体"视图中编辑控件数据。属性值有"是"和"否"(默认值)
可用	Enabled	可以设置或返回"条件格式"对象(代表组合框或文本框控件的条件格式)的条件格式状态

表 5.7　控件"其他"选项卡

属性名称	属性标识	功　能
名称	Name	可以指定或确定用于标识对象名称的字符串表达式。对于未绑定型控件,默认名称是控件的类型加一个唯一的整数。对于绑定型控件,默认名称是基础数据源字段的名称。控件名称长度不能超过 255 个字符
状态栏文字	StatusBarText	指定选定控件显示在状态栏上的文本。该属性只应用于窗体上的控件,不应用于报表上的控件。所用的字符串表达式长度最多为 255 个字符

续表

属性名称	属性标识	功　能
允许自动更正	AllowAutoCorrect	指定是否自动更正文本框或组合框控件中的用户输入内容。属性值有"是"(默认值)和"否"
自动 Tab 键	AutoTab	指定当输入文本框控件的输入掩码所允许的最后一个字符时,是否发生自动 Tab 键切换。属性值有"是"和"否"(默认值)
Tab 键索引	TabIndex	指定窗体上的控件在 Tab 键顺序中的位置。该属性仅适用于窗体上的控件,不适用于报表上的控件。属性值起始值为 0
控件提示文本	ControlTipText	指定当光标停留在控件上时,显示在 ScreenTip 中的文字。可用最长 255 个字符的字符串表达式
垂直显示	Vertical	设置垂直显示和编辑的窗体控件,或设置垂直显示和打印的报表控件。属性值有"是"和"否"(默认值)

4. 窗体和控件的常用事件

对窗体和控件设置事件属性值是为该窗体或控件设置响应事件的操作流程,也就是为窗体或控件的事件处理方法编程。窗体和控件的常用事件如表 5.8 所示。

表 5.8　窗体和控件的常用事件

	事件名称	触发时间
键盘事件	键按下(KeyDown)	当窗体或控件具有焦点时,按下任何键时触发该事件
	键释放(KeyUp)	当窗体或控件具有焦点时,释放任何键时触发该事件
鼠标事件	单击(Click)	当鼠标在对象上单击时触发该事件
	双击(OnClick)	当鼠标在对象上双击时触发该事件
	鼠标按下(MouseDown)	当鼠标在对象上按下左键时触发该事件
	鼠标移动(MouseMove)	当鼠标在对象上来回移动时触发该事件
	鼠标释放(MouseUp)	按下鼠标左键,光标移至对象上释放按键时触发该事件
对象事件	获得焦点(GotFocus)	当对象获得焦点时触发该事件
	失去焦点(LostFocus)	当对象失去焦点时触发该事件
	更改(Change)	当改变文本框或组合框的内容时触发该事件,在选项卡控件中从一页移到另一页时也会触发该事件
窗体事件	打开(Open)	当打开窗体但第 1 条记录尚未显示时触发该事件
	关闭(Close)	当窗体关闭并从屏幕上删除时触发该事件
	加载(Load)	当打开窗体并且显示其中记录时触发该事件
操作事件	删除(Delete)	当通过窗体删除记录,在记录被真正删除之前触发该事件
	插入前(BeforeInsert)	当通过窗体插入记录,输入第 1 个字符时触发该事件
	插入后(AfterInsert)	当通过窗体插入记录,记录保存到数据库后触发该事件
	成为当前记录(Current)	当焦点移到记录上,使它成为当前记录时触发该事件;当窗体刷新或重新查询时也会触发该事件

如果需要某一控件能够在某一事件发生时做出相应的响应,就必须为该控件针对事件的属性赋值。事件属性赋值有3种方法:设定一个表达式、指定一个宏操作或为其编写一段 VBA 程序。单击相应属性框右侧的■■按钮,弹出"选择生成器"对话框,如图 5.17所示,可以在该对话框中选择处理事件方法的种类。

图 5.17 "选择生成器"对话框

5.3.2 控件应用举例

Access 2010 提供的控件非常丰富,操作方法也非常灵活。窗体设计中很重要的内容就是控件的应用,利用控件可以设计出具有不同功能的窗体。下面介绍常用控件的应用。

1. 标签和文本框控件

标签主要用来在窗体或报表中显示说明性文本,如窗体的标题、对字段的说明性文本等。标签不显示字段或表达式的值,它没有数据来源。当从一条记录移到另一条记录时,标签的值不会改变。标签可以附加到其他控件上,也可以创建独立的标签,但独立创建的标签在数据表视图中并不显示,使用标签控件创建的标签就是单独的标签。

文本框主要用来输入或编辑数据,它是一种交互式控件。文本框分为绑定型、未绑定型和计算型3种。绑定型文本框与表或查询中的字段相关联,可用于显示输入及更新字段;未绑定型文本框并不与某一字段相关联,一般用来显示提示信息或接收用户输入的数据等;计算型文本框则以表达式作为数据源,表达式可以使用表或查询字段中的数据,也可以使用窗体或报表上其他控件中的数据。

【例 5.5】 在窗体设计视图中,创建如图 5.18 所示的窗体,窗体内有两个标签(Label1 和 Label2)和两个文本框(Text1 和 Text2),在其中一个文本框中输入出生日期,就会在另一个文本框中显示年龄。

例 5.5

图 5.18 "文本框演示"窗体

操作步骤如下。

(1) 在 Access 2010 主窗口中单击"创建"选项卡,在"窗体"组中单击"窗体设计"按钮,打开窗体设计视图。

(2) 单击"控件"组中的"文本框"按钮,在"主体"节上单击,创建第 1 个文本框。再以同样的方法创建第 2 个文本框。

如果"使用控件向导"命令处于选中状态,则会打开"文本框向导"对话框,可以按照提示进行操作。

(3) 打开"属性表"任务窗格,将两个文本框的"名称"属性分别设置为 Text1 和 Text2,将文本框附加的两个标签的"名称"属性分别设置为 Label1 和 Label2,"标题"属性分别设置为"出生日期:"和"年龄:"。

(4) 将 Text2 的"控件来源"属性设置为"=Year(Date())−Year([Text1])",如图 5.19 所示。

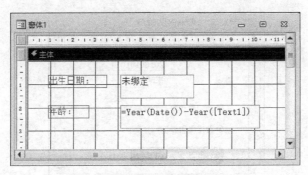

图 5.19 文本框演示窗体的属性设置

(5) 选择"文件"→"保存"菜单命令或单击工具栏上的"保存"按钮,命名为"文本框演示",保存所创建的窗体。

(6) 单击"开始"选项卡,在"视图"命令组中单击"视图"下拉按钮,选择"窗体视图"菜单命令切换到窗体视图,在第 1 个文本框中输入出生日期并按 Enter 键,则会在第 2 个文本框中显示年龄,如图 5.18 所示。

2. 复选框、选项按钮和切换按钮控件

复选框、选项按钮和切换按钮在窗体中均可以作为单独的控件使用,用于显示表或查询中的是/否型数据。当选中或按下控件时,相当于"是"状态,否则相当于"否"状态。默认值属性为−1 表示选中,0 表示未选中。

【例 5.6】 分别用复选框、选项按钮和切换按钮显示"学生信息"表中的"政治面貌"字段。

例 5.6

操作步骤如下。

(1) 打开"学生管理系统"数据库,单击"创建"选项卡,在"窗体"组中单击"窗体设计"按钮。

(2) 在"工具"组中单击"添加现有字段"按钮,分别将"字段列表"任务窗格中的"学号""姓名"字段拖放到窗体的"主体"节中。

（3）单击"控件"组中的"复选框"按钮，然后在"主体"节中单击，即添加复选框控件及附加的标签控件。

（4）单击"工具"组中的"属性表"按钮，在"属性表"任务窗格上方的下拉列表框中选择"窗体"对象，并设置其"记录源"属性为"学生信息"表。

（5）设置复选框控件附加的标签控件的"标题"属性为"政治面貌是否为党员"，在复选框控件的"控件来源"下拉列表框中选择"政治面貌"字段，然后调整复选框控件的大小。

（6）用同样的方法添加选项按钮控件和切换按钮控件，设置选项按钮控件的"控件来源"属性和附加的标签控件的"标题"属性，并切换按钮控件的"控件来源"属性和"标题"属性。

（7）选择"文件"→"保存"菜单命令或单击工具栏上的"保存"按钮，以"复选框、选项按钮和切换按钮演示"为名保存所创建的窗体。切换到窗体视图，可看到"政治面貌"字段的不同显示状态，如图5.20所示。

图5.20 "复选框、选项按钮和切换按钮演示"窗体

3. 选项组控件

选项组控件是一个容器控件，它由一个组框架、组复选框、选项按钮或切换按钮组成。可以使用选项组显示一组限制性的选项值，只要单击选项组所需的值，就可以为字段选定数据值。在选项组中每次只能选择一个选项，而且选项组的值只能是数字，不能是文本。

【例5.7】 使用控件向导创建一个选项组控件，用于输入或显示"学生信息"表中的"政治面貌"字段。

操作步骤如下。

例5.7

（1）打开"学生管理系统"数据库，单击"创建"选项卡，在"窗体"组中单击"窗体设计"按钮。

（2）在窗体设计视图中，选中"使用控件向导"选项，并设置窗体的"记录源"属性为"学生信息"表，在"工具"组中单击"添加现有字段"命令按钮，分别将"字段列表"任务窗格中的"学号""姓名"字段拖到窗体的"主体"节中。

（3）单击"控件"组中的"选项组"按钮，在窗体上单击要放置选项组的位置，弹出"选项组向导"第1个对话框，要求输入选项组中每个选项的标签名。在"标签名称"框内分别输入"团员""党员",如图 5.21 所示。

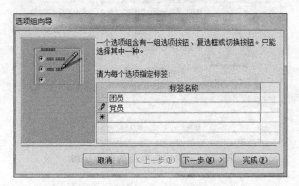

图 5.21 确定每个选项的标签名称

(4) 单击"下一步"按钮,弹出"选项组向导"第 2 个对话框,要求用户确定是否需要默认选项。这里选择并指定"党员"为默认选项,如图 5.22 所示。

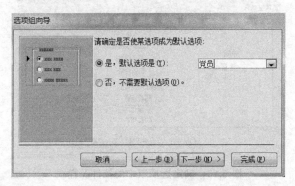

图 5.22 确定默认选项

(5) 单击"下一步"按钮,弹出"选项组向导"第 3 个对话框,设置"党员"选项值为—1,"团员"选项值为 0,如图 5.23 所示。

图 5.23 确定选项值

(6) 单击"下一步"按钮,弹出"选项组向导"第 4 个对话框,选中"在此字段中保存该值"单选按钮,并在右侧的下拉列表框中选择"政治面貌"字段,如图 5.24 所示。

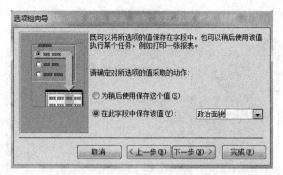

图 5.24　确定选项值的保存字段

（7）单击"下一步"按钮，弹出"选项组向导"第 5 个对话框，选择选项组可选用的控件（包括"选项按钮""复选框"和"切换按钮"）及所用样式。本例选中"选项按钮"控件及"蚀刻"样式，如图 5.25 所示。

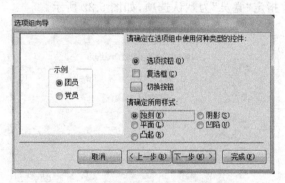

图 5.25　确定选项组中的控件及样式

（8）单击"下一步"按钮，弹出"选项组向导"第 6 个对话框，在"请为选项组指定标题"文本框中输入选项组的标题"政治面貌"，然后单击"完成"按钮。

（9）对所建选项组进行调整，然后将窗体保存为"选项组演示"窗体，最后切换到窗体视图，显示结果如图 5.26 所示。

图 5.26　"选项组演示"窗体

4. 列表框与组合框控件

列表框和组合框为用户提供了包含多个选项的可滚动列表，如果输入的数据取自该列表，用户只需选择所需要的选项就可完成数据的输入，不仅可以避免输入错误，同时也提高了工作效率。

在列表框中,任何时候都能看到多个选项,但不能直接编辑列表框中的数据。当列表框不能同时显示所有选项时,将自动添加滚动条,用户可以上下或左右滚动列表框,以查阅所有选项。

如果在组合框中只能看到一个选项,单击组合框上的下拉按钮可以看到多个选项的列表,也可以直接在旁边的文本框中输入一个新选项。

【例5.8】 创建窗体,显示"学生信息"表的"学号""姓名"和"籍贯"字段,其中"籍贯"字段的显示使用列表框和组合框。

例5.8

操作步骤如下。

(1)打开"学生管理系统"数据库,单击"创建"选项卡,在"窗体"组中单击"窗体设计"按钮。

(2)在窗体设计视图中,设置窗体的"记录源"属性为"学生信息"表,分别将"字段列表"任务窗格中的"学号""姓名"字段拖到窗体的"主体"节中。然后单击"控件"命令组中的"列表框"命令按钮,在窗体上单击要放置列表框的位置,弹出"列表框向导"第1个对话框。如果选中"使用列表框获取其他表或查询中的值"单选按钮,则在所建列表框中显示所选表的相关值;如果选中"自行键入所需的值"单选按钮,则在所建列表框中显示输入的值,如图5.27所示。这里选择前者。

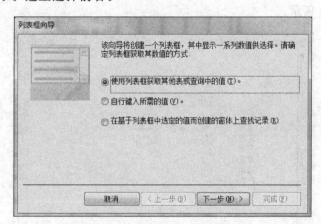

图5.27 列表框获取数据的方式

(3)单击"下一步"按钮,弹出"列表框向导"第2个对话框,选择为列表框提供数据的表或查询。这里选择"学生信息"表。

(4)单击"下一步"按钮,弹出"列表框向导"第3个对话框,选择要包含到列表框中的字段。这里选择"籍贯"字段。

(5)单击"下一步"按钮,弹出"列表框向导"第4个对话框,选择列表框中使用的排序顺序。这里不选择。

(6)单击"下一步"按钮,弹出"列表框向导"第5个对话框,指定列表框中列的宽度。

(7)单击"下一步"按钮,弹出"列表框向导"第6个对话框,选中"记忆该数值供以后使用"单选按钮。

（8）单击"下一步"按钮,弹出"列表框向导"第 7 对话框,在"请为列表框指定标签"文本框中输入"籍贯",作为该列表框的标签,然后单击"完成"按钮。

（9）同样,可以参照上述方法创建"籍贯"组合框控件,最终设置结果如图 5.28 所示。

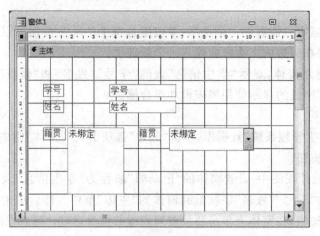

图 5.28　列表框和组合框控件的属性设置

（10）最后将窗体名称设置为"列表框和组合框控件演示"并保存,然后切换到窗体视图,结果如图 5.29 所示。

图 5.29　"列表框和组合框控件演示"窗体

5. 按钮控件

使用窗体上的按钮控件可以执行待定的操作,如可以创建按钮控件打开另一个窗体。如果要使按钮控件响应窗体中的某个事件,从而完成某项操作,可编写相应的宏或事件过程并将它附加在按钮控件的"单击"属性中。

【例 5.9】　综合前面介绍的控件,创建如图 5.30 所示的窗体,用于输入"学生信息"表的内容。

操作步骤如下。

例 5.9

图 5.30　"按钮控件演示"窗体

（1）打开"学生管理系统"数据库，单击"创建"选项卡，在"窗体"组中单击"窗体设计"按钮。

（2）在窗体设计视图中，添加相关控件，并设置属性。

（3）单击"控件"命令组中的"按钮"命令按钮，在窗体上单击要放置按钮控件的位置，弹出"命令按钮向导"第 1 个对话框。在该对话框的"类别"列表框中列出了可供选择的操作类别，每个类别在"操作"列表框中均对应着多种不同的操作。先在"类别"列表框中选择"记录操作"选项，然后在"操作"列表框中选择"添加新记录"选项，如图 5.31 所示。

（4）单击"下一步"按钮，弹出"命令按钮向导"第 2 个对话框，选中"文本"单选按钮，并在其后的文本框中输入"添加记录"，设置在按钮控件上显示文本，如图 5.32 所示。

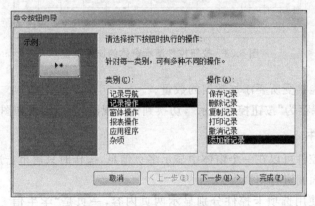

图 5.31　设置按钮控件的操作

（5）单击"下一步"按钮，在弹出的对话框中为创建的按钮控件命名，以便后面引用，最后单击"完成"按钮。

至此，按钮控件创建完成，其他按钮控件的创建方法与此相同，设置结果如图 5.33 所示。

（6）在窗体"属性表"任务窗格的"格式"选项卡中，设置窗体的"导航按钮"属性为"否"，同时修改"学生信息"表的"班级编号"字段的大小为 50，以防止运行过程中出现因

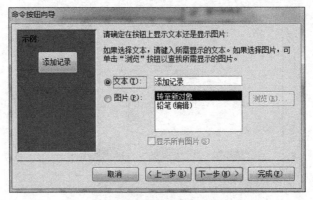

图 5.32　设置按钮控件上的显示文本

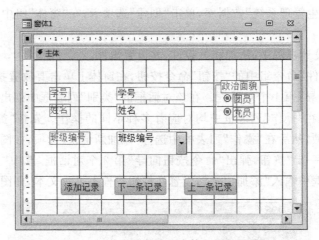

图 5.33　按钮控件演示窗体的属性设置

为字段太小而不能接受所要添加数据的数量。

（7）将窗体保存为"按钮控件演示"，切换到窗体视图，显示结果如图 5.30 所示。

6. 选项卡控件

利用选项卡控件可以在一个窗体中显示多页信息，操作时只需单击选项卡上的标签，就可以在多个页面间进行切换。

【例 5.10】　使用选项卡控件分别显示两页内容，一页是"学生信息"，另一页是"学生成绩"。

例 5.10

操作步骤如下。

（1）打开"学生管理系统"数据库，单击"创建"选项卡，在"窗体"组中单击"窗体设计"按钮。

（2）在窗体设计视图中，单击"控件"组中的"选项卡控件"命令按钮，在窗体上单击要放置选项卡的位置，并调整其大小。

（3）在窗体中单击选项卡"页 1"，然后单击"属性表"任务窗格中的"格式"选项卡，在

"标题"属性框中输入"学生信息";按同样的方法设置"页 2"的"标题"属性为"学生成绩"。设置结果如图 5.34 所示。

(4) 如果需要将其他控件添加到选项卡控件上,可先选中某一页,然后按前面介绍的方法进行操作即可。例如,在"学生信息"页添加"学生信息"表中的"学号""姓名""籍贯"字段。然后保存窗体,切换到窗体视图,显示结果如图 5.35 所示。

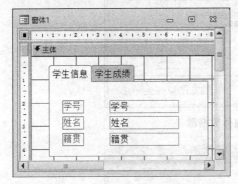
图 5.34 选项卡控件的属性设置

图 5.35 "选项卡控件演示"窗体

7. 图像控件

在窗体上设置图像控件通常是为了美化窗体,其操作方法是:单击"控件"组中的"图像"命令按钮,在窗体上单击图片的放置位置,打开"插入图片"对话框。在该对话框中找到并选中图片文件,单击"确定"按钮,即完成了在窗体上设置图片的操作。

8. 子窗体/子报表控件

窗体中可以包含另一个窗体,其中原始窗体称为主窗体,窗体中的窗体称为子窗体。子窗体还可以包含子窗体,任一窗体都可以包含多个子窗体。主/子窗体多用于具有一对多联系的主/子两个数据源。子窗体与主窗体显示的主数据源的当前记录对应的是子数据源中的记录。

创建主/子窗体有两种方法,一种方法是使用"窗体向导"同时建立主窗体和子窗体;另一种方法是先建立主窗体,然后利用设计视图添加子窗体。

【例 5.11】 创建一个显示学生信息的主窗体,然后增加一个子窗体显示每个学生的选课情况。

本例采用先建立主窗体,然后利用设计视图添加子窗体的方法。操作步骤如下。

例 5.11

(1) 打开"学生管理系统"数据库,利用"窗体向导"或在设计视图中设计显示学生信息的主窗体。同时,确保"控件"命令组中的"使用控件向导"命令已被选中。

(2) 在主窗体设计视图中添加"子窗体/子报表"控件,弹出"子窗体向导"第 1 个对话框,选中"使用现有的表和查询"单选按钮,如图 5.36 所示。

(3) 单击"下一步"按钮,弹出"子窗体向导"第 2 个对话框,选择"学生成绩"查询作为数据源,并选择其中的字段,如图 5.37 所示。

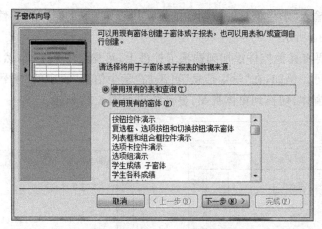

图 5.36　选择子窗体数据源

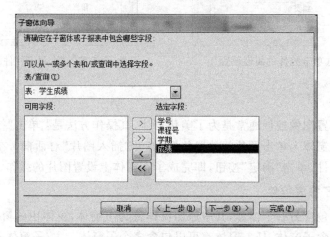

图 5.37　设置子窗体的显示字段

（4）单击"下一步"按钮，弹出"子窗体向导"第 3 个对话框，选择用"学号"作为主/子窗体的链接字段，如图 5.38 所示。

图 5.38　设置子窗体的链接字段

（5）单击"下一步"按钮，弹出"子窗体向导"第 4 个对话框，输入子窗体的名称，然后单击"完成"按钮。

（6）将窗体名称设置为"主/子窗体演示结果"并保存，切换到窗体视图，显示结果如图 5.39 所示。

图 5.39　主/子窗体演示结果

9. 图表控件

图表窗体能够更直观地显示表或者查询中的数据。可以使用图表控件在"图表向导"的引导下创建图表窗体。

【例 5.12】　以"学生信息"表为数据源，创建图表窗体，显示学生的入学分数。

操作步骤如下。

例 5.12

（1）打开"学生管理系统"数据库，单击"创建"选项卡，在"窗体"组中单击"窗体设计"按钮。

（2）在窗体设计视图中，添加"控件"组中的"图表"控件，弹出"图表向导"第 1 个对话框，选择用于创建窗体的表或查询，这里选择"学生信息"表。

（3）单击"下一步"按钮，弹出"图表向导"第 2 个对话框，在"可用字段"列表框中分别选择"姓名""入学分数"字段，用于所建图表中。

（4）单击"下一步"按钮，弹出"图表向导"第 3 个对话框，选择所需图表类型，本例选择"折线图"，如图 5.40 所示。

（5）单击"下一步"按钮，弹出"图表向导"第 4 个对话框，按照向导提示调整图表布局，如图 5.41 所示。

（6）单击"下一步"按钮，弹出"图表向导"第 5 个对话框，输入图表名称"学生入学分数图表演示"，单击"完成"按钮，如图 5.42 所示。

（7）将窗体名称保存为"学生入学分数图表演示"并保存，如图 5.43 所示，进入窗体视图查看结果。

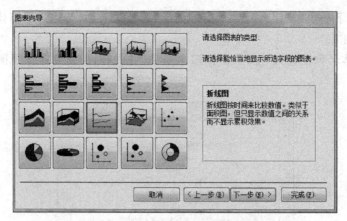

图 5.40　确定图表类型

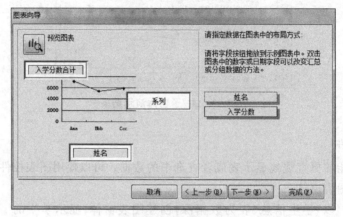

图 5.41　调整图表布局

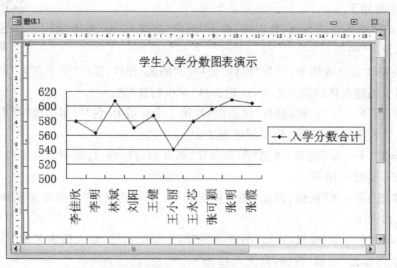

图 5.42　学生入学分数图表窗体设计效果

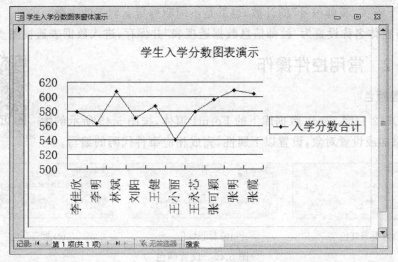

图 5.43　图表演示结果

5.4　任务实现

任务 1　创建窗体

在"学生管理系统(源).accdb"数据库中,以"教师信息"表为数据源设计数据透视表窗体,用于分析教师不同职称与性别的人数关系,窗体的最终运行结果如图 5.44 所示,单击加号和减号可以进行信息的显示与隐藏。

第 5 章 任务 1

图 5.44　教师信息数据透视表

操作步骤如下。

(1) 打开"学生管理系统(源).accdb"数据库,在"表"对象中选择"教师信息"表。

(2) 在"创建"选项卡的"窗体"组中单击"其他窗体"按钮,在弹出的下拉列表中选择"数据透视表"选项,进入数据透视表的设计界面。

(3) 将"数据透视表字段列表"对话框中的"职称"字段拖至"行字段"区域,将"性别"字段拖至"列字段"区域,选中"教师编号"字段,在右下角的下拉列表框中选择"数据区域"选项,单击"添加到"按钮,可以看到,字段列表中生成了一个"总计"字段,该字段的值是之前选中的"教师编号"字段的计数值,同时在数据区域产生了"职称"(行字段)和"性别"(列字段)分组下有关"教师编号"的计数,也就是不同职称男女职工的人数。

(4) 将窗体名称设置为"教师信息数据透视表"并保存,进入数据表透视图查看结果。

任务2　常用控件操作

第5章 任务2(1)

1. 设置颜色

打开 D5(2-1)源.accdb 数据库下的 Form1 窗体,按图 5.45 所示的大小和布局添加或设置对象,设置以下属性,完成相应事件代码的编写。

(a) 标签红色 　　　　　(b) 标签绿色 　　　　　(c) 标签蓝色

图 5.45　设置颜色

(1) 窗体标题为"设置颜色"。

(2) 标签 Lable1 的标题为"欢迎参加全国计算机二级 Access 等级考试",文本居中,楷体,12 号字。

(3) 命令按钮 Command1、Command2 和 Command3 的标题分别为"红色""绿色" 和 "蓝色",其中 R、G 和 B 为访问键。

(4) 为命令按钮的单击事件编写代码,要求单击"红色""绿色"或"蓝色"按钮能分别将标签 Label1 的文本设置为红色(RGB(255,0,0))、绿色(RGB(0,255,0))或蓝色(RGB(0,0,255))。

操作步骤如下。

(1) 打开 D5(2-1)源.accdb 数据库中的 Form1 窗体,在"属性表"窗格中的"全部选项卡"里将标题改为"设置颜色"。

(2) 添加一个标签控件 Label1,在"属性表"窗格中的"格式"选项卡里将其标题改为"欢迎参加全国计算机二级 Access 等级考试","字体"设置为"楷体","字号"设置为 12,"文本对齐"改为"居中"。

(3) 添加 3 个命令按钮 Command1、Command2 和 Command3,在"属性表"窗格中分别将标题改为"红色""绿色" 和"蓝色"。

(4) 右击"红色"(即 Command1),弹出快捷菜单,选择"事件生成器"命令,进入代码编辑窗口,输入"Label1.ForeColor＝RGB(255,0,0)"语句。用相同的方法为"绿色"(Command2)输入"Label1.ForeColor＝RGB(0,255,0)"语句和"蓝色"(Command3)输入"Label1.ForeColor＝RGB(0,0,255)"语句,如图 5.46 所示。

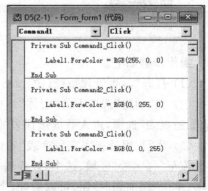

图 5.46　各 Command 控件的 Click 语句

（5）关闭代码窗口,保存窗体,切换到"视图窗体"查看结果。

2. 设置字号和文本框的宽度

打开 D5(2-2)源.accdb 数据库下的 Form1 窗体,按图 5.47 所示的大小和布局添加或设置对象,设置以下属性,完成相应事件代码的编写。

第 5 章 任务 2(2)

（1）窗体标题为"控件的应用",运行自动居中,背景色为"浅蓝 3"。

(a) 字号10、文本框的宽度为3厘米　　(b) 字号15、文本框的宽度为5厘米

图 5.47　控件的应用

（2）标签 Label1 的标题为"请选择字号:"。

（3）列表框 List1 的"行来源类型"为"值列表","行来源"为"10;15;20"。

（4）添加一个文本框 Text1,其高度为 1cm(567 磅),显示"计算机等级考试",字体为黑体,居中对齐。

（5）选项组 Frame1 的标签背景色为"浅灰 2"。

（6）为列表框的 Click 事件编写代码,实现从列表框中选中项目,设置文本框的字体大小;为选项组 Frame1 的 Click 事件编写代码,实现鼠标单击选项按钮后,文本框的宽度变为相应选项值的大小。

说明:1cm 等于 567 磅。

操作步骤如下。

（1）打开 D5(2-2)源.accdb 数据库中的 Form1 窗体,在"属性表"窗格中的"全部选项卡"里将标题改为"控件的应用","自动居中"改为"是",窗体的主体背景色为"浅蓝 3"。

（2）添加一个标签控件 Label1,在"属性表"窗格中的"格式"选项卡里将其标题改为"请选择字号:"。

（3）添加一个列表框 List1,在"属性表"窗格中的"数据"选项卡里将其"行来源类型"改为"值列表","行来源"输入"10;15;20"。

（4）添加一个文本框控件 Text1,在"属性表"窗格中的"格式"选项卡里将其"高度"改为 1cm,"字体名称"改为"黑体","文本对齐"改为"居中",在"数据"选项卡里将默认值属性输入"计算机等级考试"。

（5）添加一个选项组控件 Frame1(包含 3 个选项按钮,选项按钮的标签名称分别为 3 厘米、4 厘米、5 厘米,值分别为 1701、2268、2835),选中 Frame1 的标签,在"属性表"窗格中的"格式"选项卡里将其"背景色"改为"浅灰 2"。

（6）右击"列表框"(List1),弹出快捷菜单,选择"事件生成器"命令,进入代码编辑窗

口,输入"text1.FontSize=List1.Value"语句。用相同的方法为"选项组"(Frame1)输入
"text1.Width=Frame1.Value"语句,如图 5.48 所示。

图 5.48　各控件的 Click 语句

(7) 关闭代码窗口,保存窗体,切换到"视图窗体"查看结果。

5.5　习题

1. 选择题

(1) Access 2010 的窗体类型不包括(　　　)。

　　A. 纵栏式　　　　　　B. 数据表　　　　　　C. 文档式　　　　　　D. 表格式

(2) 以下关于列表框的叙述中,正确的是(　　　)。

　　A. 列表框不能设置控件来源

　　B. 列表框的选项允许多重选择

　　C. 列表框的可见性设置为"否",则运行时显示为灰色

　　D. 列表框不可以包含多列

(3) 以下关于 Access 2010 窗体的叙述中,错误的是(　　　)。

　　A. 表、查询和 SQL 语句可以作为窗体的数据源

　　B. 通过控件可以浏览和编辑数据

　　C. 可以不设置数据源

　　D. 可以存储数据

(4) 窗体可以由窗体页眉、窗体页脚、主体、(　　　)和页面页脚组成。

　　A. 查询页眉　　　B. 页面页眉　　　C. 报表页眉　　　D. 组页眉

(5) 以下不属于窗体属性的是(　　　)。

　　A. 有效性规则　　　B. 数据输入　　　C. 标题　　　D. 记录源

(6) 下列关于窗体的叙述中,正确的是(　　　)。

　　A. Caption 属性用于设置窗体标题栏的显示文本

　　B. 窗体中不能包含子窗体

　　C. 窗体的 Load 事件与 Activate 事件功能相同

　　D. 窗体没有 Click 事件

(7) 列表框的行来源类型(Rowsourcetype)不包括(　　)。

    A. 值列表　　　　　B. 宏/报表　　　　　C. 字段列表　　　　　D. 表/查询

(8) 以下关于列表框的叙述,正确的是(　　)。

    A. 列表框可以包含一列或者几列数据

    B. 窗体运行时可以在列表框中输入新值

    C. 列表框的选项中,第1项的序号为1

    D. 列表框的可见性设置为"否",则运行时显示为灰色

(9) 若设置窗体的"计时器间隔"属性为500,该窗体的 Timer 事件对应的程序每次间隔时间为(　　)秒。

    A. 0.5　　　　　　　B. 5　　　　　　　　C. 1　　　　　　　　D. 500

(10) 下列关于窗体的叙述,错误的是(　　)。

    A. 窗体中不能包含子窗体

    B. 窗体设计视图中包含"主体"节

    C. 窗体有单击事件和双击事件

    D. 要调整窗体中各个控件对象的位置,可以使用窗体设计视图

(11) 设窗体中有标签 Label1 和按钮 Command1,(　　)语句可以实现单击 Command1 后,Label1 中文字颜色变为黄色。

    A. Label1.BackColor＝RGB(255,255,0)

    B. Command1.BackColor＝RGB(255,255,0)

    C. Command1.ForeColor＝RGB(255,255,0)

    D. Label1.ForeColor＝RGB(255,255,0)

(12) 在使用窗体向导创建窗体时,窗体使用的布局不包括(　　)。

    A. 文档　　　　　　B. 表格　　　　　　C. 纵栏表　　　　　D. 数据表

(13) 主窗体和子窗体的链接字段不一定在主窗体或者子窗体中显示,但是必须包含在(　　)中。

    A. 外部数据库　　　　　　　　　　B. 查询

    C. 主/子窗体的数据源　　　　　　D. 表

(14) 在窗体的各个部分中,位于(　　)中的内容在打印预览或者打印时才会显示。

    A. 窗体页眉　　　　B. 窗体页脚　　　　C. 页面页脚　　　　D. 主体

(15) 以下有关窗体页眉/页脚和页面页眉/页脚的叙述中,正确的是(　　)。

    A. 窗体中包含窗体页眉/页脚和页面页眉/页脚几个区

    B. 打印时窗体页眉/页脚只出现在第1页的顶部/底部

    C. 页面页眉/页脚只出现在第1页的顶部/底部

    D. 页面页眉出现在窗体的第1页,页面页脚出现在窗体的最后一页

(16) 窗体和窗体上的每一个对象都有自己独特的对话框,该对话框是(　　)。

    A. 字段　　　　　　B. 属性表　　　　　C. 节　　　　　　　D. 工具栏

(17) (　　)不属于与窗体有关的几个常用事件。

    A. 单击　　　　　　B. 双击　　　　　　C. 关闭　　　　　　D. 创建

(18) 在设计窗体时创建了一个独立标签,它在窗体的(　　)视图中不能显示。

　　　A. 设计　　　　　B. 数据表　　　　　C. 窗体　　　　　D. 布局

(19) 修改命令按钮上显示的文本,应设置其(　　)属性。

　　　A. 名称　　　　　B. 默认　　　　　C. 标题　　　　　D. 激活

(20) 为使窗体在运行时能自动居于显示器的中央,应将窗体的(　　)属性设置为"是"。

　　　A. 自动调整　　　　B. 可移动　　　　C. 自动居中　　　　D. 分隔线

2. 填空题

(1) _____是用户对数据库中数据进行操作的工作界面。

(2) 纵栏式窗体每次显示_____条记录。

(3) 在纵栏式窗体、表格式窗体和数据表窗体中,将窗体最大化后显示记录最多的窗体是_____。

(4) 能够唯一标识某一控件的属性是_____。

(5) 在显示具有一对多联系的表或查询中的数据时,_____特别有效。

(6) 在 Access 数据库中,如果窗体上输入的数据总是来自表或查询中的字段数据,或者来自某固定内容的数据,可以使用_____控件或_____控件来完成。

(7) 通过设置窗体的_____属性可以设定窗体数据源。

(8) 计算型控件用_____作为数据源。

(9) 其数据源是表或查询中的字段的控件称为_____。

(10) 按照控件与数据源的关系,可以将控件分为_____、_____和_____3 种类型。

(11) 在"教师信息"表中有"职称"字段,此字段有"教授""副教授""讲师""助教"4 种值,则用_____控件录入"职称"数据是最佳的选择。

(12) 当窗体的内容太多而无法在一页中全部显示时,可以使用_____进行分页。

(13) 选项组的"选项值"属性只能设置为_____而不能是文本。

(14) 选项组用于显示一组可选值,但是只能选择其中的_____个选项值。

(15) 窗体的数据源可以是表、查询或者_____语句。

3. 操作题

(1) 打开 D5(1)源.accdb 数据库中的 Form1 窗体,按图 5.49 所示的大小和布局添加或设置对象,设置以下属性完成相应事件代码的编写。

① 标签 Label1 的标题为"请选择"。

② 列表框 List1 的"行来源"属性为语文、数学、英语。

③ 标签 Label2 的标题为"请选择字体"。

④ 组合框 Combo1 的"行来源"属性为宋体、黑体、隶书。

⑤ 文本框 Text1 的文本字号为 14 号,居中对齐。

⑥ 为列表框 List1 的 Click 事件编写代码,实现在文本框中显示列表框选中项目的值;为组合框 Combo1 的 Change 事件编写代码,实现将文本框中的字体设置为组合框选

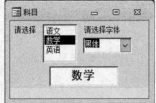

图 5.49 Form1 窗体效果

中的字体。

(2) 打开 D5(1).accdb 数据库中的 Form2 窗体,按图 5.50 所示的大小和布局添加或设置对象,设置以下属性完成相应事件代码的编写。

图 5.50 Form2 窗体效果

① 窗体标题为"用户登录"。

② 两个标签 Label1 和 Label2 的标题分别为"用户名"和"密码",两个文本框控件 Text1 和 Text2 的字号均为 10,宽为 2.3cm,高为 0.6cm,文本框 Text2 以"密码"格式输入"密码"。

③ 为命令按钮控件 Command1 标题添加访问键 C。

④ 为命令按钮 Command1 的单击事件编写代码,实现单击按钮后,清除文本框 Text1 和 Text2 中的内容,并将光标置于文本框 Text1 中。

报　表

学习目标

1. 了解报表和窗体的区别；
2. 掌握快速创建报表的方法；
3. 掌握使用报表设计创建报表的方法；
4. 掌握具有参数查询功能的报表的创建；
5. 掌握主/子报表的创建；
6. 掌握报表的页面设置和打印预览操作；
7. 熟悉在报表中对数据进行计算统计；
8. 熟悉在报表中对数据进行排序与分组操作。

6.1　报表概述

报表和窗体一样，都是由一系列控件组成，数据来源于表、查询和 SQL 语句。这两种对象的区别是窗体用于对数据库进行操作，可以输入、修改和删除记录；而报表只用于组织和输出数据，并按照一定的格式打印输出数据库中的内容，不可以输入、修改和删除数据。

6.1.1　报表使用的视图

Access 2010 提供了报表视图、打印预览、布局视图和设计视图 4 种，帮助用户在不同时刻、不同需求情况下处理报表。

1. 报表视图

用于查看报表的设计效果，还可以对报表中的记录进行筛选和查找操作。

2. 打印预览

用于预览报表打印输出的页面格式，所显示的报表布局和打印内容与实际打印结果一致。如果效果不理想,可以随时更改打印设置。在打印预览视图中,可以放大查看细节,也可以缩小查看数据在页面中放置的位置。

3. 布局视图

用于查看、编辑报表的版面设置。它的界面几乎与"报表视图"一样,但"布局视图"可以用报表布局工具方便、快捷地在设计、格式、排列等方面做出调整,以创建符合用户需要的报表形式。

4. 设计视图

与窗体的设计视图一样,报表的设计视图也是用于创建和编辑报表结构、添加控件、设置报表对象的各种属性、美化报表布局等一系列复杂操作的基本工具,也是最常用的一种视图。

6.1.2 报表的类型

根据报表中字段数据的显示位置可以把报表分为纵栏式报表、表格式报表、图表报表和标签报表 4 种类型。

1. 纵栏式报表

纵栏式报表与纵栏式窗体类似,在一页内以垂直方式显示记录数据,每条记录的各个字段从上到下排列,每行默认输出两列信息,一列是数据源的字段名,另一列是该字段的值,如图 6.1 所示。

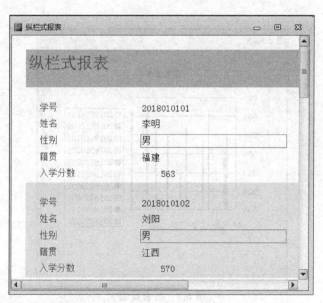

图 6.1 纵栏式报表

2. 表格式报表

表格式报表是最常见的一种报表输出格式。它以行、列形式显示记录数据,通常一行显示一条记录,一页显示多条记录。数据源中每个字段独立占用一列,每列默认以字段名作为该列的标题。在表格式报表中，字段标题信息通常安排在页首，如图 6.2 所示。

学号	姓名	性别	出生日期	籍贯	政治面貌	入学分数
2018010101	李明	男	1999年10月12日	福建	党员	563
2018010102	刘阳	男	1998年6月7日	江西	团员	570
2018010103	王小丽	女	2000年5月21日	河南	党员	540
2018010201	张明	男	2000年12月22日	湖北	团员	609
2018010202	王永芯	女	1999年1月2日	湖南	党员	579
2018020101	张可颖	女	1999年9月3日	广东	团员	596
2018020201	林斌	男	2000年3月5日	云南	党员	607
2018020202	王健	男	2001年10月3日	吉林	团员	587
2018030101	张霞	女	1999年5月30日	吉林	无党派	604
2018030102	李佳欣	女	1999年11月12日	河北	无党派	579

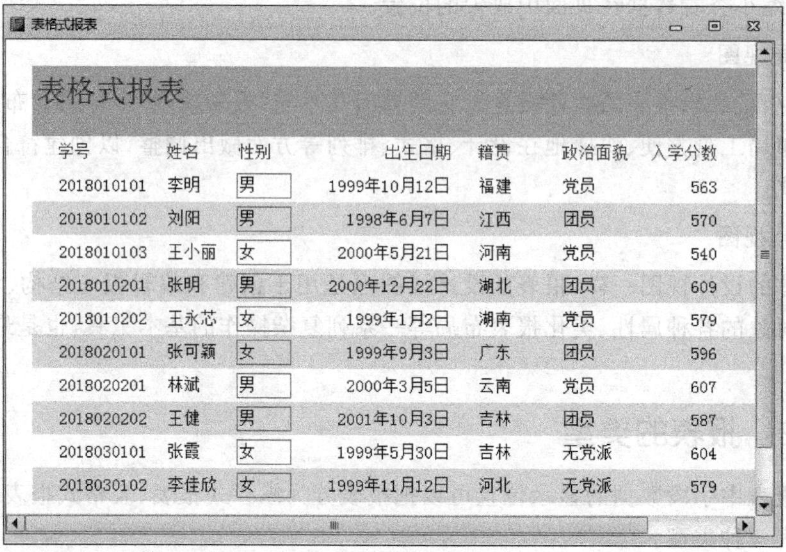

图 6.2　表格式报表

3. 图表报表

图表报表用图表的形式显示记录数据，可以直观地表示出数据之间的关系，如图 6.3 所示。

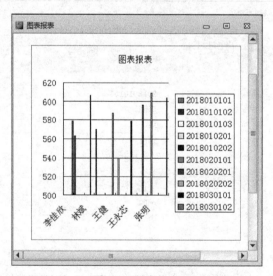

图 6.3　图表报表

4. 标签报表

标签报表的布局与生活中使用的名片结构类似，它是一种特殊形式的报表，主要用于输出和打印不同规格的标签，例如，价格标签、书签标签、信封等，如图 6.4 所示。

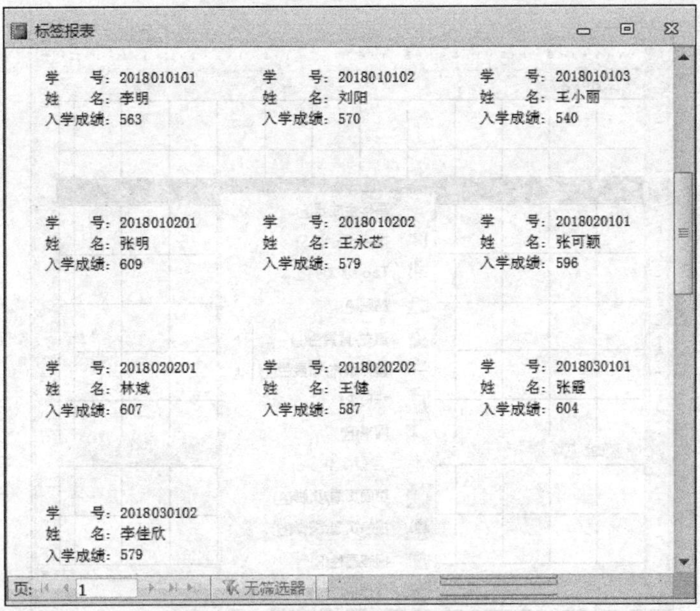

图 6.4　标签报表

6.1.3　报表的组成

报表的结构和组成是由报表设计器决定的。报表设计器即报表的设计视图,是设计复杂报表必须使用的工具。报表通常包含报表页眉、页面页眉、组页眉、主体、组页脚、页面页脚和报表页脚 7 个部分,这些基本部分也称为报表节。每一个节都有其特定的用途并按照一定的顺序出现在报表中,并且不同节的内容在输出时所处的位置也不相同,即节决定了自己下属对象的实际输出位置。

新建的报表设计视图窗口只包括页面页眉、主体和页面页脚 3 部分,右击设计视图的空白区域,选择快捷菜单中的“报表页眉/页脚”命令,添加对应的节,如图 6.5 所示。按此方法也可以删除相应的节,下面详细介绍各报表的作用和功能。

1. 报表页眉

报表页眉是整个报表的开始部分,通常只在输出报表第 1 页的头部显示或打印一次,用来显示报表的封面、标题、说明性文字、图形、制作时间或制作单位等。这些信息只需输出一次,因此每个报表只有一个报表页眉,一般位于页面页眉之前。如果在报表页眉中放置“总和”类聚合函数的计算控件时,该函数将计算整个报表的总和。

2. 页面页眉

页面页眉中的内容会在报表的每一页开始处打印输出,用于显示报表每一列的标题,一般为数据表的字段名。

报表的每一页有一个页面页眉,以保证多页输出时,在报表的每一页都有表头,因此使用页面页眉可在每页上重复报表标题。

图 6.5 报表设计视图

3. 组页眉

根据需要,在报表设计 5 个基本的节区域的基础上,还可以使用"排序和分组"属性设置"组页眉/组页脚"区域,以实现报表的分组输出和分组统计。组页眉节主要安排文本框或其他类型控件显示分组字段等数据信息。

根据需要可以建立多层次的组页眉及组页脚,但不可分出太多层。

4. 主体

主体是报表输出数据的最主要的区域,是报表输出的关键内容,是不可或缺的部分。主体的对象本质上就是窗体中的文本框控件。这些对象的值随着记录的不同,输出的结果也不同,因此,它们常用于表示动态信息。页面页眉中的控件是标签控件,是一种静态信息。

5. 组页脚

组页脚主要安排文本框或其他类型控件显示分组统计数据。打印输出时,其数据显示在每组结束位置。在实际操作中,组页眉和组页脚可以根据需要单独设置使用。

6. 页面页脚

页面页脚与页面页眉对应,这里的内容在报表的每一页的底部打印输出。一般用于设计报表本页的汇总统计信息。

7. 报表页脚

报表页脚与报表页眉对应,它的内容仅在报表的最后一页底部打印输出。报表页脚用于显示整个报表的汇总结果或说明信息。

6.2 创建报表

Access 2010 提供了多种创建报表的方式,可以通过单击功能区"创建"选项卡下的

图 6.6 "报表"组

"报表"组提供的方式创建报表,如图 6.6 所示。

1. 报表

利用"报表"按钮创建报表是最快捷、最方便的一种方式。它利用当前选定的数据表或查询自动创建报表,创建的报表效果与表格式报表类似。

2. 报表设计

"报表设计"按钮是报表设计中使用最多、最灵活的工具。它不仅可以修改、编辑其他方式创建的报表,而且它在进入"报表设计"视图后,设计者还可以通过添加各种控件对象,自己组织报表的布局。

3. 空报表

利用"空报表"按钮可以直接将选定的数据表字段添加到报表中创建报表。

4. 报表向导

利用"报表向导"按钮可以借助向导的提示一步步完成报表的创建。"报表向导"创建的报表结构比较单一,如果希望创建格局更丰富、适用多种需求的报表,可在此基础上使用"报表设计"进行修改。

5. 标签

利用"标签"按钮可以运用"标签"向导可创建一组标签报表。

6.2.1 使用"报表"按钮创建报表

使用功能区"创建"选项卡下"报表"组中的"报表"按钮创建报表是一种最简单、最快捷的方式。该方法创建报表的过程不向用户提示信息,只需在单击"报表"按钮之前选定报表的数据源,然后单击该按钮即可生成报表。

【例 6.1】 以"学生信息"表为数据源,使用"报表"按钮创建报表。

操作步骤如下。

(1) 打开"学生管理系统"数据库,单击导航窗格中的"学生信息"表,使其呈现选定状态。

例 6.1

(2) 单击功能区的"创建"选项卡,然后在"报表"组中单击"报表"按钮,生成如图 6.7 所示的报表。

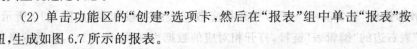

这种方式创建的报表包含了数据源的所有数据项。缺点是布局不够美观,如有需要可在"报表设计"视图中进行修改。

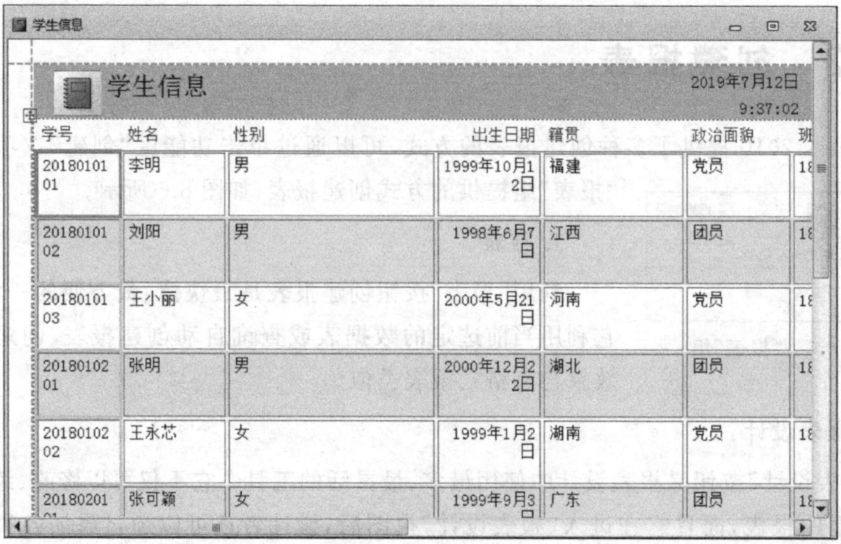

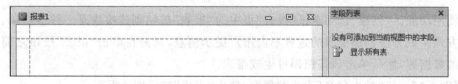

图 6.7 使用"报表"按钮生成的报表

6.2.2 使用"空报表"按钮创建报表

使用"空报表"按钮创建报表是指从一个没有结构的、完全空白的报表开始创建报表。在"空报表"视图中创建报表时,大多是通过直接拖动字段的方式向报表中添加字段,也可以用双击字段的方式向报表中添加字段。

【例 6.2】 使用"空报表"按钮创建"教师信息"表。

操作步骤如下。

(1) 打开"学生管理系统"数据库,单击功能区的"创建"选项卡,然后在"报表"组中单击"空报表"按钮,打开空白报表窗口,该窗口右侧自动显示"字段列表"窗格,如图 6.8 所示。

例 6.2

图 6.8 "空报表"视图

(2) 单击"字段列表"窗格中的"显示所有表",展开数据表名称列表清单,如图 6.9 所示。

(3) 单击"教师信息"表名前的"+"号展开相应数据表的字段列表,如图 6.10 所示。单击"教师信息"表右边的"编辑表"链接,打开相对应的数据表视图(图 6.11),然后编辑数据表中的基础数据值。

(4) 依次双击所需字段,即可将其添加到报表中,或者直接拖动字段将其放入报表。这里依次添加的是"教师编号""姓名""性别""政治面貌"和"职称"字段。

图 6.9 数据源列表   图 6.10 展开字段列表

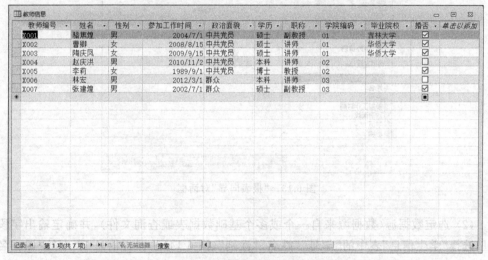

图 6.11 打开"教师信息"视图

（5）单击"保存"按钮，保存报表的名称为"教师信息"，如图 6.12 所示。

图 6.12 使用"空报表"按钮生成的报表

6.2.3 使用"报表向导"按钮创建报表

使用"报表向导"按钮创建报表,数据源不仅可以是数据表和查询,也可以是来自多个表的数据,另外还可以提供数据的分组、排序输出和报表布局样式等功能。向导提示可以完成大部分报表设计的基本操作,因此加快了创建报表的速度。

【例6.3】 使用"报表向导"按钮创建报表,并命名为"表格式学生成绩报表"。

例6.3

操作步骤如下。

(1)打开"学生管理系统"数据库,单击功能区的"创建"选项卡,然后在"报表"组中单击"报表向导"按钮,弹出"报表向导"对话框,如图6.13所示。

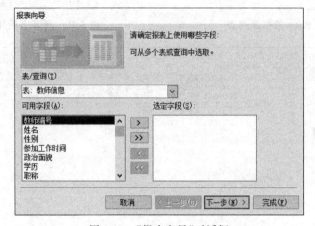

图6.13 "报表向导"对话框

(2)选定数据源(数据源来自一个或多个基础数据表或查询文件),并确定输出字段。这里选择"学生信息"表中的"学号""姓名""性别"(图6.14)、"课程信息"表中的"课程名"(图6.15)和"学生成绩"表中的"成绩"字段(图6.16)。

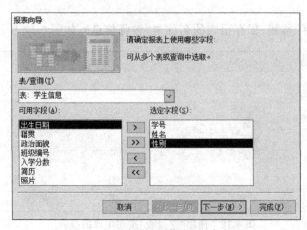

图6.14 选择"学生信息"表中字段

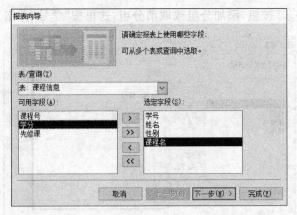

图 6.15 选择"课程信息"表中字段

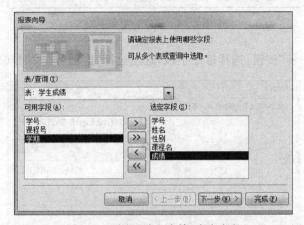

图 6.16 选择"学生成绩"表中字段

注意：如果数据源来自多个基础数据表，数据表之间必须先建立关系，否则无法进入下一步。

（3）单击"下一步"按钮，确定查看数据的方式，如图 6.17 所示。

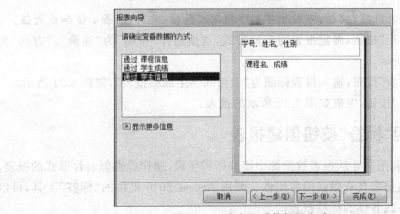

图 6.17 确定查看数据的方式

（4）单击"下一步"按钮，添加分组或取消分组，这里按"学号"分组，如图 6.18 所示。

图 6.18　确定分组依据

（5）单击"下一步"按钮，选择排序字段，这里选择"课程名"，如图 6.19 所示。

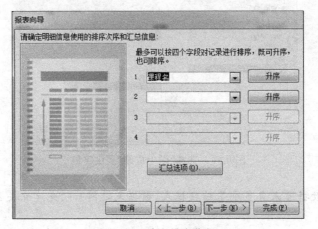

图 6.19　确定排序依据

注意：单击"汇总选项"按钮，可对数字型字段求汇总值、平均值、最小值和最大值。

（6）单击"下一步"按钮，确定报表的布局方式，这里选择"布局"为"递阶"，"方向"为"横向"，如图 6.20 所示。

（7）单击"下一步"按钮，输入报表标题为"表格式学生成绩报表"，如图 6.21 所示。

（8）单击"完成"按钮，生成如图 6.22 所示的报表。

6.2.4　使用"标签"按钮创建报表

标签报表就是利用向导从报表数据源中提取所需字段，制作成类似名片形式的报表。在实际工作中，标签报表具有很强的实用性。利用 Access 2010 提供的"标签"工具，可以方便、灵活地制作各式各样的标签报表。

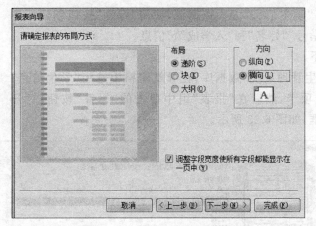

图 6.20 确定报表布局方式

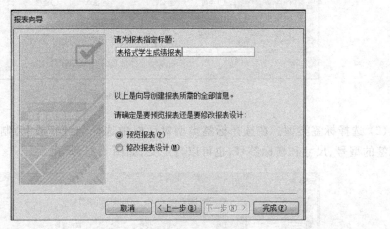

图 6.21 确定报表标题

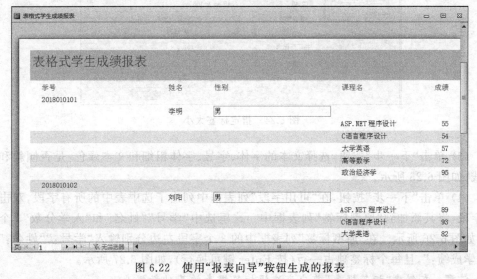

图 6.22 使用"报表向导"按钮生成的报表

【例 6.4】 以"学生信息"表为数据源,使用"标签"按钮创建标签报表,显示学生"学号""姓名"和"入学成绩"信息。

例 6.4

操作步骤如下。

(1) 打开"学生管理系统"数据库,在导航窗格中选定"学生信息"表,单击"创建"选项卡,然后在"报表"组中单击的"标签"按钮,打开"标签向导"对话框,如图 6.23 所示。

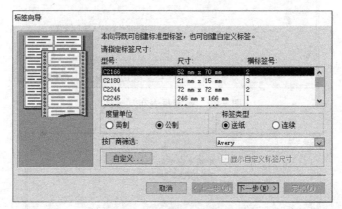

图 6.23 "标签向导"对话框

(2) 选择标签类型。在选择标签类型对话框中选择"英制"或"公制"单选按钮,并确定标签的型号、尺寸和横标签号,也可以自定义,如图 6.24 所示。

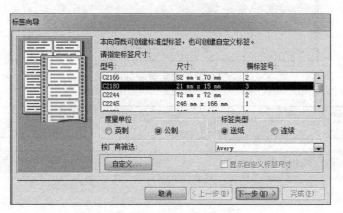

图 6.24 指定标签大小

(3) 单击"下一步"按钮,选择文本的字体、字号、字体粗细和文本颜色,是否倾斜和下划线,如图 6.25 所示。

(4) 单击"下一步"按钮,在"可用字段"列表框中列出了选中表中的所有字段,双击所需字段,将其添加到"原型标签"列表框中。这里选中"学号""姓名"和"入学分数"3 个字段,如图 6.26 所示。在"原型标签"列表框中的 3 个字段左边分别输入"学号:""姓名:"和"入学成绩:",且每个标签独占一行(按 Enter 键可换行),如图 6.27 所示。

注意:在创建"标签报表"前应先选择标签报表的基础数据表。

图 6.25 选择文本的字体和颜色

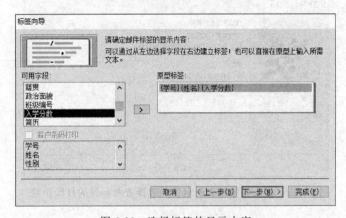

图 6.26 选择标签的显示内容

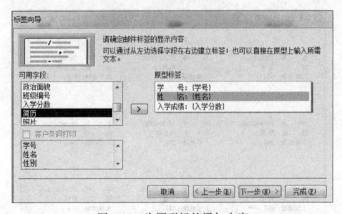

图 6.27 为原型标签添加内容

(5) 单击"下一步"按钮,在字段排序对话框中将"可用字段"列表框中选定的字段移到"排序依据"列表框中,这里的"排序依据"是"学号",如图 6.28 所示。

(6) 单击"下一步"按钮,输入报表名称"学生信息标签报表",选中"查看标签的打印预览"单选按钮,如图 6.29 所示。

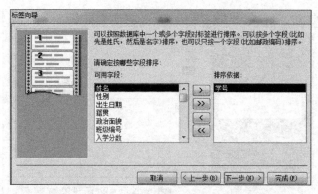

图 6.28　指定标签的排序依据

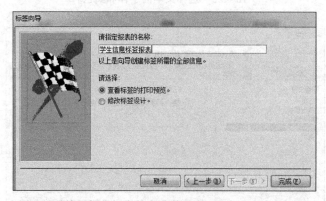

图 6.29　输入标签报表的名称并选择查看标签的打印预览

（7）单击"完成"按钮，预览该标签，结果如图 6.30 所示。

图 6.30　标签报表预览

6.2.5 使用"报表设计"按钮中的"图表向导"功能创建报表

以上创建的报表以数据形式为主。如果要更加直观地将数据以图表的形式表示出来,可以使用"报表设计"按钮中的"图表向导"功能创建报表。

【例 6.5】 使用"图表向导"功能创建以"学生信息"表为数据源的图表报表。

操作步骤如下。

(1) 打开"学生管理系统"数据库,单击功能区"创建"选项卡,然后在"报表"组中单击"报表设计"按钮,创建一个空报表。

例 6.5

(2) 进入设计视图,在功能区"设计"选项卡中,展开"控件向导",如图 6.31 所示。然后在"控件"组件中选择"图表"控件,在"主体"节中拖出一个图表对象区域,同时系统会打开"图表向导"对话框,如图 6.32 所示。

图 6.31 控件向导

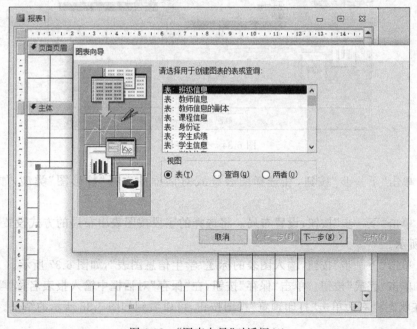

图 6.32 "图表向导"对话框(1)

注意：要让"使用控件向导"选项处于选中状态。

（3）在"图表向导"对话框的"视图"选项区中选择作为报表数据来源的表或查询。这里在"请选择用于创建图表的表或查询"列表框中选择"表：学生信息"，如图6.33所示。

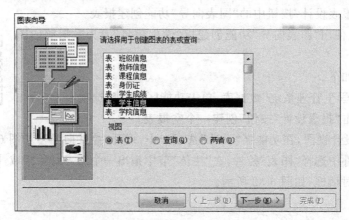

图6.33　"图表向导"对话框(2)

（4）单击"下一步"按钮，在"可用字段"列表框中列出了选中表的所有字段，双击所需字段，将它添加到"用于图表的字段"列表框中，这里选择"姓名""班级编号"和"入学分数"3个字段，如图6.34所示。

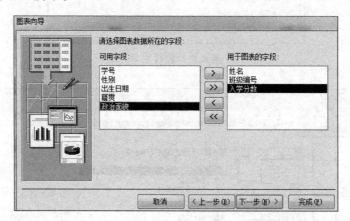

图6.34　选择字段

（5）单击"下一步"按钮，在选择图表样式对话框中选择"柱形图"类型，如图6.35所示。

（6）单击"下一步"按钮，设置布局。将选择的字段按图表中布局的方式设置布局，如图6.36所示。

（7）单击"下一步"按钮，输入图表的标题"学生信息图表"，如图6.37所示。

（8）单击"完成"按钮。单击"保存"按钮，在"保存"对话框中输入报表名称"学生信息图表"，在状态栏右边单击"打印预览"视图按钮，可以看到如图6.38所示的结果。

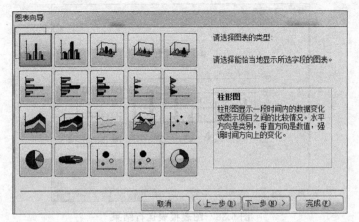

图 6.35 选择图表类型

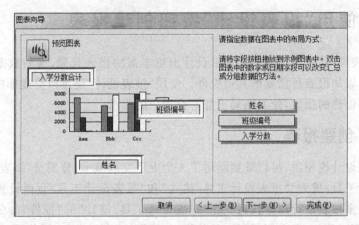

图 6.36 设置布局

图 6.37 输入图表标题

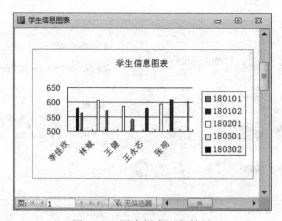

图 6.38　图表报表运行结果

6.3　使用"报表设计"按钮创建报表

使用"报表设计"可以按用户的需求设计出更丰富的报表布局,规划数据在页面上的打印位置以及添加报表所需要的其他控件。使用"报表设计"还可以修改那些使用"报表""报表向导"等创建的报表,使其布局更加符合用户的需求。

6.3.1　创建报表

打开报表设计视图后,可以看到新增了 4 个上下文选项卡,分别是"报表设计工具/设计""报表设计工具/排列""报表设计工具/格式"和"报表设计工具/页面设置",各个选项卡中包含了许多报表设计命令按钮。在"报表设计工具/设计"的"控件"命令组中包含许多报表设计控件,例如,文本框、标签、单选框、复选框、选项组、列表框等,它们在报表的设计过程中经常会用到。控件是设计报表的重要工具,其操作方法和在窗体设计中的操作方法相同。

【例 6.6】　以"学生信息"表为数据源,使用"报表设计"创建报表,报表名称为"学生情况报表"。

操作步骤如下。

例 6.6

(1) 打开"学生管理系统"数据库,单击功能区"创建"选项卡,然后在"报表"组中单击"报表设计"按钮,系统将自动创建一个空白报表。

(2) 右击空白报表,在弹出的快捷菜单中选择"报表页眉/页脚"命令,添加"报表页眉"节和"报表页脚"节。

(3) 在空白报表中右击,在弹出的快捷菜单中选择"属性"命令,打开"属性表"窗口,在"所选内容的类型"中选择"报表",将"数据"选项卡中的"记录源"属性设置为"学生信息"表,如图 6.39 所示。

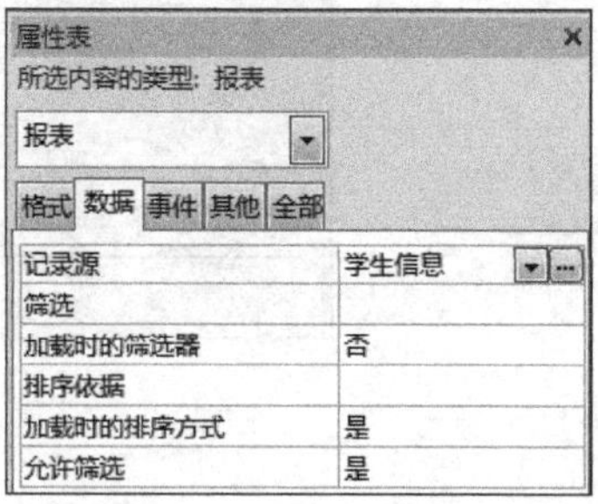

属性表	✕
所选内容的类型: 报表	
报表	▼
格式　数据　事件　其他　全部	
记录源	学生信息　▼ …
筛选	
加载时的筛选器	否
排序依据	
加载时的排序方式	是
允许筛选	是

图 6.39　"属性表"窗口

（4）在"报表设计工具/设计"选项卡下，单击"工具"组中的"添加现有字段"按钮，打开"字段列表"对话框，如图 6.40 所示。依次双击要添加的字段或插入所需字段到报表指定的位置，如图 6.41 所示。

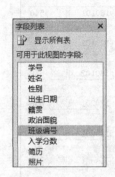

图 6.40 字段列表

图 6.41 选择字段后的报表设计视图

（5）此时形成的报表布局和纵栏式报表相似，如果想输出表格式的报表，需选中"主体"节中的所有控件，单击功能区"排列"选项卡下"表"组中的"表格"按钮，此时报表设计视图如图 6.42 所示。设计者也可以手动将需要的对象移到相应的节中。由此可以看出，用"报表"或"报表向导"等方式生成初步的格局，再由"报表设计"进行编辑修改效果更好。

图 6.42 调整控件后的报表设计

（6）在报表页眉中添加一个"标签"控件，输入标题"学生情况报表"，然后调整控件的大小和"主体"节的高度，在属性表中设置标签格式，其中，字体为"华文楷体"、字号为20、文本"居中"对齐。

（7）单击"保存"按钮，将报表保存为"学生情况报表"，在状态栏右边单击"打印预览"视图按钮，效果如图 6.43 所示。

6.3.2 报表的统计计算

报表的主要目的是输出数据库中保存的数据。在实际应用中，报表除了输出基础数据，常常还需要包含统计计算的结果。

1. 报表节中的统计计算规则

在 Access 2010 中，报表是按节设计的，选择用来放置计算型控件的报表节非常重

图 6.43　学生情况报表

要。对于使用 Sum、Avg、Count、Max、Min 等聚合函数的计算型控件,Access 2010 将根据控件所在的位置(选中的报表节)确定如何计算结果,具体规则如下。

(1) 如果计算型控件放在"报表页眉"节或"报表页脚"节中,则计算结果是针对整个报表的。

(2) 如果计算型控件放在"组页眉"节或"组页脚"节中,则计算结果是针对当前组的。

(3) 聚合函数在"页面页眉"节和"页面页脚"节中无效。

(4) "主体"节中的计算型控件对数据源中的每一行打印一次计算结果。

2. 使用计算型控件进行统计计算

在 Access 2010 中,使用计算型控件进行统计计算并输出结果有以下两种操作方式。

(1) 针对一条记录的横向计算

对一条记录的若干字段求和或计算平均值,可以在"主体"节中添加计算型控件,并设置计算型控件的"控件来源"属性为相应字段的运算表达式。

(2) 针对多条记录的纵向计算

多数情况下,报表统计计算是针对一组记录或所有记录完成的。如果要对一组记录进行计算,可以在该组的"组页眉"节或"组页脚"节中创建一个计算型控件;如果要对整个报表进行计算,可以在该报表的"报表页眉"节或"报表页脚"节中创建一个计算型控件。通常情况下使用 Access 2010 提供的内置统计函数完成相应的计算操作。

【例 6.7】　修改例 6.6"学生情况报表",根据学生的"出生日期"字段,使用计算型控件计算出学生的年龄。

例 6.7

操作步骤如下。

(1) 打开例 6.6 中"学生情况报表"报表的设计视图。

(2) 将原来的"出生日期"控件从"页面页眉"节和"主体"节中删除。在"主体"节"性别"后添加文本框控件,在"属性表"中将控件名称改为"年龄",把其附属的标签控件移到对应的页面页眉位置,并将其标题属性改为"年龄",如图 6.44 所示。

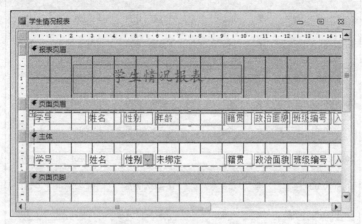

图 6.44　修改控件

(3) 选择"年龄"控件,打开"属性表",将其"控件来源"设为"＝Year(Date())－Year([出生日期])",如图 6.45 所示。

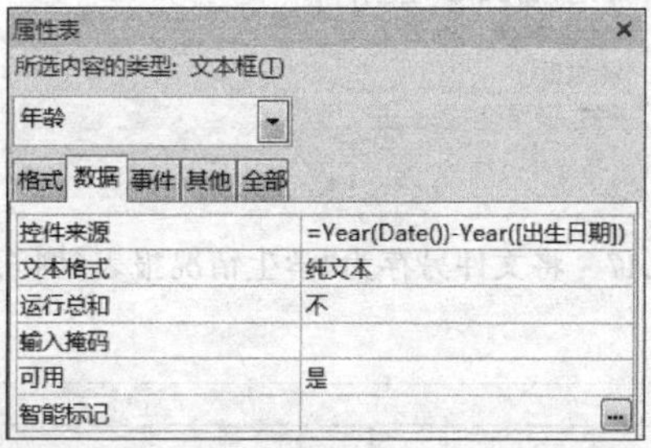

图 6.45　"年龄"控件"控件来源"属性设置

(4) 在状态栏右侧单击"打印预览"视图按钮,效果如图 6.46 所示。单击"文件"菜单,选择"对象另存为"命令,弹出"另存为"对话框,将报表另存为"学生情况报表(例 6.7)",如图 6.47 所示,单击"确定"按钮保存。

注意:"控件来源"中的表达式运算符号必须是英文模式。

【**例 6.8**】　在例 6.7 的基础上,最后显示出全体学生的平均年龄。

操作步骤如下。

(1) 打开"学生情况报表(例 6.7)"报表的设计视图。

(2) 在"报表页脚"节中添加一个文本框,将其"控件来源"属性设置

例 6.8

为"＝Avg(Year(Date())－Year([出生日期]))",并将附属标签控件的"标题"属性改为"平均年龄",这时报表的设计视图如图 6.48 所示。

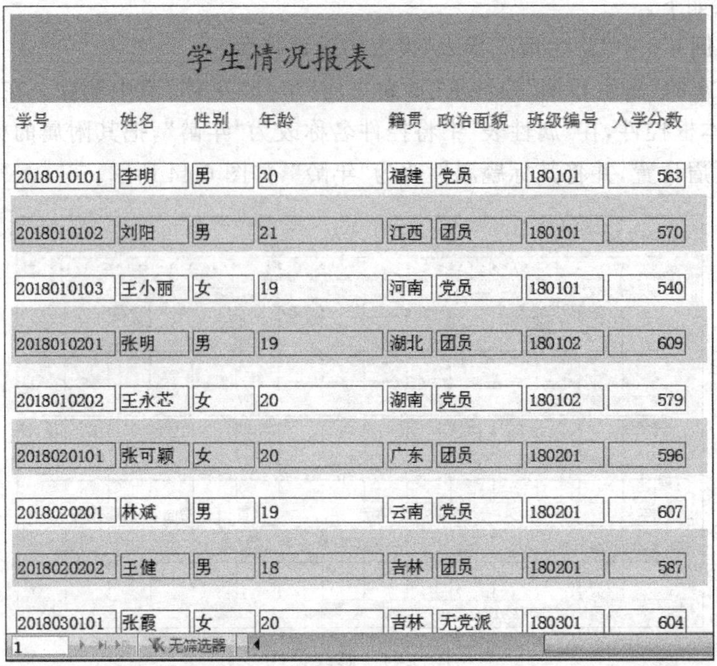

学生情况报表
学号 姓名 性别 年龄 籍贯 政治面貌 班级编号 入学分数
2018010101 李明 男 20 福建 党员 180101 563
2018010102 刘阳 男 21 江西 团员 180101 570
2018010103 王小丽 女 19 河南 党员 180101 540
2018010201 张明 男 19 湖北 团员 180102 609
2018010202 王永芯 女 20 湖南 党员 180102 579
2018020101 张可颖 女 20 广东 团员 180201 596
2018020201 林斌 男 19 云南 党员 180201 607
2018020202 王健 男 18 吉林 团员 180201 587
2018030101 张霞 女 20 吉林 无党派 180301 604
1
无筛选器

图 6.46 计算年龄后的报表效果

另存为
?
将"学生情况报表"另存为:
学生情况报表(例6.7)
保存类型(A)
报表
确定
取消

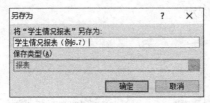

图 6.47 将文件另存为"学生情况报表(例 6.7)"

报表页眉
学生情况报表
页面页眉
学号 姓名 性别 年龄 籍贯 政治面貌 班级编号 入学分数
主体
学号 姓名 性别 =Year(Date() 籍贯 政治面貌 班级编号 入学分数
页面页脚
报表页脚
平均年龄: =Avg(Year(Date())-Year([出生日期]))

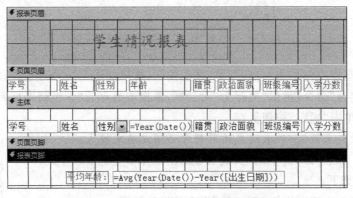

图 6.48 在"报表页脚"节中添加平均年龄

(3) 在状态栏右侧单击"打印预览"视图按钮,效果如图 6.49 所示。单击"文件"菜单,选择"对象另存为"命令,将报表另存为"学生情况报表(例 6.8)"。

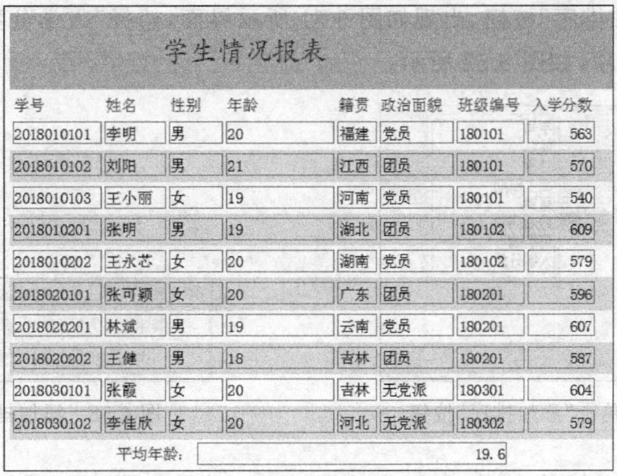

学生情况报表							
学号	姓名	性别	年龄	籍贯	政治面貌	班级编号	入学分数
2018010101	李明	男	20	福建	党员	180101	563
2018010102	刘阳	男	21	江西	团员	180101	570
2018010103	王小丽	女	19	河南	党员	180101	540
2018010201	张明	男	19	湖北	团员	180102	609
2018010202	王永芯	女	20	湖南	党员	180102	579
2018020101	张可颖	女	20	广东	团员	180201	596
2018020201	林斌	男	19	云南	党员	180201	607
2018020202	王健	男	18	吉林	团员	180201	587
2018030101	张霞	女	20	吉林	无党派	180301	604
2018030102	李佳欣	女	20	河北	无党派	180302	579
平均年龄：							19.6

图 6.49　添加了平均年龄的报表

6.3.3　报表的排序和分组

对报表排序和分组是报表设计中的重要操作，可以将数据重新组织并呈现在报表中，从而满足用户的不同需求。

1. 排序

数据表中记录的顺序是按照输入的先后顺序排列的，即按照记录的物理顺序排列。有时，需要将记录按照一定特征排列，这就是排序。

【例6.9】 修改例6.8中"学生情况报表（例6.8）"报表，将其记录按"入学分数"降序输出。

例6.9

操作步骤如下。

(1) 打开例6.8中"学生情况报表（例6.8）"的设计视图。

(2) 单击"报表设计工具/设计"选项卡，然后在"分组和汇总"组中单击"分组和排序"按钮，在窗体下方显示"分组、排序和汇总"窗口，如图6.50所示。

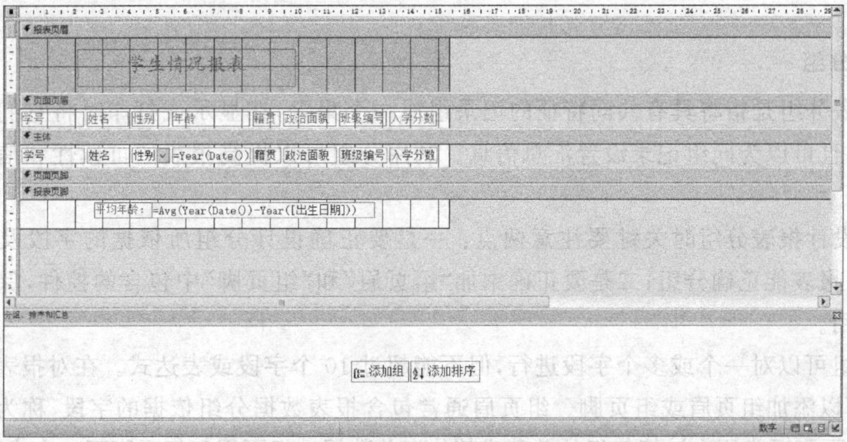

图 6.50　打开"分组、排序和汇总"窗口

（3）单击"添加排序"按钮，出现如图 6.51 所示界面，选择"入学分数"字段，在"排序"栏里选择"降序"选项，如图 6.52 所示。

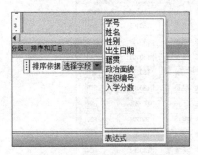

图 6.51 单击"添加排序"按钮

图 6.52 添加排序字段

（4）在状态栏右侧单击"打印预览"视图按钮，效果如图 6.53 所示。单击"文件"菜单，选择"对象另存为"命令，将报表另存为"学生情况报表（例 6.9）"。

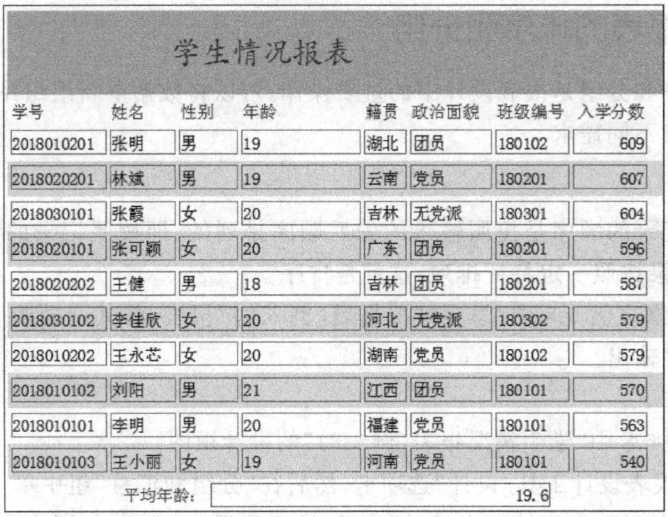

学生情况报表

学号	姓名	性别	年龄	籍贯	政治面貌	班级编号	入学分数
2018010201	张明	男	19	湖北	团员	180102	609
2018020201	林斌	男	19	云南	党员	180201	607
2018030101	张霞	女	20	吉林	无党派	180301	604
2018020101	张可颖	女	20	广东	团员	180201	596
2018020202	王健	男	18	吉林	团员	180201	587
2018030102	李佳欣	女	20	河北	无党派	180302	579
2018010202	王永芯	女	20	湖南	党员	180102	579
2018010102	刘阳	男	21	江西	团员	180101	570
2018010101	李明	男	20	福建	党员	180101	563
2018010103	王小丽	女	19	河南	党员	180101	540
平均年龄：						19.6	

图 6.53 排序后报表预览效果

2. 分组

报表分组是指将具有共同特征的记录组成一个集合，在显示或打印时将它们集中在一起，并且可以为同组记录设置汇总信息。利用分组可以提高报表的可读性和信息的利用率。

在设计报表分组时关键要注意两点：一是要正确设计分组所依据的字段及其组属性，保证报表能正确分组；二是要正确添加"组页眉"和"组页脚"中包含的控件，保证报表美观实用。

分组可以对一个或多个字段进行，但不能超过 10 个字段或表达式。在对报表进行分组时，可以添加组页眉或组页脚。组页眉通常包含报表数据分组依据的字段，称为分组字段，而组页脚通常用来计算每组的总和或其他汇总数据。组页眉和组页脚不一定成对出现。

【例 6.10】 修改例 6.9 的"学生情况报表（例 6.9）"，将报表按"班级编号"字段进行分组统计，并求出每班的入学分数平均分。

例 6.10

操作步骤如下。

（1）打开例 6.9 中"学生情况报表（例 6.9）"报表的设计视图。

（2）单击"报表设计工具/设计"选项卡，然后在"分组和汇总"组中单击"分组和排序"按钮，在窗体下方显示"分组、排序和汇总"窗口。

（3）单击"添加组"按钮，选择"班级编号"字段，并按"班级编号"字段升序排列。设置"班级编号"字段有页眉节和页脚节，同时把"班级编号"分组上移，使其放在"入学分数"排序的上面，如图 6.54 所示。

图 6.54 "分组、排序和汇总"窗口设计

（4）将"页面页眉"节中的"班级编号"标签和"主体"节中的"班级编号"文本框移到"班级编号页眉"节处，并调整其他控件到合适位置。

（5）在"班级编号页脚"节处添加计算型控件（文本框控件），求出各班的入学分数平均分，如图 6.55 所示。在其"属性表"中将"格式"属性设置为"固定"，"小数位数"属性设置为 1，保留一位小数。

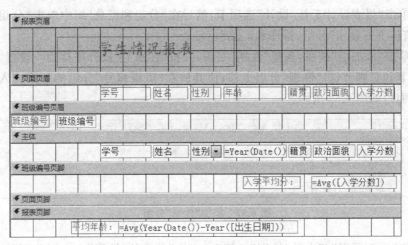

图 6.55 分组报表设计视图

（6）在状态栏右侧单击"打印预览"视图按钮，效果如图 6.56 所示。单击"文件"菜单，选择"对象另存为"命令，将报表另存为"学生情况报表（例 6.10）"。

例 6.11

【例 6.11】 在例 6.10"学生情况报表（例 6.10）"报表的基础上，对所有记录按"班级编号"字段和"性别"字段的顺序进行两级分组，并分别统

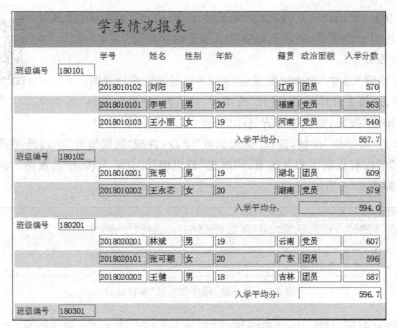

图 6.56　分组设计报表显示效果

计每个班男女生人数、男女生所占百分比。

操作步骤如下。

(1) 打开例 6.10 中"学生情况报表(例 6.10)"报表的设计视图。

(2) 单击"报表设计工具/设计"选项卡,然后在"分组和汇总"组中单击"分组和排序"按钮,在窗体下方显示"分组、排序和汇总"窗口。

(3) 单击"添加组"按钮,选择"性别"字段,并按"性别"字段升序排列。设置"性别"字段有页眉节和页脚节(将"性别"分组上移,使其放在"班级编号"分组的下面,"入学分数"分组的上面),如图 6.57 所示。

图 6.57　添加"性别"分组

(4) 将"页面页眉"节中的"性别"标签和"主体"节中的"性别"文本框移到"性别页眉"节处,并调整其他控件到合适位置。

(5) 在"性别页脚"节处添加计算型控件,求出男女生人数和所占百分比。

① 在"班级编号页脚"添加一个计算型控件(文本框控件),求出每个班的人数。将文本框附属标签控件删除,在该文本框控件中输入计算表达式"＝Count([学号])",并在其"属性表"中将文本框"名称"属性改为"人数总计","可见"属性设置为"否"。

② 在"性别页脚"处添加一个计算型控件(文本框控件),用来统计男女生人数。将文

本框附属标签控件的"标题"属性改为"小计："，在该文本框中输入计算表达式"＝Count（[学号]）"，并在其"属性表"中将文本框"名称"属性改为"人数小计"。

③ 在"性别页脚"处再添加一个文本框，用来统计男女生人数百分比。将文本框附属标签控件的"标题"属性改为"所占百分比："，在该文本框中输入计算表达式"＝[人数小计]/[人数总计]"，并在其"属性表"中将文本框"格式"属性设置为"百分比"，"小数位数"设置为1，即保留一位小数，如图6.58所示。

图 6.58　二级分组设计视图

（6）在状态栏右侧单击"打印预览"视图按钮，效果如图6.59所示。单击"文件"菜单，选择"对象另存为"命令，将报表另存为"学生情况报表（例6.11）"。

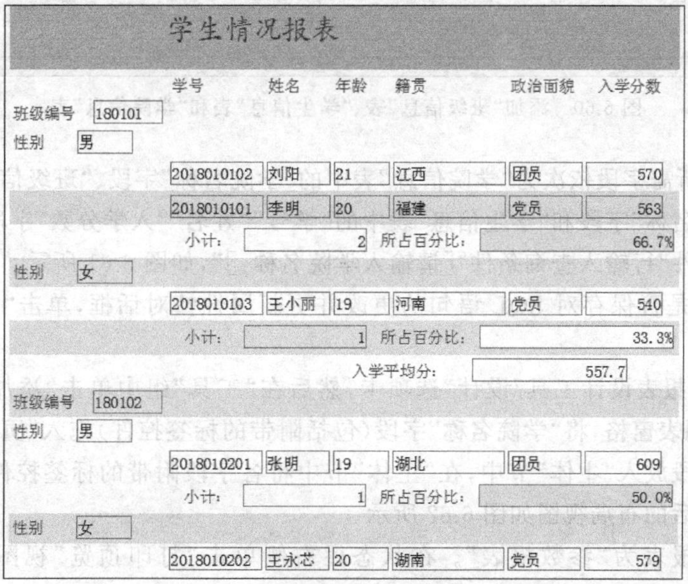

图 6.59　二级分组设计报表显示效果

6.3.4　创建具有参数查询功能的报表

前面介绍的各种报表都是将数据库后台的数据以各种组织形式放入报表中以供用户浏览,这些报表中的数据源都是创建报表时或创建报表前就已经准备好的内容,因此,报表预览或打印过程输出的数据是相对固定的,实际上报表使用过程也可以具有交互性。

在 4.5 节介绍过参数查询,同样报表也有此功能。

【例 6.12】　按输入的"学院名称"输出该学院的招生情况。

操作步骤如下。

例 6.12

(1) 打开"学生管理系统"数据库,使用"报表设计"创建一个空报表。

(2) 在空报表的"属性表"窗口中,单击"记录源"右侧的 按钮,打开"报表 1:查询生成器"窗口。依次添加"班级信息"表、"学生信息"表和"学院信息"表,如图 6.60 所示。

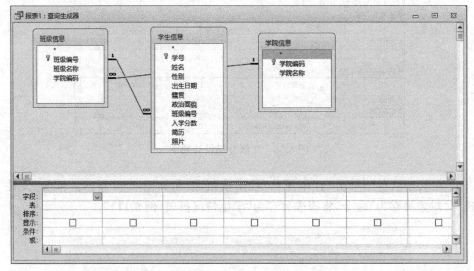

图 6.60　添加"班级信息"表、"学生信息"表和"学院信息"表

(3) 查询所需字段依次为"学院信息"表中的"学院名称"字段、"班级信息"表中的"班级编号""班级名称"字段和"学生信息"表中的"学号""姓名""入学分数"字段。在"学院名称"字段的"条件"行输入查询条件"[请输入学院名称:]",如图 6.61 所示。关闭查询生成器,弹出询问"是否保存对 SQL 语句的更改并更新属性?"对话框,单击"是"按钮,保存更改。

(4) 单击"报表设计工具/设计"选项卡,然后在"工具"组中单击"添加现有字段"按钮,打开字段列表窗格,将"学院名称"字段(包括附带的标签控件)拖入"页面页眉"节中,依次把其他字段放入"主体"节中,在"主体"节中将各字段附带的标签控件移到"页面页眉"节中,调整后的布局视图如图 6.62 所示。

(5) 保存报表为"参数报表"。在状态栏右侧单击"打印预览"视图按钮,弹出如图 6.63所示的对话框,输入"信息管理学院",预览效果如图 6.64 所示。

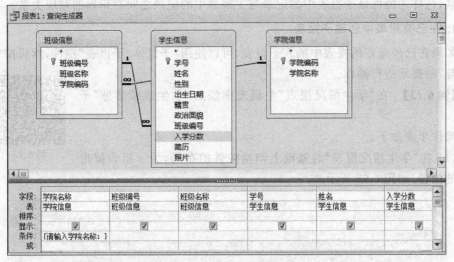

报表1：查询生成器
班级信息
*
班级编号
班级名称
学院编码
学生信息
*
学号
姓名
性别
出生日期
籍贯
政治面貌
班级编号
入学分数
简历
照片
学院信息
*
学院编码
学院名称
字段：
表：
排序：
显示：
条件：
或：
学院名称
学院信息
[请输入学院名称：]
班级编号
班级信息
班级名称
班级信息
学号
学生信息
姓名
学生信息
入学分数
学生信息

图 6.61　定义参数报表的查询条件

页面页眉
学院名称
学院名称
班级编号
班级名称
学号
姓名
入学分数
主体
班级编号
班级名称
学号
姓名
入学分数

图 6.62　定义报表布局

输入参数值
请输入学院名称：
确定
取消

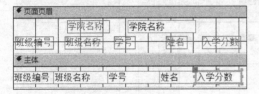

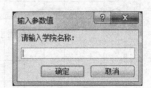

图 6.63　“输入参数值”对话框

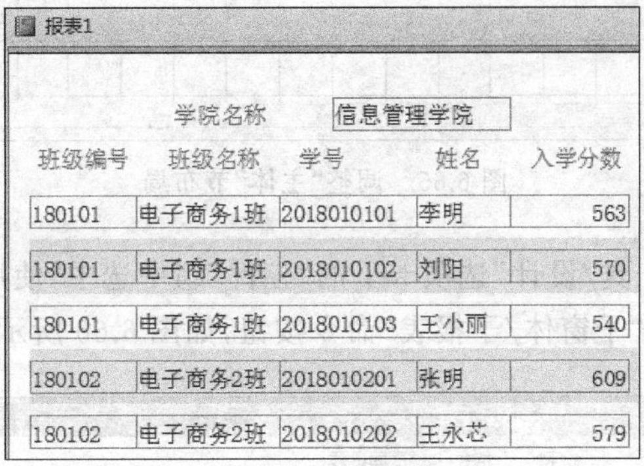

报表1
学院名称
信息管理学院
班级编号
班级名称
学号
姓名
入学分数
180101
电子商务1班
2018010101
李明
563
180101
电子商务1班
2018010102
刘阳
570
180101
电子商务1班
2018010103
王小丽
540
180102
电子商务2班
2018010201
张明
609
180102
电子商务2班
2018010202
王永芯
579

图 6.64　参数报表预览效果图

6.3.5　创建主/子报表

子报表是出现在另一个报表内部的报表，包含子报表的报表称为主报表。使用子报表可以将主报表数据源中的数据和子报表数据源中对应的数据同时呈现在一个报表中，从而更加清楚地表现两个数据源及其联系。

在创建子报表之前，首先要确保主报表数据源和子报表数据源之间已经建立了正确的关联,这样才能保证子报表中的记录与主报表中的记录之间有正确的对应关系。

1. 在已有报表中创建子报表

如果在已经建好的报表中插入子报表,可以使用"子窗体/子报表"控件,然后按"子报表向导"的提示进行操作。

【**例 6.13**】 在"学生情况报表"主报表中添加"学生成绩信息"子报表。

操作步骤如下。

(1) 在"学生情况报表"的基础上调整控件的布局,为子报表留出合适的位置,如图 6.65 所示。

例 6.13

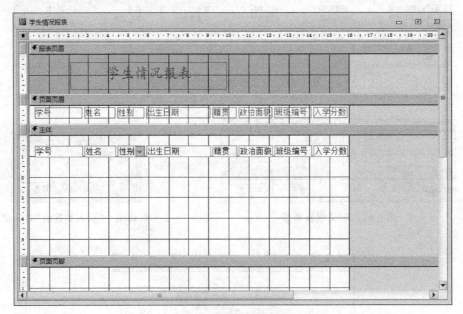

图 6.65 调整"主体"节布局

(2) 在"报表设计工具/设计"选项卡下的"控件"组中选中"使用控件向导"命令按钮,单击"控件"命令组中的"子窗体/子报表"命令按钮,如图 6.66 所示,然后单击需要放置子

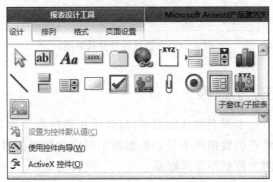

图 6.66 选择"子窗体/子报表"命令按钮

报表的位置,弹出"子报表向导"第 1 个对话框,如图 6.67 所示。在该对话框中选择子报表的数据来源,共有两个单选按钮,其中"使用现有的表和查询"单选按钮用于创建基于表和查询的子报表;"使用现有的报表窗体"单选按钮用于创建基于报表和窗体的子报表。此处选中"使用现有的表和查询"单选按钮。

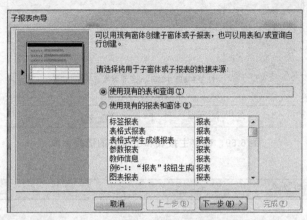

图 6.67 选择子报表的数据来源

(3) 单击"下一步"按钮,弹出"子报表向导"第 2 个对话框,首先选择子报表的数据源表或查询,然后选择子报表中包含的字段。这里将"学生成绩"表中的"学号""课程号"和"成绩"字段作为子报表的字段移入右侧的"选定字段"列表框中,如图 6.68 所示。

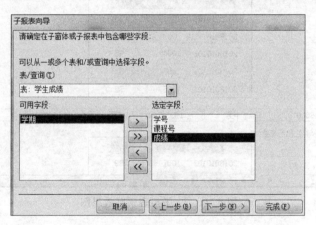

图 6.68 选择子报表中包含的字段

(4) 单击"下一步"按钮,弹出"子报表向导"第 3 个对话框,确定主报表和子报表的链接字段,可以从列表中选择,也可以由用户自定义。这里选中"自行定义"单选按钮,分别设置"窗体/报表字段"和"子窗体/子报表字段",如图 6.69 所示。

(5) 单击"下一步"按钮,弹出"子报表向导"第 4 个对话框,为子报表指定名称为"学生成绩信息",单击"完成"按钮,然后根据需要适当调整报表的版面布局。保存报表为"学生情况主/子报表",在状态栏右侧单击"打印预览"视图按钮,效果如图 6.70 所示。

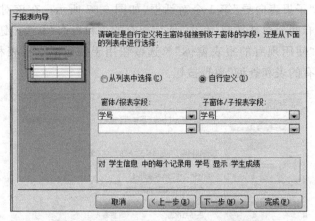

图 6.69 确定主报表和子报表的链接字段

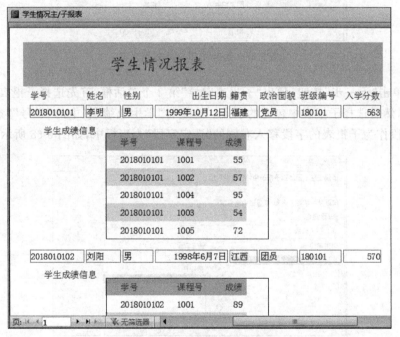

图 6.70 主/子报表预览效果图

2. 将报表添加到其他报表中建立子报表

在 Access 2010 数据库中,可以先分别创建两个报表,然后将一个报表添加到另一个报表中。操作方法如下。

(1) 在报表设计视图中打开作为主报表的报表。

(2) 将希望作为子报表的报表从导航窗格拖到主报表中需要添加子报表的节区,这样 Access 2010 就会自动将子报表控件添加到主报表中。

(3) 调整、保存并预览报表。

6.3.6 报表的修饰

修饰报表是指除了在报表中显示所需要的主体内容以外,还增加了一些修饰功能,以使报表的表现力更强。

1. 添加徽标

在报表中添加徽标的操作方法是:使用设计视图打开报表,在"报表设计工具/设计"选项卡下的"页眉/页脚"组中单击"徽标"命令按钮,在弹出的"插入图片"对话框中选择图片所在的目录及图片文件,然后单击"确定"按钮。

2. 添加当前日期和时间

在报表设计视图中给报表添加当前日期和时间的操作方法是:使用设计视图打开报表,在"报表设计工具/设计"选项卡下的"页眉/页脚"组中单击"日期和时间"命令按钮,在弹出的"日期和时间"对话框中选择显示日期、时间和格式,然后单击"确定"按钮。

此外,也可以在报表上添加一个文本框,然后设置其"控件来源"属性为日期或时间的计算表达式,例如,"=Date()"或"=Time()",使用此种方法也可以显示日期或时间。该控件可以被安排在报表的任何节中。

3. 添加分页符

在报表中使用分页符控制分页显示的操作方法是:使用设计视图打开报表,在"报表设计工具/设计"选项卡下的"控件"命令组中单击"插入分页符"命令按钮,然后在报表中需要设置分页符的位置单击,则分页符会以短虚线的形式标记在报表的左边界。

4. 添加页码

在报表中添加页码的操作方法是:使用设计视图打开报表,在"报表设计工具/设计"选项卡下的"页眉和页脚"命令组中单击"页码"命令按钮,然后在弹出的"页码"对话框中根据需要选择相应的页码格式、位置和对齐方式。

在 Access 2010 中,Page 和 Pages 是两个内置变量,Page 代表当前页号,Pages 代表总页数。用户可以利用字符运算符"&"构造一个字符表达式,将此表达式作为"页面页脚"节中一个文本框控件的"控件来源"属性值,这样就可以输出页码了。例如,用表达式"="第"&[Page]&"页""来打印页码,其页码形式为"第×页",而用表达式"="第"&[Page]&"页",共"&[Pages]&""页""来打印页码的形式为"第×页,共×页"。

【例 6.14】 为例 6.6 的"学生情况报表"添加页码,并在报表页眉加入"徽标"。

操作步骤如下。

(1) 在报表设计视图中打开例 6.6 设计的"学生情况报表"报表。

(2) 单击功能区"报表设计工具/设计"选项卡,然后在"页眉/页脚"

例 6.14

组中单击"页码"按钮,打开"页码"对话框,选择页码格式和页码位置,并确定页码的对齐方式,如图 6.71 所示,单击"确定"按钮。

(3) 单击功能区"报表设计工具/设计"选项卡下"页眉/页脚"组中的"徽标"按钮,在

弹出的"插入图片"对话框中选择图片所在的目录及图片
文件,然后单击"确定"按钮,如图 6.72 所示。

(4) 单击"文件"菜单,选择"对象另存为"命令,将报
表另存为"学生情况报表(例 6.14)"。

图 6.71　页码格式设置

5. 添加线条和矩形

在报表设计中,可以通过添加线条或矩形修饰报表版
面,以更加形象地显示效果。

在报表上绘制线条的操作方法是:使用设计视图打
开报表,在"报表设计工具/设计"选项卡下的"控件"命令
组中单击"直线"命令按钮,然后单击报表的任意一处,创建默认长度的线条,或通过单击
并拖动的方式创建任意长度的线条。

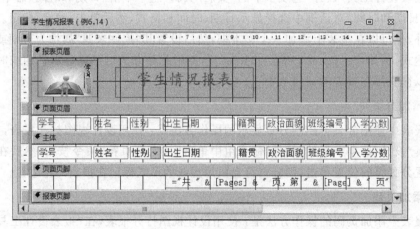

图 6.72　插入"徽标"

在报表上绘制矩形的操作方法是:使用设计视图打开报表,在"报表设计工具/设计"
选项卡下"控件"命令组中单击"矩形"命令按钮,然后单击报表的任意一处,创建默认大小
的矩形,或通过拖动方式创建任意大小的矩形。

6. 设定报表的外观

在 Access 2010 中设定报表的外观有两种常用方式:一种是使用报表主题设定报表
的外观;另一种是使用报表属性设定报表的外观。

(1) 使用报表主题设定报表的外观。在设计视图中打开报表,在"报表设计工具/设
计"选项卡下的"主题"命令组中单击"主题"命令按钮,然后在打开的主题格式列表中选择
主题格式。设置完成后,报表的主题格式会应用到报表上,报表以及报表控件的字体、颜
色和边框属性会相应发生改变。在设定主题格式以后,还可以继续在"属性表"任务窗格
中修改报表的格式属性。

(2) 使用报表属性设定报表的外观。在设计视图中打开报表,单击"报表设计工具/
设计"选项卡,然后在"工具"命令组中单击"属性表"命令按钮,打开"属性表"任务窗格,在
所有对象下拉列表框中选择"报表",并单击"格式"选项卡,从中设定报表的外观,如报表

的大小、边框样式等。另外,报表自身的一些控件也可以在"格式"选项卡中设置是否显示,如"关闭"按钮、"最大化"按钮、"最小化"按钮和滚动条等。

7. 定义输出数据的条件格式

在报表输出的大量数据中,如果希望一些数据有别于其他的数据输出格式,则需要对这批数据定义条件格式。

【例 6.15】 对例 6.6 完成的"学生情况报表"报表做修改,使入学分数在 550 分以下(含 550 分)的"入学分数"字段加红色背景、字体加粗并加下划线显示,600 分以上以字体加粗并以倾斜方式显示。

例 6.15

操作步骤如下。

(1) 以"布局视图"方式打开例 6.6 的"学生情况报表"报表,单击入学分数列(定义条件格式的字段)的任意单元格。

(2) 单击功能区的"报表布局工具/格式"选项卡,然后在"控件格式"组中单击"条件格式"按钮,打开"条件格式规则管理器"对话框,如图 6.73 所示。

图 6.73 "条件格式规则管理器"对话框

(3) 单击"新建规则"按钮,启动"新建格式规则"对话框,按图 6.74 的样式定义规则。条件规则按定义顺序依次显示在"规则"列表中,多个规则之间为"或"关系,还可以调整规则的顺序。定义完成后如图 6.75 所示。

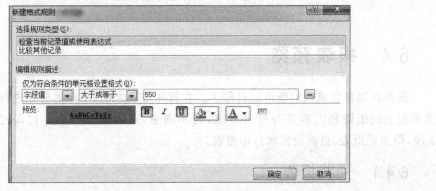

图 6.74 "新建格式规则"对话框

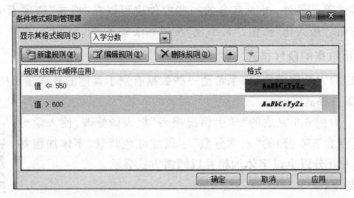

图 6.75　多条件格式定义效果

（4）单击"确定"按钮，含条件格式的报表预览效果如图 6.76 所示。单击"文件"菜单，选择"对象另存为"命令，将报表另存为"学生情况报表（例 6.15）"。

图 6.76　条件格式输出效果

6.4　报表预览

报表在创建完成以后就可以打印了。在打印报表之前，用户需要先进行打印预览，以查看报表的版面和内容是否符合要求，若不满意，可以继续修改。打印过程一般分为3 步，即预览报表、页面设置和打印报表。

6.4.1　预览报表

预览报表是指在屏幕上查看报表打印后的外观情况。预览报表的方法主要有以下

3种。

(1) 选择"文件"菜单中的"打印"命令,选择"打印预览"命令。

(2) 在导航窗格中双击报表,打开报表视图,然后单击"视图"命令组中的"视图"下拉按钮,从弹出的下拉菜单中选择"打印预览"命令。该方法也适用于从其他报表视图切换到打印预览视图。

(3) 右击导航窗格中的报表,在弹出的快捷菜单中选择"打印预览"命令。

6.4.2 页面设置

在预览报表时,如果对报表当前的打印效果不满意,用户还可以更改其页面布局,重新设置页边距、纸张大小和方向等。

1. "页面设置"对话框

将报表切换到打印预览视图下,在功能区中会出现"打印预览"选项卡,单击"页面布局"命令组中的"页面设置"命令按钮,在弹出的"页面设置"对话框中进行设置,如图 6.77所示。

图 6.77 "页面设置"对话框

"页面设置"对话框中各选项卡的作用如下。

(1) 打印选项。该选项卡可以对报表的页边距进行设置,并且在选项卡的右上方会显示当前设置的页边距的预览效果。

(2) 页。该选项卡可以对纸张的大小以及纸张的打印方向进行设置。

(3) 列。该选项卡可以设置一页报表中的列数、行间距、列尺寸以及列布局等。

在设计视图下单击"报表设计工具/页面设置"选项卡,然后在"页面布局"命令组中单击"页面设置"命令按钮,也能弹出"页面设置"对话框。

2. 创建多列报表

多列报表是在报表中使用多列格式显示数据,以使报表中的数据更加紧凑、清晰,并可节省纸张。多列报表最常见的形式就是标签报表。用户也可以将一个设计完成的普通报表设置成多列报表,操作方法如下。

（1）创建普通报表。在打印时，多列报表的"组页眉"节、"组页脚"节和"主体"节将在宽度上占满整列，将控件宽度调整在一个合理的范围内。

（2）在"页面设置"对话框中单击"列"选项卡，如图6.78所示。然后在"网格设置"区域的"列数"文本框中输入每一页所需的列数，在"行间距"文本框中输入"主体"节中每个标签记录之间的垂直距离，在"列间距"文本框中输入各标签之间的距离，在"列尺寸"区域的"宽度"文本框中输入单个标签的宽度值，在"高度"文本框中输入单个标签的高度值，也可以用鼠标拖动节的标尺直接调整"主体"节的高度，在"列布局"区域中选中"先列后行"或"先行后列"单选按钮，设置列的输出布局。

（3）单击"页"选项卡，在"方向"区域中选中"纵向"或"横向"单选按钮设置打印方向。

（4）单击"确定"按钮完成报表的设计，最后保存并预览报表。

图6.78　"页面设置"对话框的"列"选项卡

6.4.3　打印报表

在设置页面之后，如果预览报表的效果符合要求，则可以开始打印报表。打印报表的操作方法是：选择"文件"菜单，单击"打印"，选择"打印"命令。或切换到打印预览视图，在"打印预览"选项卡下的"打印"命令组中单击"打印"命令按钮，然后在弹出的"打印"对话框中设置打印的参数。设置完成后，单击"确定"按钮，即可将选择的报表打印出来。

6.5　任务实现

任务1　报表创建1

在数据库D6(1)源.accdb中，使用报表向导为"共享单车"表和"单车类型"表创建名为"共享单车信息"的报表，依次显示"电子围栏""月卡单价""单车品牌""法人代表"和"单车成本价"。按"电子围栏"分组，按"月卡单价"升序排序，计算"单车成本价"的平均值，并设置报表标题为"共享单车信息"。

操作步骤如下。

第6章　任务1

（1）打开D6(1)源.accdb数据库，单击功能区的"创建"选项卡，然后在"报表"组中单击"报表向导"按钮。

（2）选定数据源并确定输出字段。这里选择"单车类型"表中的"电子围栏""法人代表""单车成本价"字段和"共享单车"表中的"月卡单价""单车品牌"字段，如图6.79所示。

（3）单击"下一步"按钮，添加分组，这里选择按"电子围栏"分组，如图6.80所示。

（4）单击"下一步"按钮，选择排序字段。这里选择"月卡单价"选项，如图6.81所示。

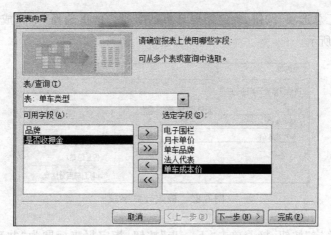

图 6.79 字段的选取

图 6.80 确定分组依据

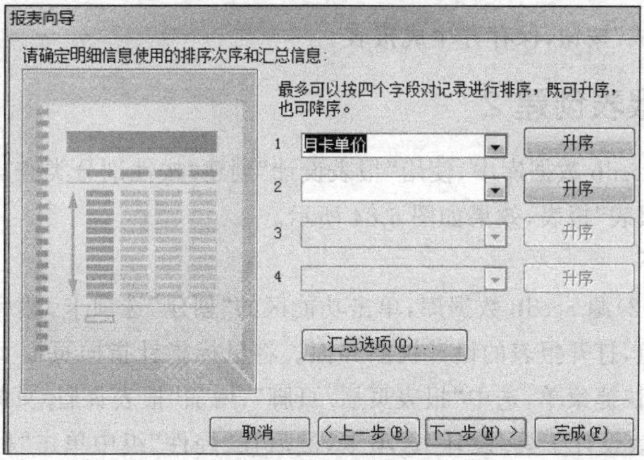

图 6.81 确定排序依据

（5）单击"汇总选项"按钮，确定需要计算的字段。这里选择"单车成本价"的"平均"选项，如图6.82所示。

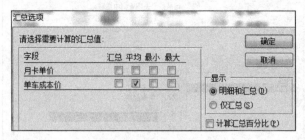

图6.82 确定计算字段

（6）单击"确定"按钮，接着单击"下一步"按钮，指定报表标题为"共享单车信息"，如图6.83所示。

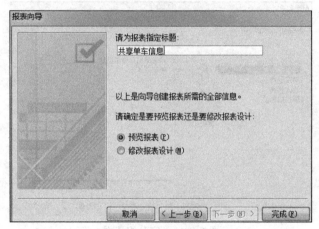

图6.83 确定报表标题

（7）单击"完成"按钮，保存并生成报表。

任务2 报表创建2

第6章 任务2

在D6（2）源.accdb数据库中，使用"报表设计"创建"按性别分类查看学生入学成绩报表"报表，效果如图6.84所示。

操作步骤如下。

（1）打开D6（2）源.accdb数据库，单击功能区的"创建"选项卡，然后在"报表"组中单击"报表设计"按钮，打开报表的设计视图界面。将鼠标指针指向页面页眉或主体等任意空白处，右击弹出快捷菜单，选中"报表页眉/页脚"，增加"报表页眉/页脚"。

（2）单击"报表设计工具/设计"选项卡，然后在"控件"组中单击"标签"图标控件，在"报表页眉"下空白处单击，并输入标签文字"按性别分类查看学生入学成绩报表"作为报表的名称，同时在"标签"的"属性表"窗口中将其"字体名称"设置为"隶书"，"字号"设置为

图 6.84 报表效果图

28，"字体粗细"设置为"加粗"，并将其居中，如图 6.85 所示。

（3）单击"报表设计工具/设计"选项卡，然后在"工具"组命令中单击"添加现有字段"命令，单击"显示所有表"链接，将"学生信息"表中的字段"学号""姓名""性别""出生日期""籍贯""政治面貌""班级编号"和"入学分数"拖入"主体"节内。将这些字段的所有标签进行剪切、粘贴操作，移动到页面页眉内，并排列顺序。

图 6.85 标签属性设置

（4）将鼠标指针指向"主体"，右击弹出快捷菜单，选中"排序和分组"，然后单击"添加组"，选中"性别"，默认按"升序"不变，单击"更多"，将原来的"无页脚节"改为"有页脚节"，如图 6.86 所示。

图 6.86 分组设置

（5）将"主体"节中的"性别"文本控件移入"性别页眉"内，并调整其位置，同时将页面页眉的"性别"标签调整到最左侧。在新显示出来的"性别页脚"下面添加一个文本框，将其附属标签的"标题"属性改为"入学成绩平均分:"，在文本框中输入"=Avg（[入学分数]）"，并将其移到合适的位置，同时将性别页脚的高度拖动到适合的高度，如图 6.87 所示。

图 6.87 计算公式

(6) 单击"报表设计工具/设计"选项卡,然后在"页眉/页脚"组中单击"页码"命令,在页面页脚处插入页码,如图 6.88 所示。

(7) 在报表页脚处插入一个文本框控件,在其附属的标签"标题"属性改为"制表日期:",在文本框内输入"=Date()",把插入的日期拖到报表页脚适当的位置,如图 6.89 所示。

(8) 保存报表并命名为"按性别分类查看学生入学成绩报表"。

图 6.88 设置页码

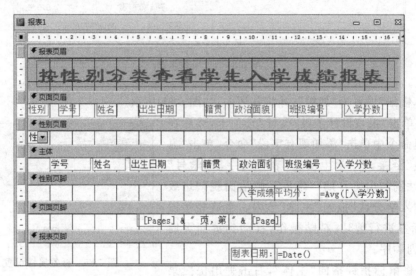

图 6.89 报表设计视图

6.6 习题

1. 选择题

(1) 设置报表上文本框的"控件来源"属性为( ),则在该文本框中显示系统当前的年份。

  A. =Year(Month())   B. =Year(Time())

  C. =Year(Day())   D. =Year(Date())

(2) 以下关于报表的叙述中,正确的是( )。

  A. 报表可以分组记录

B. 报表中必须包含页面页眉和页面页脚

C. 报表中必须包含报表页眉和报表页脚

D. 报表页眉打印在报表每页的开头,报表页脚打印在报表每页的末尾

(3) 报表输出不可缺少的组成部分是(　　　)。

　　A. 主体　　　　　　　B. 报表页脚　　　　　C. 页面页眉　　　　　D. 页面页脚

(4) 报表是 Access 数据库的一个(　　　)。

　　A. 控件　　　　　　　　　　　　　　　B. 链接

　　C. 对象　　　　　　　　　　　　　　　D. 输入数据形式

(5) 若要在报表中计算"身高"字段的最大值,应设置控件对象的"控件来源"属性为(　　　)。

　　A. =Max[身高]　　　　　　　　　　　B. =Max(身高)

　　C. max(身高)　　　　　　　　　　　　D. =Max([身高])

(6) Access 2010 报表的分组统计信息默认显示在(　　　)。

　　A. 页面页眉或页面页脚　　　　　　　　B. 主体

　　C. 组页眉或组页脚　　　　　　　　　　D. 报表页眉或报表页脚

(7) 要在报表上显示"第 X 页,共 Y 页"的页码格式,正确的设置是(　　　)。

　　A. "第" & [Pages] & "页,共" & [Page] & "页"

　　B. ="第" & [Page] & "页,共" & [Pages] & "页"

　　C. "第" & [Page] & "页,共" & [Pages] & "页"

　　D. ="第" & [Pages] & "页,共" & [Page] & "页"

(8) 以下关于报表的叙述中,正确的是(　　　)。

　　A. 报表既可用于输出数据,也可用于输入数据

　　B. 报表中必须包含页面页眉和页面页脚

　　C. 创建一个数组访问页相当于创建一个报表

　　D. 报表不能作为窗体的记录源(RecordSource)

(9) 设置报表上文本框的"控件来源"属性为(　　　),则在该文本框中显示"英语成绩"字段的最低分。

　　A. =Min(英语成绩)　　　　　　　　　　B. =Min([英语成绩])

　　C. =Min[英语成绩]　　　　　　　　　　D. Min(英语成绩)

(10) 报表中的报表页眉是用来(　　　)。

　　A. 显示报表中的字段名称或对记录的分组名称

　　B. 显示报表的标题、图形或说明性文字

　　C. 显示本页的汇总说明

　　D. 显示整个报表的汇总说明

(11) 下列关于排序与分组的说法中,不正确的是(　　　)。

　　A. 只要有分组(设置"有页眉节"),就一定会有"排序次序",默认是递增排序

　　B. 排序与分组没有绝对关系

　　C. 有分组必有排序,反之亦然

D. 有分组必有排序,但设置排序之后,却不一定使用分组,视需求而定

(12) 表中将大量数据按不同的类型分别集中在一起,称为( )。

    A. 排序   B. 合计   C. 分组   D. 数据筛选

(13) 使用"报表"创建的报表,可以创建( )报表。

    A. 凹凸式   B. 数据式   C. 图像式   D. 表格式

(14) Access 的报表操作没有提供( )视图。

    A. 设计   B. 打印预览   C. 布局   D. 编辑

(15) 报表的数据来源不能是( )。

    A. 表   B. 查询   C. SQL 语句   D. 窗体

(16) 在报表设计过程中,不适合添加的控件是( )。

    A. 标签控件   B. 图像控件   C. 文本框控件   D. 选项组控件

(17) 要实现报表的分组统计,其操作区域是( )。

    A. 报表页眉或报表页脚区域   B. 组页眉或组页脚区域

    C. 主体区域   D. 页面页眉或页面页脚区域

(18) Access 中报表对象的数据源可以是( )。

    A. 表、查询或窗体   B. 表或查询

    C. 表、查询或 SQL 命令   D. 表、查询或报表

(19) 如果设置报表上文本框 Text1 的"控件来源"属性为"＝NOW()",则打开报表视图时,该文本框显示信息是( )。

    A. NOW   B. 系统当前时间

    C. 系统当前星期   D. 页面页脚

(20) 在报表中,( )不能通过计算控件实现。

    A. 显示页码   B. 显示当前日期

    C. 显示图片   D. 统计数值字段

2. 填空题

(1) 子报表在链接到主报表之前,应当确保已经正确地建立了_____。

(2) 关键字 ASC 表示_____含义,DESC 表示_____含义。

(3) 将报表与某一数据表或查询绑定是通过设置报表的_____属性。

(4) 如果要在报表的每一页底部显示页码,应该设置_____。

(5) 一个完整的报表一般包括_____、_____、_____、_____、_____、_____。但是,通常可以根据需要省略其中的一部分。

(6) 报表标题一般放在_____中。

(7) 页面页脚的内容在报表的_____打印输出。

(8) 在_____或_____添加计算字段对某些字段的一组记录或所有记录进行求和或求平均值计算时,这种形式的统计计算一般是使用 Access 提供的_____对报表字段列的纵向记录数据进行统计。

(9) 报表设计中页码的输出和分组数据的输出均是通过设置绑定控件的控件来源为计算表达式形式实现的,这些控件称为_____。

(10) 报表有 4 种类型的视图,分别是_____、_____、_____和_____。

3. 操作题

(1) 在 D6(1)源.accdb 数据库中,使用报表向导,为"学生"表和"成绩"表创建名为"各专业学生成绩排名"的报表,依次显示"专业编号""姓名""成绩",并按"专业编号"分组,按"成绩"降序排列,版式为"纵向",报表标题为"各专业学生成绩排名"。

(2) 在 D6(2)源.accdb 数据库中,使用"报表设计",创建"按学生政治面貌分组的学生情况报表"报表,效果如图 6.90 所示。

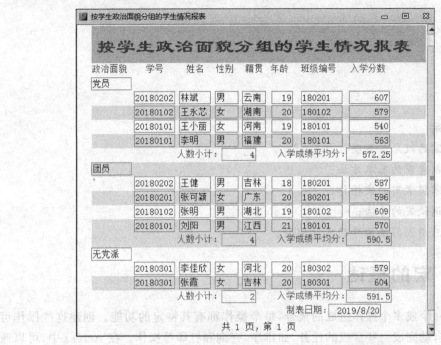

图 6.90　"按学生政治面貌分组的学生情况报表"效果图

宏

学习目标

1. 了解宏的概念与类型；
2. 掌握创建宏的基本方法；
3. 熟练掌握常用的宏操作；
4. 掌握调试宏的方法；
5. 能够应用宏解决简单的实际问题。

7.1 宏的概述

宏是由一个或多个操作组成的集合，每个操作都有其特定的功能。创建这些操作可以帮助用户自动完成一些常规的任务，如排序、查询和打印等操作。在 Access 中，可以通过创建宏自动执行一系列重复或复杂的任务。宏操作命令还可以组成宏组。

宏是一种简化操作的工具，使用宏时不需要编程，只需在宏设计窗口中将所执行的操作、参数和运行的条件输入即可。Access 中宏的操作也可以在模块对象中通过编写 VBA(Visual Basic for Application，简称 Visual Basic 宏语言)语句完成相同的功能。

对于简单的操作，如打开和关闭窗体、运行报表等，一般使用宏来完成；对于数据库的复杂操作和维护、自定义过程的创建和使用以及错误处理等，应该使用 VBA 语句。

7.1.1 宏的分类

用户可以从不同的角度对宏进行分类，不同类型的宏反映了设计宏的意图、执行及组织宏的方式。

1. 根据宏所依附的位置分类

根据宏所依附的位置，宏可以分为独立的宏、嵌入的宏和数据宏 3 种类型。

（1）独立的宏。独立的宏是一个独立的数据库对象,显示在导航窗格中的"宏"对象下。窗体、报表或控件的任何事件都可以调用宏对象中的宏。如果希望在应用程序的很多位置重复使用宏,则独立的宏非常有用。通过从其他宏中调用宏,可以避免在多个位置重复使用相同的代码。

（2）嵌入的宏。嵌入在对象的事件属性中的宏称为嵌入的宏。嵌入的宏与独立的宏的区别在于,嵌入的宏在导航窗格中不可见,它成为窗体、报表或控件的一部分;独立的宏可以被多个对象以及不同的事件引用,而嵌入的宏只作用于特定的对象。

（3）数据宏。数据宏是 Access 2010 中新增的一项功能,该功能允许在插入、更新或删除表中的数据时执行某些操作,从而验证和确保表数据的准确性。数据宏也不显示在导航窗格的"宏"对象下。

2. 根据宏中宏操作命令的组织方式分类

根据宏中宏操作命令的组织方式,宏可以分为操作序列宏、子宏、宏组和条件操作宏4 种类型。

（1）操作序列宏。操作序列宏是指组成宏的操作命令按照顺序排序,在运行时按顺序从第 1 个宏操作依次往下执行。如果用户频繁地重复一系列操作,就可以用创建操作序列宏的方式执行这些操作。

（2）子宏。对于完成相对独立功能的宏操作命令可以定义成子宏。宏除了包括宏操作命令外,还可以包括子宏,每个宏可以包含多个子宏。子宏可以通过其名称来调用。

（3）宏组。宏组将相关宏操作命令进行分组,并为每组指定一个名称,从而提高宏的可读性。分组不会影响宏操作的执行方式,组不能单独调用或运行。分组的主要目的是标识一组操作,使用户一目了然地了解宏的功能。此外,在编辑大型宏时,可以将每个分组块向下折叠为单行,从而减少不必要的滚动操作。

（4）条件操作宏。条件操作宏就是在宏中设置条件,用来判断是否执行某些宏操作,只有当条件成立时,宏操作才会被执行。条件操作宏可以增强宏的功能,也使宏的应用更加广泛。使用条件操作宏,可以根据不同的条件执行不同的宏操作。

7.1.2 宏的操作界面

打开数据库文件,单击功能区的"创建"选项卡,然后在"宏与代码"选项组中单击"宏"按钮,打开宏设计窗口。宏的操作界面主要由"宏工具/设计"选项卡、宏设计窗口和"操作目录"任务窗格 3 部分组成。

1. "宏工具/设计"选项卡

"宏工具/设计"选项卡包含 3 组命令:"工具"组中的命令用于宏的运行或调试;"折叠/展开"组中的命令用于宏操作参数列表的折叠或展开;"显示/隐藏"组中的命令用于打开或关闭操作目录窗口,如图 7.1 所示。

图 7.1 "宏工具/设计"选项卡

2. 宏设计窗口

宏设计窗口是宏设计的主要工作区域。当创建一个宏后,在宏设计窗口中会出现一个下拉列表框,在其中可以添加宏操作并设置参数,如图 7.2 所示。

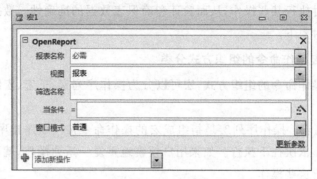

图 7.2 宏设计窗口

3. "操作目录"任务窗格

"操作目录"任务窗格位于窗口的最右侧,其中列出了宏设计的所有操作命令,可以直接从操作目录中选择所需的操作命令。单击某个操作命令,在窗口底部会显示该操作命令的功能描述。"操作目录"任务窗格由 3 部分组成:①程序流程,包括注释(Comment)、组(Group)、条件(If)和子宏(Submacro)等选项,用于实现程序流程的控制;②操作,将宏操作按操作性质分成 8 组,分别是窗口管理、宏命令、筛选/查询/搜索、数据导入/导出、数据库对象、数据输入操作、系统命令和用户界面命令,Access 2010 以这种方式管理宏操作命令,使用户创建宏更加方便和容易;③在此数据库中列出了当前数据库中的所有宏,以方便用户可以重复使用所创建的宏和事件过程代码,如图 7.3 所示。

图 7.3 "操作目录"任务窗格

7.2 宏的常用操作

宏是由操作组成的,一个宏操作由操作命令和操作参数两部分组成,操作命令和操作参数都是由系统预先定义的。表 7.1 列出了 Access 中常用的宏操作及其功能。

表 7.1 常用的宏操作及其功能

分 类	宏操作命令	功 能
记录操作类	GoToRecord	使打开的表、窗体或查询结果中指定的记录成为当前记录
	FindRecord	查找符合指定条件的第 1 条记录
	FindNextRecord	通常与 FindRecord 搭配使用，查找指定与数据相匹配的下一条记录
对象操作类	OpenTable	打开指定表的数据表视图、设计视图或者在打印预览窗口中显示表的记录，也可以选择表的数据输入模式
	OpenQuery	打开指定查询的设计视图，或者在打印预览窗口中显示选择查询的结果
	OpenForm	打开窗体并可通过选择窗体的数据模式限制对窗体中记录的操作
	OpenReport	在设计视图或打印预览视图中打开报表或直接打印报表
	OpenModule	在指定的过程中打开特定的 VBA 模块
	SelectObject	选择指定的数据库对象，使其成为当前对象
	Close	关闭指定窗口，如果没有指定窗口，则关闭当前活动窗口
	DelectObject	删除一个特定的数据库对象
	CopyObject	将指定的数据库对象复制到不同的数据库中，或以新的名称复制到同一个数据库中
	AddMenu	创建"加载项"选项卡下的自定义菜单，也可以用于创建右键快捷菜单
	CancelEvent	取消一个事件
	CloseDataBase	关闭当前数据库
数据传递类	Requery	刷新控件的数据源，更新活动对象中特定控件的数据
	SendKeys	把按键直接传递到 Access 或别的 Windows 应用程序
	SetValue	设置窗体或报表上的字段、控件或属性
代码执行类	RunApp	在 Access 中运行一个 Windows 应用程序
	RunCord	调用 Visual Basic 的函数过程
	RunMacro	运行一个宏对象或宏对象中的一个宏组
	RunSQL	运行 Access 的运作查询，还可以运行数据定义查询
提示警告类	Beep	通过个人计算机的扬声器发出嘟嘟声
	Echo	指定是否打开音响
	MessageBox	显示一个包含警告信息的消息框
其他类	GotoControl	将焦点移到激活窗体或数据表中指定的字段或控件上，实现焦点转移
	MaxmizeWindow	使活动窗体最大化，充满 Microsoft Access 窗口
	MinimizeWindow	使活动窗体最小化，成为 Microsoft Access 窗口底部的标题栏

续表

分　类	宏操作命令	功　　能
其他类	RefreshRecord	刷新当前记录
	DeleteRecord	删除当前记录
	SaveRecord	保存当前记录
	UndoRecord	撤销最近的用户操作
	ApplyFilter	在表、窗体或报表中应用筛选，以选择表、窗体或报表中显示的记录
	Restore	将处于最大化或最小化的窗口恢复为原来的大小
	QuitAccess	退出 Microsoft Access 系统
	RestoreWindow	将处于最大化或最小化的窗体恢复为原来的大小
	MoveSize	移动活动窗口或调整其大小
	Hourglass	使鼠标指针在宏执行时变成沙漏形状或其他选择的图标

7.3　宏的创建

宏的创建方法与其他对象的创建方法稍有不同，其他对象的创建既可以通过自动方式、手动方式和向导创建，也可以通过设计视图创建，但宏只能通过设计视图创建。

7.3.1　创建独立的宏

如果要创建宏，需要在宏设计窗口中添加宏操作命令，提供注释说明及设置操作参数。选定一个操作后，在宏设计窗口的操作参数设置区中会出现与该操作对应的操作参数设置表。通常情况下，当单击操作参数列表框时会在列表框的右侧出现一个下拉按钮，单击该按钮，可以在弹出的下拉列表中选择操作参数。

1. 创建操作序列宏

创建操作序列宏是最基本的创建宏的方法。

【例 7.1】　创建一个操作序列宏，其功能是运行宏时弹出一个"欢迎浏览'学生信息'表!"的对话框，然后打开"学生信息"表。

操作步骤如下。

例 7.1

（1）打开"学生管理系统"数据库，单击功能区的"创建"选项卡，然后在"宏与代码"组中单击"宏"按钮，打开宏的设计视图。

（2）选中"添加新操作"文本框，单击右侧下拉箭头打开操作列表，在列表中选择 MessageBox 操作命令。在操作参数区域设置参数："消息"输入"欢迎浏览'学生信息'表!"，"类型"选择"信息"，"标题"输入"欢迎窗口"，如图 7.4 所示。

（3）选中"添加新操作"文本框，单击右侧下拉箭头打开操作列表，在列表中选择 OpenTable 操作命令。在操作参数区域设置参数："表名称"选择"学生信息"，"视图"选择"数据表"，"数据模式"选择"只读"，如图 7.5 所示。

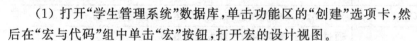

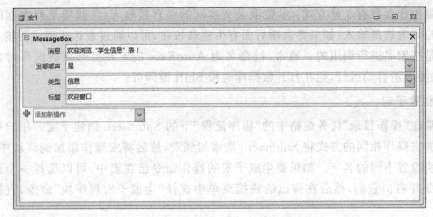

图 7.4　打开 MessageBox 对话框设置参数

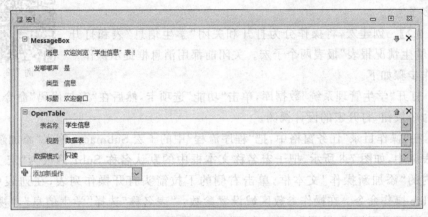

图 7.5　设置 OpenTable 参数

（4）保存宏对象，命名为"操作序列宏"，如图 7.6 所示。

（5）单击"宏工具/设计"选项卡，然后在"工具"命令组中单击"运行"按钮，首先弹出"欢迎窗口"，如图 7.7 所示。单击"确定"按钮，显示"学生信息"表。

图 7.6　创建"操作序列宏"

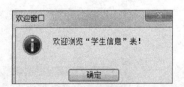

图 7.7　"欢迎窗口"

设置操作参数有 3 种方式：参数项是文本框的要直接输入；参数项是列表框的可以通过下拉列表选择输入；如果参数项后面有生成器按钮，可以通过表达式生成器输入。

宏是按宏名进行调用的。通常，被命名为 AutoExec 的宏在打开该数据库时自动运行，如果要取消自动运行，则在打开数据库时按 Shift 键即可。

2. 创建子宏

通常在"操作目录"任务窗格中的"程序流程"下的 Submacro 创建子宏。用户可以通过与添加宏操作相同的方式将 Submacro 块添加到宏，然后将宏操作添加到该块中，并给不同的块设置不同的名字。如果要生成子宏的操作命令已在宏中，可以选择一个或多个操作命令并右击它们，然后在弹出的快捷菜单中选择"生成子宏程序块"命令，直接创建子宏。

子宏必须始终是宏中最后的块，不能在子宏下添加任何操作（除非有更多子宏）。

【例 7.2】 创建宏，将操作分为打开和关闭"学生信息"表和打开和关闭"学生情况报表"报表两个子宏。关闭前都用消息框提示操作。

例 7.2

操作步骤如下。

（1）打开"学生管理系统"数据库，单击"功能"选项卡，然后在"宏与代码"命令组中单击"宏"命令按钮，打开宏的设计视图。

（2）在"操作目录"任务窗格中，把"程序流程"中的子宏 Submacro 拖入"添加新操作"下拉列表框中，如图 7.8 所示，把子宏名称文本框中的默认名称 Sub1 修改为"宏 1"。选中子宏内的"添加新操作"文本框，单击右侧的下拉箭头打开操作列表，在列表中选择 OpenTable 操作命令。在操作参数区域设置参数："表名称"选择"学生信息"，"视图"选择"数据表"，"数据模式"选择"只读"，如图 7.9 所示。

图 7.8　将子宏 Submacro 拖入"添加新操作"下拉列表框中

图 7.9　设置 OpenTable 操作选项

（3）继续选中子宏内的"添加新操作"文本框，单击右侧的下拉箭头打开操作列表，在列表中选择 MessageBox 操作命令。在操作参数区域设置参数："消息"输入"关闭表吗？"，"发嘟嘟声"选择"是"，"类型"选择"无"，"标题"输入"提示信息！"，如图 7.10 所示。

图 7.10　设置 MessageBox 操作选项

（4）继续选中子宏内的"添加新操作"文本框，单击右侧的下拉箭头打开操作列表，在列表中选择 CloseWindow 操作命令。在操作参数区域设置参数："对象类型"选择"表"，"对象名称"选择"学生信息"，"保存"选择"提示"，如图 7.11 所示。

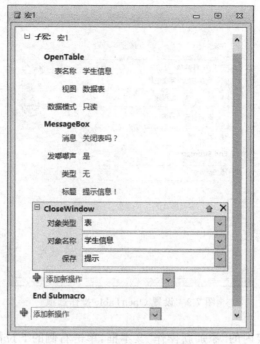

图 7.11　设置 CloseWindow 操作选项

（5）按照同样的方法设置宏 2。保存宏对象，命名为"包含子宏的宏"。最终效果如图 7.12 所示。

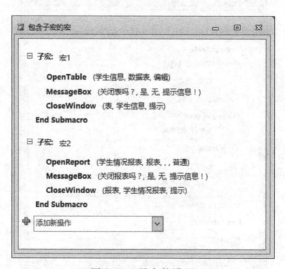

图 7.12　子宏的设置

如果运行的宏包含多个子宏，但没有指定要运行的子宏，则只会运行第 1 个子宏，在导航窗格中的宏名称列表中会显示宏的名称。如果要引用宏中的子宏，引用格式是"宏名.子宏名"。例如，直接运行"包含子宏的宏"是自动运行"宏 1"。如果要运行"宏 2"，可以单击"数据库工具"选项卡,然后在"宏"命令组中单击"运行宏"命令按钮,在弹出的"执行宏"对话框中输入"包含子宏的宏.宏2",或在下拉列表框中选择"包含子宏的宏.宏2",如图7.13所示,单击"确定"按钮,出现如图7.14所示的界面。在"提示信息!"对话框中单击"确定"按钮,关闭"学生情况报表"。

图7.13 "执行宏"对话框

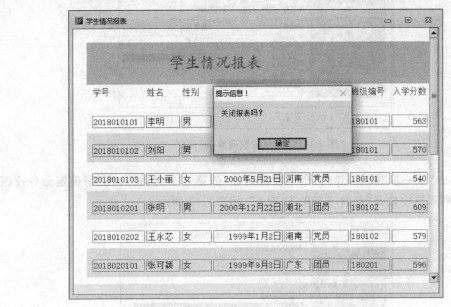

图7.14 执行"包含子宏的宏.宏2"效果

【例7.3】 创建一个窗体,包含两个命令按钮,功能分别是打开"学生信息"表,打开"学生情况报表"报表,利用例7.2中创建的"包含子宏的宏"实现。

操作步骤如下。

(1) 打开"学生管理系统"数据库,单击功能区的"创建"选项卡,然后在"窗体"组中单击"窗体设计"按钮,创建窗体。

(2) 单击功能区"窗体设计工具/设计"选项卡,然后在"控件"组中单击"使用控件向导"按钮,使其为选中状态,如图7.15所示。

例7.3

图7.15 选中"使用控件向导"按钮

（3）创建第1个命令按钮。选择"控件"组中的"命令按钮"控件，在窗体上单击要放置"命令按钮"的位置，弹出"命令按钮向导"的第1个对话框。在对话框的"类别"列表框中选择"杂项"，在对应的"操作"列表框中选择"运行宏"，如图7.16所示。

图7.16 "命令按钮向导"对话框

（4）单击"下一步"按钮，弹出"命令按钮向导"的第2个对话框，在"请确定命令按钮运行的宏"列表框中选择"包含子宏的宏.宏1"，如图7.17所示。

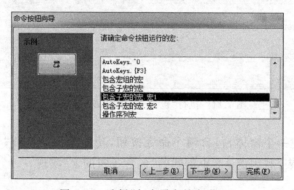

图7.17 选择"包含子宏的宏.宏1"

（5）单击"下一步"按钮，弹出"命令按钮向导"的第3个对话框，在其对话框中选中"文本"单选按钮，并在右侧文本框中输入"打开'学生信息'表"，如图7.18所示。

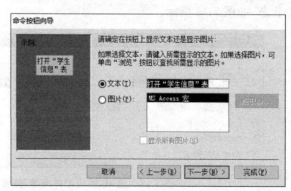

图7.18 选中"文本"单选按钮并输入信息

(6) 单击"下一步"按钮,弹出"命令按钮向导"的第 4 个对话框,在其对话框中选取默认设置值,如图 7.19 所示。

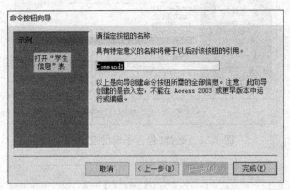

图 7.19　默认指定按钮名称

(7) 单击"完成"按钮,如图 7.20 所示。

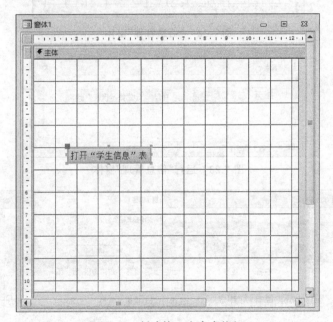

图 7.20　创建第 1 个命令按钮

(8) 用同样的方法创建第 2 个命令按钮。在第 2 个命令按钮的"请确定命令按钮运行的宏"列表框中选择"包含子宏的宏.宏 2",如图 7.21 所示。

(9) 完成创建"命令按钮"后调整窗体布局,并将窗体保存为"信息管理",如图 7.22 所示。

(10) 单击功能区的"窗体设计工具/设计"选项卡,然后在"视图"组中单击"视图窗体"按钮,运行此窗体,如图 7.23 所示。

(11) 在窗体中单击创建的按钮,可执行相应的宏操作。如单击"打开'学生情况报表'报表"按钮,显示如图 7.24 所示。

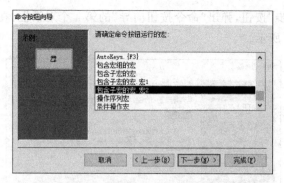

图 7.21　选择"包含子宏的宏.宏 2"

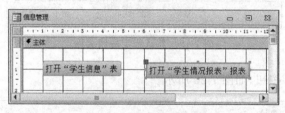

图 7.22　"信息管理"窗体

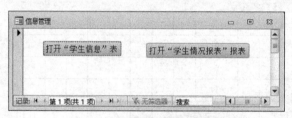

图 7.23　运行"信息管理"窗体

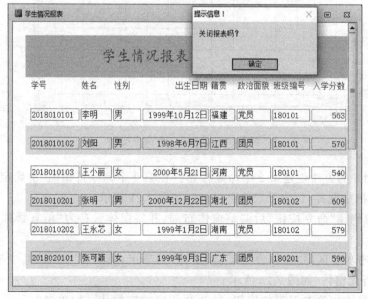

图 7.24　单击"打开'学生情况报表'报表"按钮运行结果

子宏也可以在事件属性中执行,或使用 RunMacro、OnError 操作执行。

如果要将一个操作或操作集合指派给某个特定的按键,可以创建一个名为 AutoKeys 的宏,在按下特定的键时,Access 就会执行相应的操作。创建 AutoKeys 宏,需要在"子宏"名称文本框中输入特定的按键名。表 7.2 中列出了能够在 AutoKeys 宏中作为宏名的按键名。

表 7.2　能够在 AutoKeys 宏中作为宏名的按键名

按 键 名	说　　明	按 键 名	说　　明
^A 或^1	Ctrl+任何字母或数字键	^{Insert}	Ctrl+Ins
{Fn}	任何功能键	+{Insert}	Shift+Ins
^{Fn}	Ctrl+任何功能键	{Delete}或{Del}	Del
+{Fn}	Shift+任何功能键	^{Delete}或^{Del}	Ctrl+Del
{Insert}	Ins	+{Delete}或+{Del}	Shift+Del

【例 7.4】　建立一个 AutoKeys 宏,当按下 Ctrl+O 组合键时打开"学生信息"表,当按下 F3 功能键时打开"学生情况报表"报表。

例 7.4

操作步骤如下。

(1) 打开"学生管理系统"数据库,单击功能区的"创建"选项卡,然后在"宏与代码"组中单击"宏"按钮,打开宏的设计视图。

(2) 在"操作目录"任务窗格中,把"程序流程"中的子宏 Submacro 拖入"添加新操作"下拉列表框中,把"子宏"名称文本框中的默认名称 Sub1 修改为^O,如图 7.25 所示。选中子宏内的"添加新操作"文本框,单击右侧下拉箭头打开操作列表,在列表中选择 OpenTable 操作命令。在操作参数区域设置参数:"表名称"选择"学生信息","视图"选择"数据表","数据模式"选择"只读",如图 7.26 所示。

图 7.25　添加子宏 Submacro 并重新命名　　　　图 7.26　设置 OpenTable 操作

(3) 在"操作目录"任务窗格中,把"程序流程"中的子宏 Submacro 拖入"添加新操作"下拉列表框中,把"子宏"名称文本框中的默认名称 Sub1 修改为{F3}。选中子宏内的"添加新操作"文本框,单击右侧下拉箭头打开操作列表,在列表中选择 OpenReport 操作命令。在操作参数区域设置参数:"报表名称"选择"学生情况报表","视图"选择"报表","窗口模式"选择"普通",如图 7.27 所示。

（4）保存宏对象，命名为 AutoKeys，如图 7.28 所示。

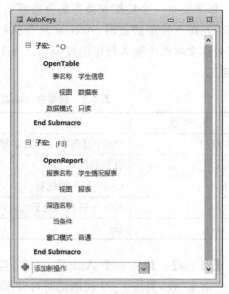

图 7.27　添加 OpenReport 操作　　　　　图 7.28　AutoKeys 宏的设置

设置完成后，只要"学生管理系统"数据库是打开的，在任何情况下按 Ctrl＋O 组合键时将执行打开"学生信息"表的操作，按 F3 功能键将执行打开"学生情况报表"报表的操作。

注意：在 Windows 10 系统下需按住 Fn 键，同时再按 F3 功能键才能执行打开"学生情况报表"报表的操作。

3. 创建宏组

创建宏组通过执行"操作目录"任务窗格中的"程序流程"下的 Group 实现。首先将 Group 块添加到宏设计窗口中，在 Group 块顶部的文本框中输入宏组的名称，然后将宏操作添加到 Group 块中。如果分组的操作已在宏中，可以选择要分组的宏操作命令，并右击所选的操作命令，然后在弹出的快捷菜单中选择"生成分组程序块"命令，并在 Group 块顶部的文本框中输入宏组的名称。

【例 7.5】　将例 7.2 中的子宏改为宏组，再执行宏组。

操作步骤如下。

例 7.5

（1）打开"学生管理系统"数据库，单击导航窗格中的"包含子宏的宏"，使其呈现选中状态，如图 7.29 所示。单击"文件"选项卡下的"对象另存为"命令按钮，将"包含子宏的宏"另存为"包含宏组的宏"，如图 7.30 所示，并用设计视图打开"包含宏组的宏"。

（2）在"操作目录"任务窗格中，把"程序流程"中的 Group 块拖入宏设计窗口中的"子宏：宏 1"上面，并输入名称"组 1"，如图 7.31 所示。

（3）使用宏操作命令右侧的上移、下移箭头按钮将原来"宏 1"中的全部操作移入"组 1"中，然后使用"子宏：宏 1"右侧的"删除"按钮将其"子宏：宏 1"删除，如图 7.32 所示。

图 7.29 选中"包含子宏的宏"　　　　　图 7.30 "另存为"对话框

图 7.31 将 Group 块添加到宏设计窗口

图 7.32 将"宏 1"中的操作移入"组 1"中并删除"子宏: 宏 1"

（4）用同样的方法添加、修改"组 2"，如图 7.33 所示。

图 7.33　宏组的设置

（5）单击"保存"按钮，将添加的组 1 和组 2 进行保存。

（6）单击"宏工具/设计"选项卡，然后在"工具"命令组中单击"运行"命令按钮，可以依次执行该宏的"组 1"和"组 2"中的操作。

Group 块不会影响宏操作的执行方式，组不能单独调用或运行。此外，Group 块可以包含其他 Group 块，最多可以嵌套 9 级。

4. 创建条件操作宏

在某些应用中，需要为宏添加特定的条件，当条件成立时才执行宏中的操作。条件是进行搜索或筛选时字段必须满足的准则，是一个计算结果为 True/False 或"是/否"的逻辑表达式。当条件成立时，表达式返回 True；当条件不成立时，表达式返回 False。宏将根据条件结果，选择执行或者不执行操作。

创建条件宏是在设计视图中，通过在"添加新操作"列表中选择 If 语句来实现的。If 宏操作有以下两种常用形式。

（1）If...Then 形式。其格式为

```
If <条件表达式>Then
  <操作块>
End If
```

功能：如果<条件表达式>的值为真，则执行<操作块>中的所有操作；否则不执行<操作块>中的操作。

（2）If...Then...Else 形式。其格式为

```
If <条件表达式>Then
  <操作块 1>
Else
  <操作块 2>
End If
```

功能：如果＜条件表达式＞的值为真，则执行＜操作块 1＞中的所有操作；否则执行＜操作块 2＞中的所有操作。

【例 7.6】 创建一个条件操作宏并在窗体中调用它，用来判断数据是否是 3 的倍数。

例 7.6

操作步骤如下。

(1) 打开"学生管理系统"数据库，设计一个窗体，其中包含一个标签（标题为"判断数据是否为 3 的倍数："，名称为 Label1）控件和一个文本框控件（名称为 Text2），并保存该窗体为"判断数据是否为 3 的倍数"，如图 7.34 所示。

图 7.34 创建窗体

(2) 单击功能区的"创建"选项卡，然后在"宏与代码"命令组中单击"宏"按钮，打开宏的设计视图。

(3) 从"添加新操作"下拉列表中选择 If 语句，即出现 If 宏程序块，如图 7.35 所示。单击条件表达式文本框右侧的 按钮，弹出"表达式生成器"对话框，如图 7.36 所示。

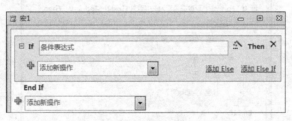

图 7.35 If 条件设置

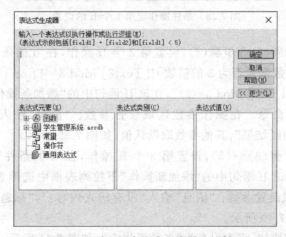

图 7.36 打开"表达式生成器"对话框

（4）在"表达式元素"列表框中展开"学生管理系统.accdb/Forms/所有窗体"，选中"判断数据是否为3的倍数"窗体。在"表达式类别"列表框中双击Text2，在已有表达式内容后输入Mod 3＝0，如图7.37所示，然后单击"确定"按钮，返回宏设计窗口。

图7.37　设置条件宏

（5）选中If语句内的"添加新操作"文本框，单击右侧下拉箭头打开操作列表，在列表中选择MessageBox操作命令。在操作参数区域设置参数："消息"输入"该数是3的倍数！"，"标题"输入"判断结果"，其他参数取默认值，如图7.38所示。

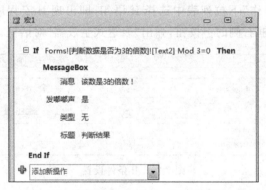

图7.38　条件操作宏第1个If的设置

（6）重复操作步骤（3）～步骤（5），设置第2个If操作，在If的条件表达式中输入条件"（[Forms]![判断数据是否为3的倍数]![Text2] Mod 3＝1）or（[Forms]![判断数据是否为3的倍数]![Text2] Mod 3＝2）"，在该If语句中的"添加新操作"下拉列表框中选择MessageBox操作命令。在操作参数区域设置参数："消息"输入"该数不是3的倍数！"，"标题"输入"判断结果"，其他参数取默认值，如图7.39所示。

（7）重复操作步骤（3）～（5），设置第3个If操作，在If的条件表达式中输入条件IsNull（[Text2]），在该If语句中的"添加新操作"下拉列表框中选择MessageBox操作命令。在操作参数区域设置参数："消息"输入"没有输入内容！"，"标题"输入"警告"，其他参数取默认值，如图7.40所示。

（8）单击"保存"按钮，将宏保存为"条件操作宏"，如图7.41所示。

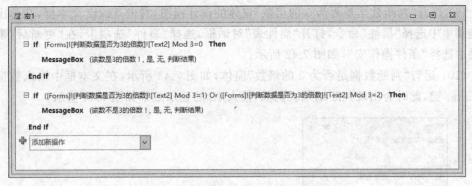

图 7.39 条件操作宏第 2 个 If 的设置

图 7.40 条件操作宏第 3 个 If 的设置

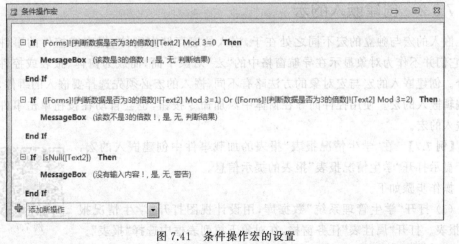

图 7.41 条件操作宏的设置

（9）打开"判断数据是否为 3 的倍数"窗体的设计视图，右击 Text2 文本框，在弹出的快捷菜单中选择"属性"命令，打开"属性表"对话框，选择"事件"选项卡，在"更新后"事件属性中选择"条件操作宏"，如图 7.42 所示。

（10）运行"判断数据是否为 3 的倍数"窗体，如图 7.43 所示，在文本框中输入数据并按 Enter 键，此时会出现判断结果。例如，输入 15 的显示效果如图 7.44 所示。

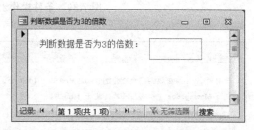

图 7.42　设置 Text2 文本框的更新后属性　　　图 7.43　运行"判断数据是否为 3 的倍数"的窗体

图 7.44　输入数据进行判断

7.3.2　创建嵌入的宏

嵌入的宏与独立的宏不同之处在于，嵌入的宏存储在窗体、报表或控件的事件属性中，它们并不作为对象显示在导航窗格中的"宏"对象下面，而成为窗体、报表或控件的一部分。创建嵌入的宏与宏对象的方法略有不同，嵌入的宏必须先选择要嵌入的事件，然后再编辑嵌入的宏。使用控件向导在窗体中添加命令按钮，也会自动在按钮单击事件中生成嵌入的宏。

【例 7.7】　在"学生情况报表"报表的加载事件中创建嵌入的宏，用于显示打开"学生情况报表"报表的提示信息。

操作步骤如下。

（1）打开"学生管理系统"数据库，用设计视图打开"学生情况报表"报表。打开"属性表"任务窗格，在对象下拉列表框中选择"报表"。

例 7.7

（2）单击"事件"选项卡，选择"加载"事件属性，并单击属性框右侧的…按钮，在弹出的"选择生成器"对话框中选择"宏生成器"选项,如图 7.45 所示,单击"确定"按钮,进入宏设计窗口。

图 7.45 在"属性表"中打开"选择生成器"对话框并选择"宏生成器"选项

(3) 在宏设计窗口中添加 MessageBox 操作。在操作参数区域设置参数:"消息"输入"打开学生情况报表","标题"输入"提示",其他参数取默认值,如图 7.46 所示。

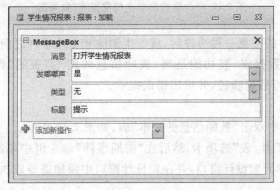

图 7.46 嵌入宏的 MessageBox 设置

(4) 单击"文件"菜单,选择"对象另存为"命令,将"学生情况报表"另存为"内嵌宏的学生情况报表"。退出宏设计窗口。

(5) 在状态栏右侧单击"报表视图"按钮,该宏会在加载"学生情况报表"时触发运行,并弹出一个提示消息框,如图 7.47 所示。

7.3.3 创建数据宏

在数据表视图中查看表时,可以通过"表格工具/表"选项卡管理数据宏,数据宏不显示在导航窗格的"宏"对象下。在 Access 2010 中有两种主要的数据宏类型,一种是由表事件触发的数据宏,也称为事件驱动的数据宏;另一种是为响应按名称调用而运行的数据宏,也称为已命名的数据宏。

1. 创建事件驱动的数据宏
当在表中添加、更新或删除数据时都会发生表事件,用户可以编写一个数据宏,使其

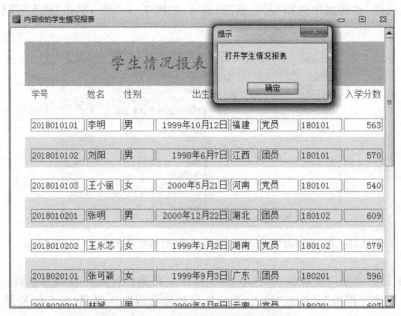

图 7.47 "内嵌宏的学生情况报表"效果图

在发生这 3 种事件中的任意一种事件后，或发生删除和更改事件之前立即运行。

【例 7.8】 创建数据宏，其功能是当"教师信息的副本"表的"性别"字段在修改前进行数据验证，并给出错误提示。

例 7.8

操作步骤如下。

（1）在导航窗格中双击"教师信息的副本"表，如图 7.48 所示。

（2）单击"表格工具/表"选项卡，然后在"前期事件"命令组中单击"更改前"命令按钮，打开宏设计窗口，并在宏设计窗口中添加需要宏执行的操作，如图 7.49 所示。

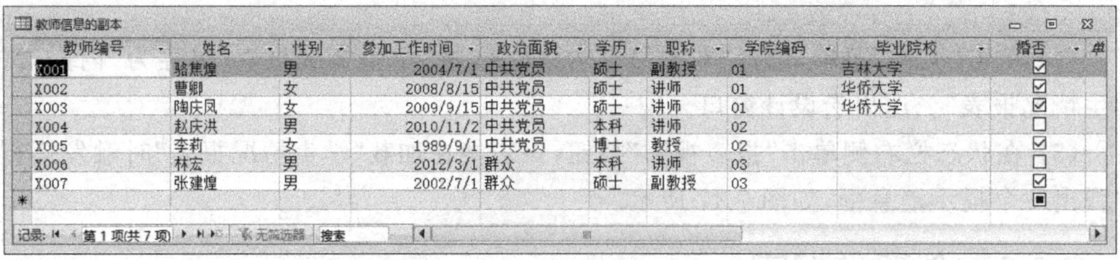

图 7.48 打开"教师信息的副本"表

（3）单击"保存"按钮，对其操作进行保存。单击宏设计窗口右上角"关闭"按钮，关闭此宏。

（4）在表中输入数据验证，当输入的性别不是"男"或"女"时，系统会给出错误提示信息，如图 7.50 所示。

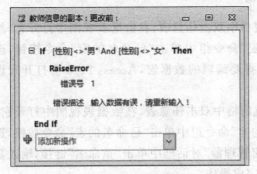

图 7.49 数据宏的设置

图 7.50 错误提示信息

2. 创建已命名的数据宏

用户可以从任何其他数据宏或标准宏调用已命名的数据宏。

(1) 如果要创建已命名的数据宏，可以执行以下操作。

① 在导航窗格中双击要向其中添加数据宏的表。

② 在"表格工具/表"选项卡下的"已命名的宏"命令组中单击"已命名的宏"命令按钮，然后选择"创建已命名的宏"命令。

③ 打开宏设计窗口，开始添加操作。

(2) 如果要向数据宏添加参数，可以执行以下操作。

① 单击"创建参数"链接，如图 7.51 所示。

图 7.51 数据宏的设置

② 在"名称"文本框中输入一个唯一的名称，它是用来在表达式中引用参数的名称。在"说明"文本框中输入参数说明，起到帮助和提示作用。

(3) 如果要从另一个宏运行已命名的数据宏，可使用 RunDataMacro 操作。该操作为创建的每个参数提供了一个输入框，以便提供必要的值。

3. 管理数据宏

导航窗格的"宏"对象下不显示数据宏，必须使用表的数据表视图或设计视图中的功能区命令才能创建、编辑、重命名和删除数据宏。

(1) 编辑事件驱动的数据宏。在导航窗格中双击包含要编辑的数据宏的表，在"表格工具/表"选项卡下的"前期事件"命令组或"后期事件"命令组中单击要编辑的宏的事件。例如，要编辑在删除表记录前运行的数据宏，只需单击"删除前"命令按钮，Access 2010 会打开宏设计窗口,之后就可以编辑数据宏了。

(2) 编辑已命名的数据宏。在导航窗格中双击任意表,在数据表视图中打开它,然后在"表格工具/表"选项卡下的"已命名的宏"命令组中单击"已命名的宏"命令按钮,选择"编辑已命名的宏"命令,在级联菜单中选择要编辑的数据宏,Access 2010 会打开宏设计窗口,之后就可以编辑数据宏了。

(3) 重命名已命名的数据宏。在导航窗格中双击任意表,在数据表视图中打开它,然后在"表格工具/表"选项卡下的"已命名的宏"命令组中单击"已命名的宏"命令按钮,选择"重命名/删除宏"命令。在弹出的"数据宏管理器"对话框中单击"重命名"链接,输入新的名称或编辑现有名称,然后按 Enter 键即完成操作。

(4) 删除数据宏。在导航窗格中双击任意表,在数据表视图中打开它,然后在"表格工具/表"选项卡下的"已命名的宏"命令组中单击"已命名的宏"命令按钮,选择"重命名/删除宏"命令,在弹出的"数据宏管理器"对话框中单击"删除"链接。

用户也可以在宏设计窗口中通过删除事件驱动的宏的所有操作删除该宏。

7.4 宏的执行与调试

在设计完成一个宏对象或嵌入的宏之后即可运行它,调试其中的所有操作。Access 2010 提供了单步宏操作,允许在宏执行过程中进入单步执行模式,用户可以通过每次执行一个操作了解宏的工作状态。

7.4.1 宏的执行

在运行宏时,Access 2010 将从宏的起始点启动,并执行宏中的所有操作,直到出现另一个子宏或宏的结束点。在 Access 2010 中,可以直接运行某个宏,也可以从其他宏中运行宏,还可以通过响应窗体、报表或控件的事件运行宏。

1. 直接运行宏

直接运行宏主要是为了对创建的宏进行调试,以测试宏的正确性。直接运行宏有以下 3 种方法。

(1) 在宏设计窗口中单击功能区"宏工具/设计"选项卡,然后在"工具"组中单击"运行"按钮。

(2) 在导航窗格中选择"宏"对象,然后双击宏名称。

(3) 单击"数据库工具"选项卡,然后在"宏"组中单击"运行宏"命令按钮,弹出"执行宏"对话框,在"宏名称"下拉列表框中选择要执行的宏,单击"确定"按钮。

2. 运行宏组中的宏

运行宏组中的宏有以下两种方法。

(1) 将宏指定为窗体或报表的事件属性运行宏组。

(2) 单击"数据库工具"选项卡,然后在"宏"组中单击"运行宏"按钮。

3. 从另一个宏中运行宏

如果要从另一个宏中运行宏,必须在宏设计窗口中使用 RunMacro 宏操作命令,此时将要运行的宏的名称作为操作参数。

4. 通过响应事件运行宏

在设计视图中设置窗体、报表或控件的有关事件属性为宏名称,见例 7.3 和例 7.6。

5. 自动运行宏

将宏的名称设为 AutoExec,则在每次打开数据库时将自动运行该宏,用户可以在该宏中设置初始化数据库的相关操作。

6. 在 VBA 程序中运行宏

在 VBA 程序中运行宏,要使用 DoCmd 对象中的 RunMacro 方法。语句格式为

```
DoCmd.RunMacro "宏名"
```

7.4.2　宏的调试

宏执行时如果出现结果异常,可以使用宏调试工具对宏操作进行调试,常用的方法是单步执行宏。在单步执行宏时,每次执行一个宏操作,通过观察结果,分析出错的原因。

打开宏设计窗口,单击"工具"选项组中的"单步"按钮,然后再单击"运行"按钮,打开"单步执行宏"对话框,如图 7.52 所示。

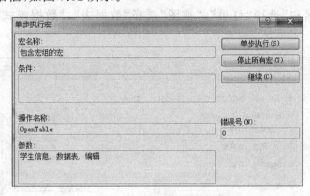

图 7.52　"单步执行宏"对话框

在"单步执行宏"对话框中,显示了宏名称、条件、操作名称和参数。通过对这些值的分析,可以判断宏的执行是否正常。

7.5　任务实现

任务 1　宏的创建 1

第 7 章 任务 1

在 D7(1)源.accdb 数据库中,创建名为"订单查询"的宏。运行时弹出提示信息为"请输入查询口令"的对话框,当输入 334554 并单击"确定"按钮后,只读方

式打开"订单"表;否则扬声器发出嘟嘟声,并显示标题为"警告",消息为"口令错误"的对话框。

操作步骤如下。

(1) 打开 D7(1)源.accdb 数据库,单击功能区的"创建"选项卡,然后在"宏与代码"组中单击"宏"按钮,打开宏的设计视图。

(2) 选中"添加新操作"文本框,单击右侧下拉箭头打开操作列表,在列表中选择 If 操作命令,在 If 后面的文本框中输入条件表达式"InputBox("请输入查询口令")="334554"",如图 7.53 所示。

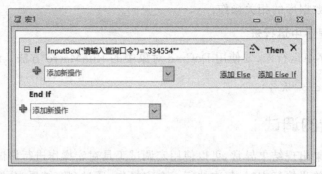

图 7.53 添加 If 操作

(3) 从 If 内的"添加新操作"下拉列表框中选择 OpenTable 操作命令,在操作参数区域设置参数:"表名称"选择"订单","视图"选择"数据表","数据模式"选择"只读",如图 7.54 所示。

图 7.54 设置 If 内的宏命令

(4) 单击"添加 Else"链接,在 Else 内的"添加新操作"下拉列表框中选择 MessageBox 操作命令。在操作参数区域设置参数:"消息"输入"口令错误","发嘟嘟声"选择"是","类型"选择"无","标题"输入"警告",如图 7.55 所示。

(5) 单击"保存"按钮,弹出"另存为"对话框,在"宏名称"中输入"订单查询",单击"确定"按钮。

宏1
If InputBox("请输入查询口令")="334554" Then
OpenTable
表名称 订单
视图 数据表
数据模式 只读
Else
MessageBox
消息 口令错误
发嘟嘟声 是
类型 无
标题 警告
添加新操作
End If

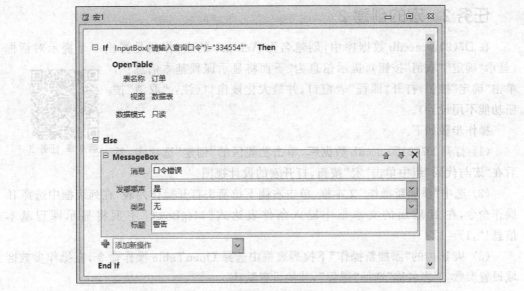

图 7.55 设置 Else 内的宏命令

(6) 单击“宏工具/设计”选项卡下的“运行”命令，弹出“请输入查询口令”对话框，如图 7.56 所示，当输入口令正确(334554) 时，单击“确定”按钮，显示如图 7.57 所示，当输入口令错误或无输入时，单击“确定”按钮，显示如图 7.58 所示。

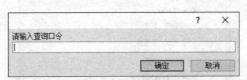

请输入查询口令
确定
取消

图 7.56 “请输入查询口令”对话框

订单
客户编号 轮椅编号 租出日期 归还日期 已交押金(
单击以添加
U001 Y01 2018/1/10 2018/1/13 500
U001 Y04 2018/3/7 2018/3/17 1000
U002 Y04 2017/5/1 2017/5/3 500
U003 Y02 2017/5/3 2017/5/9 600
U003 Y05 2017/6/5 2017/6/7 500
U004 Y01 2018/3/10 2018/3/20 500
U004 Y03 2018/2/10 2018/2/20 1000
U004 Y09 2018/4/5 2018/4/13 800
记录: 第 1 项(共 8 项) 无筛选器 搜索

图 7.57 打开“订单”表

警告
口令错误
确定

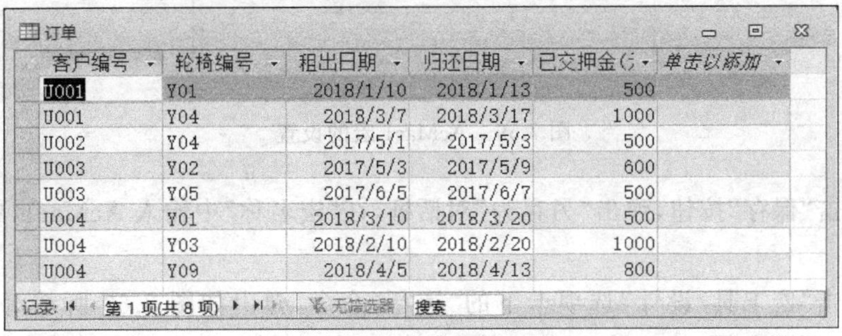

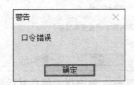

图 7.58 打开“警告”对话框

任务2 宏的创建2

在 D7(2)源.accdb 数据库中,创建名为 AcMac1 的宏,作用是弹出一个提示对话框(显示"确定""取消"按钮),提示信息为"下面将显示课程基本信息!",单击"确定"按钮,打开"课程"表窗口,并最大化该窗口(注:"取消"按钮功能不用设计)。

操作步骤如下。

第7章 任务2

(1) 打开 D7(2)源.accdb 数据库,单击功能区的"创建"选项卡,然后在"宏与代码"组中单击"宏"按钮,打开宏的设计视图。

(2) 选中"添加新操作"文本框,单击右侧下拉箭头打开操作列表,在列表框中选择 If 操作命令,在 If 后面的文本框中输入条件表达式"MsgBox("下面将显示课程基本信息!",1)=1"。

(3) 从 If 内的"添加新操作"下拉列表框中选择 OpenTable 操作命令,在操作参数区域设置参数:"表名称"选择"课程",其他设置默认。

(4) 从 If 内的"添加新操作"下拉列表框中选择 MaximizeWindow 操作命令,如图 7.59 所示。

图 7.59 AcMac1 宏的设置

(5) 单击"保存"按钮,弹出"另存为"对话框,在"宏名称"中输入 AcMac1,单击"确定"按钮。

(6) 单击"宏工具/设计"选项卡下的"运行"命令,弹出如图 7.60 所示对话框,单击"确定"按钮,显示如图 7.61 所示界面,单击"取消"按钮,无显示信息。

图 7.60 弹出提示信息对话框

课程					×
课程编号 ▾	课程名称 ▾	学时 ▾	学分 ▾	学期 ▾	教师编号 ▾
C0101	管理学原理	54	3	3	T01
C0102	行政管理学	72	4	4	T01
C0103	人力资源管理	36	2	5	T02
C0104	宏观经济学	36	2	6	T02
C0201	金融管理	54	3	2	T03
C0202	国际金融学	72	4	3	T03
C0203	商业银行学	54	3	4	T04
C0204	风险管理	18	1	5	T04
C0301	机械设计基础	54	3	2	T05
C0302	理论力学	54	3	3	T05
C0303	机械原理	72	4	4	T06
C0304	计算机辅助设	72	4	5	T06
C0401	基础会计学	54	3	2	T07
C0402	经济法概论	36	2	3	T07
C0403	中级财务会计	72	4	4	T08
C0404	管理信息系统	72	4	6	T08
C0501	艺术概论	18	1	1	T09
C0502	中外美术史	54	3	2	T09

记录：◀ 第1项(共26项) ▶ ▶▶ 无筛选器 搜索

图 7.61 打开"课程"表

任务 3 宏的创建 3

在 D7(3)源.accdb 数据库中,创建一个名为 ShowMac 的宏,功能是先弹出一个标题为"请选择",图标为"?"的对话框,提示信息为"是否显示所有姓陈的成员信息?"。单击"是"按钮,以只读方式打开"社团成员"表,并只显示姓"陈"的成员信息;单击"否"按钮,以只读方式打开"社团成员"表,并只显示非姓"陈"的成员信息。

第 7 章 任务 3

操作步骤如下。

(1) 打开 D7(3)源.accdb 数据库,单击功能区"创建"选项卡,然后在"宏与代码"组中单击"宏"按钮,打开宏的设计视图。

(2) 选中"添加新操作"文本框,单击右侧下拉箭头打开操作列表,在列表中选择 If 操作命令,在 If 后面的文本框中输入条件表达式"MsgBox("是否显示所有姓陈的成员信息?",4+32,"请选择")=6"。

(3) 从 If 内的"添加新操作"下拉列表框中选择 OpenTable 操作命令,在操作参数区域设置参数:"表名称"选择"社团成员","数据模式"选择"只读",其他设置默认。

(4) 再次从 If 内的"添加新操作"下拉列表框中选择 ApplyFilter 操作命令,在操作参数区域设置参数:"当条件="输入"[姓名] Like "陈*"",其他设置默认。

(5) 单击"添加 Else"命令,在 Else 内的"添加新操作"下拉列表框中选择 OpenTable 操作命令,在操作参数区域设置参数:"表名称"选择"社团成员","数据模式"选择"只读",其他设置默认。

(6) 继续在 Else 内的"添加新操作"下拉列表框中选择 ApplyFilter 操作命令,在操作参数区域设置参数:"当条件="输入"[姓名] Not Like "陈*"",其他设置默认,如图7.62所示。

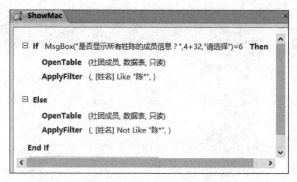

图 7.62　ShowMac 宏的设置

（7）单击"保存"按钮,弹出"另存为"对话框,在"宏名称"中输入 ShowMac,单击"确定"按钮。

（8）单击"宏工具/设计"选项卡下的"运行"命令,弹出如图 7.63 所示对话框,单击"是"按钮,显示姓"陈"的成员信息;单击"否"按钮,显示非姓"陈"的成员信息。

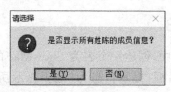

图 7.63　"请选择"对话框

7.6　习题

1. 选择题

（1）如果要建立一个宏,希望执行该宏后,首先打开一个报表,然后打开一个窗体,那么在该宏中应该依次使用（　　）两个操作命令。

  A. OpenReport 和 OpenQuery   B. OpenTable 和 OpenForm

  C. OpenReport 和 OpenForm   D. OpenTable 和 OpenView

（2）打开窗体的宏命令是（　　）。

  A. OpenReport   B. OpenWindow   C. OpenForm   D. OpenQuery

（3）下列关于宏命令的叙述中,正确的是（　　）。

  A. 最大化窗口的宏命令是 Max

  B. 打开数据表的宏命令是 OpenTable

  C. 停止当前正在执行的宏的命令是 StopRun

  D. 打开报表的宏命令是 OpenQuery

（4）Access 提供的宏命令（　　）用于查找满足指定条件的下一条记录。

  A. RunApp   B. OpenForm   C. OpenQuery   D. FindNext

(5) 指定表中记录为当前记录的宏操作是(   )。

    A. MoveSize   B. GoToRecord   C. FindRecord   D. GoToPage

(6) 执行(   )宏命令可实现退出 Access 应用程序。

    A. Exit   B. Close   C. Stop   D. QuitAccess

(7) 执行(   )宏命令可停止当前正在执行的宏。

    A. ExitMacro   B. StopMacro   C. CloseMacro   D. CancleMacro

(8) 使用 Access 宏的主要目的是(   )。

    A. 能够自动执行预定义的操作   B. 减少内存使用空间

    C. 提高程序的可读性   D. 设计出复杂度较高的操作

(9) 下列关于宏命令的叙述中，正确的是(   )。

    A. 在消息框中显示警告信息的宏命令是 MoveSize

    B. 打开指定查询的宏命令是 OpenQuery

    C. 最小化窗口的宏命令是 MiniSize

    D. 查找下一个符合查询条件的宏的命令是 FindRecord

(10) 创建一个宏，先打开一个表，然后打开一个报表，应该依次使用(   )两个操作命令。

    A. OpenView 和 OpenReport   B. OpenTable 和 OpenReport

    C. OpenReport 和 OpenTable   D. OpenTable 和 OpenForm

(11) Access 提供的宏命令 FindNext 用于(   )。

    A. 打开下一个窗体   B. 查找满足指定条件的前一条记录

    C. 发现下一个应用窗体   D. 查找满足指定条件的下一条记录

(12) 在运行宏的过程中，宏不能修改的是(   )。

    A. 窗体   B. 宏本身   C. 表   D. 数据库

(13) 下列有关宏的叙述中，不正确的是(   )。

    A. 宏是一种操作代码的组合

    B. 用户可以自定义宏操作

    C. 建立宏通常需要添加宏操作并设置参数

    D. 宏操作没有返回值

(14) 要限制宏命令的操作范围，可以在创建宏时定义(   )。

    A. 宏操作对象   B. 宏条件表达式

    C. 窗体或报表控件属性   D. 宏操作目标

(15) 不能使用宏的数据库对象是(   )。

    A. 查询   B. 窗体   C. 宏   D. 报表

(16) 创建宏时至少要定义一个宏操作，对于有参数的宏还要设置对应的(   )。

    A. 条件   B. 命令按钮   C. 宏操作参数   D. 注释信息

(17) 在设计条件宏时，对于连续重复的条件，可以用(   )表示。

    A. =   B. …   C. ,   D. ;

(18) Access 在打开数据库时,会查找名为(　　)的宏,若有则自动运行它。

    A. AutoMac　　　　B. AutoRun　　　　C. RunMac　　　　D. AutoExec

(19) 运行一个非条件宏时,系统会(　　)。

    A. 执行设置了参数的宏操作

    B. 执行全部宏操作

    C. 执行用户选择的宏操作

    D. 先执行用户选择的宏操作,再执行剩余的宏操作

(20) 指定表中某记录为当前记录的宏操作是(　　)。

    A. GoToRecord　　B. SetValue　　　　C. MoveSize　　　　D. GoToPage

2. 填空题

(1) 在当前窗体上,若要实现将焦点移到指定控件,应使用的宏操作命令是_____。

(2) 宏是一个或多个_____的集合。

(3) 对于由多个操作命令组成的宏,执行时是按照宏操作的_____顺序执行的。

(4) 在带条件的宏操作中,根据_____决定宏操作块是否执行。

(5) 在引用宏组中的宏时,采用的语句是_____。

(6) 单击宏操作命令右侧的上移、下移箭头按钮可以改变宏操作的_____,单击右侧的删除按钮可以_____宏操作。

(7) 根据宏所依附的位置,宏可以分为 3 种,分别是_____、_____和_____。

(8) 某控件失去焦点时发生的事件是_____。

(9) 若希望按照满足条件执行一个或多个操作,这类宏称为_____。

(10) Access 提供了_____工具调试宏。

3. 操作题

(1) 在 D7(1)源.accdb 数据库中,创建名为"图书识别"的宏,运行时弹出标题为"提醒",提示信息为"即将显示图书信息"且仅含一个"确定"按钮的对话框,单击"确定"按钮,以只读方式打开"图书信息"表,并最大化窗口。

(2) 在 D7(2)源.accdb 数据库中,创建名为"骑行信息查询"的宏,运行时弹出提示信息为"显示骑行信息"的对话框,单击"确定"按钮后,打开"骑行信息"表;单击"取消"按钮后,弹出提示信息为"退出查询"的对话框。

第 8 章 ━━━━━━━━━━━━━━━━ Chapter 8

模块与VBA管理

学习目标

1. 了解模块与 VBA 的基本概念和分类；
2. 掌握模块的创建与运行方法；
3. 熟悉 VBA 的编程环境；
4. 了解面向对象程序设计的基本理念以及 VBA 编程的基本步骤、调试等；
5. 掌握 VBA 流程控制语句、过程、函数；
6. 了解 VBA 代码的保护手段；
7. 掌握简单 VBA 程序的编写。

8.1 模块概述

模块是 Access 数据库中的一个重要对象，而 VBA 是 Visual Basic 语言的一个子集，Access 使用 VBA 语言作为其程序的开发语言。在 Access 中，模块是由 VBA 语言实现的，借助 VBA 程序设计可以完成复杂的计算和操作。

8.1.1 模块的概念

模块是由 VBA 通用声明和一个或多个过程组成的单元。组成模块的基础是过程，VBA 过程通常分为子过程（Sub 过程）、函数过程（Function 过程）和属性过程（Property 过程），每个过程作为一个独立的程序段实现特定的功能。

从与其他对象的关系来看，模块又可分为标准模块和类模块。标准模块是指与窗体、报表等对象无关的程序模块，在 Access 数据库中是一个独立的模块对象。类模块是指包含在窗体、报表等对象中的事件过程，这样的程序模块仅在所属对象处于活动状态下有效，也称为绑定型程序模块。

1. 标准模块

标准模块用于存放公共过程(子过程和函数),不与其他任何 Access 数据库对象相关联。在 Access 中通过模块对象创建的代码过程就是标准模块。

在标准模块中,通常为整个应用系统设置全局变量或通用过程,以供其他窗体或报表等数据库对象在类模块中使用。

标准模块中的变量和过程具有全局特性,作用范围是整个应用程序,生命周期随应用程序的运行而开始,随应用程序的关闭而结束。

【例 8.1】 建立一个标准模块,运行时显示"欢迎使用学生管理系统!"。

例 8.1

操作步骤如下。

(1) 在"学生管理系统"数据库中,单击功能区的"创建"选项卡,然后在"宏与代码"组中单击"模块"按钮,如图 8.1 所示。

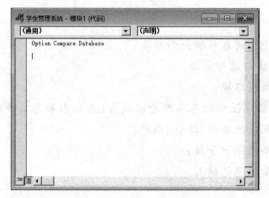

图 8.1 打开"模块"窗口

(2) 选择"插入"菜单下的"过程"命令,如图 8.2 所示,弹出"添加过程"对话框,在"名称"框中输入 welcome,如图 8.3 所示,单击"确定"按钮,如图 8.4 所示。

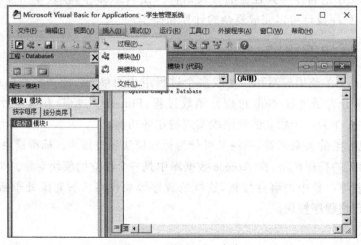

图 8.2 选择"过程"命令

图 8.3 "添加过程"对话框 图 8.4 创建 welcome()过程

(3) 在 welcome()过程中输入代码 MsgBox("欢迎使用学生管理系统!"),如图 8.5 所示。

(4) 单击"保存"按钮,弹出"另存为"对话框,将模块命名为"建立一个标准模块",如图 8.6 所示。该模块会显示在导航窗格中,如图 8.7 所示。

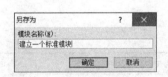

图 8.5 在 welcome()过程中输入代码 图 8.6 保存模块

(5) 单击标准工具栏上"运行子过程"按钮,如图 8.8 所示,或直接按 F5 键,会出现如图 8.9 所示的对话框,单击"运行"按钮,显示如图 8.10 所示的窗口。

图 8.7 在导航窗格中显示模块 图 8.8 单击"运行子过程"按钮

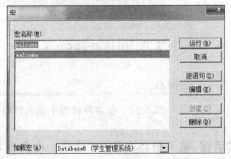

图 8.9 "宏"运行对话框 图 8.10 显示"welcome 宏"效果

2. 类模块

类模块是代码和数据的集合,每个类模块都与某个特定的窗体或报表相关联。窗体模块和报表模块都属于类模块,它们从属于各自的窗体或报表。

窗体模块和报表模块通常包含事件过程,通过事件触发并运行事件过程,响应用户操作,从而控制窗体或报表的行为。

窗体模块和报表模块的作用范围仅限于本窗体或本报表内部,具有局部特性,模块中变量的生命周期随窗体或报表的打开而开始,随窗体或报表的关闭而结束。

【例 8.2】 建立一个类模块,创建如图 8.16 所示窗体,其功能为单击"开始"按钮时,显示"欢迎使用学生管理系统!"。

例 8.2

操作步骤如下。

(1)在"学生管理系统"数据库中使用"窗体设计"类型创建一个窗体,窗体中包含一个命令按钮,命令按钮标题为"开始",如图 8.11 所示。

(2)选择命令按钮,右击弹出快捷菜单,选择"事件生成器",打开"选择生成器"对话框,如图 8.12 所示,在"选择生成器"对话框中选择"代码生成器"选项,单击"确定"按钮,进入如图 8.13 所示代码窗口。

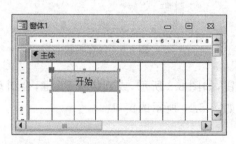

图 8.11 使用"窗体设计"类型创建窗体

图 8.12 打开"选择生成器"对话框

(3)在 Command1_Click()事件中输入代码 MsgBox("欢迎使用学生管理系统!"),如图 8.14 所示。

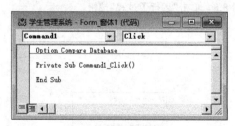

图 8.13 打开代码窗口

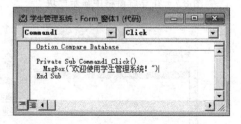

图 8.14 在事件过程中输入代码

(4)单击"保存"按钮,弹出"另存为"对话框,输入窗体名称为"建立一个类模块",如图 8.15 所示,单击"确定"按钮。

图 8.15　将窗体保存为"建立一个类模块"

（5）在导航窗格中双击"建立一个类模块"窗体，显示结果如图 8.16 所示，单击"开始"按钮，弹出如图 8.17 所示窗口。

图 8.16　运行"建立一个类模块"窗体　　　图 8.17　弹出"欢迎使用学生管理系统！"信息

3. 标准模块与类模块的区别

标准模块与类模块的不同之处在于存储数据的方法不同。标准模块的数据只有一个备份，这意味着标准模块中的一个公共变量的值改变后，在后面的程序中读取这个变量时将取得改变后的值，而类模块的数据是相对于类实例独立存在的。标准模块中的数据在程序的作用域内存在，而类模块实例中的数据只存在于对象的生命周期中，它随对象的创建而创建，随对象的撤销而消失。

4. 模块的结构

无论是标准模块还是类模块，其结构都包含以下两个部分。

（1）模块声明部分。用于放置本模块范围的声明，如 Option 声明、变量及自定义类型的变量。

（2）过程（函数）定义部分。用于放置实现过程或函数功能的 VBA 代码。标准模块中的过程和函数均为通用过程，可以供本模块或其他模块中的语句调用；类模块中的过程大部分是事件过程，也可以包含仅供本模块调用的过程和函数。

8.1.2　VBA 的概念

VB(Visual Basic)是一种面向对象的程序设计语言，Microsoft 公司将其引入了其他常用的应用程序中。例如，在 Office 的成员 Word、Excel、PowerPoint、Access 和 Outlook 中，这种内置在应用程序中的 Visual Basic 版本称为 VBA。

VBA 是 VB 的子集。VBA 是 Microsoft Office 系列软件的内置编程语言，是新一代标准宏语言。其语法结构与 Visual Basic 编程语言互相兼容，采用的是面向对象的编程机制和可视化的编程环境。

VBA 跨越多种应用软件并且具有控制应用软件对象的能力，提高了不同应用软件间的相互开发和调用能力。VBA 可被所有的 Microsoft 可编程应用软件共享,包括 Access、Excel、Word 以及 PowerPoint 等。与传统的宏语言相比,VBA 提供了面向对象的程序设计方法和相当完整的程序设计语言。

1. 宏与 VBA

宏虽然是一种程序,但它的控制方式比较简单,只能使用 Access 提供的操作命令,而 VBA 需要开发者自行编写。

宏与 VBA 都可以实现操作的自动化。但是,在应用的过程中,是使用宏还是 VBA,需要根据实际的需求确定。对于简单的细节工作,如打开或关闭窗体、打印报表等,使用宏非常方便,它可以迅速地将已经创建完成的数据库对象联系在一起。而对于比较复杂的操作,如数据库的维护、使用内置函数或自行创建函数、处理错误消息、创建或处理对象、执行系统级的操作以及一次处理多条记录等,就应当使用 VBA 进行编程。

2. 将宏转换为 VBA 代码

在 Access 中,宏的每个操作在 VBA 中都有等效的代码,因此,可以将宏存储为模块,以提高运行的速度。

独立宏可以转换为标准模块,嵌入在窗体、报表及控件事件中的宏可以转换为类模块。

将宏转换为 VBA 代码的方法有以下两种。

(1) 打开宏设计视图,在功能区"宏工具/设计"选项卡下的"工具"组中单击"将宏转换为 Visual Basic 代码"按钮,出现如图 8.18 所示的"转换宏:操作序列宏"对话框,单击"转换"按钮。

图 8.18 "转换宏:操作序列宏"对话框

(2) 打开窗体或报表设计视图,在功能区"设计"选项卡下的"工具"组中单击"将窗体的宏转换为 Visual Basic 代码"命令。

注意:被转换的宏中必须有内容,否则提示没有可转换的内容。

8.1.3 VBA 的编程环境

Access 以 VB 编辑器(Visual Basic Editor,VBE)作为 VBA 的开发环境,它以 VB 集成开发环境为基础,集编辑、编译、调试等功能于一体。在 VBE 中可以创建过程,也可以编辑已有的过程。

1. VBE 窗口的组成

VBE 窗口主要由标准工具栏、工程资源管理器窗口、代码窗口、属性窗口、立即窗口等组成。其中代码窗口驻留在主窗口内,其他窗口均为浮动窗口,如图 8.19 所示。通过单击标准工具栏中"视图"主菜单可以打开各个窗口。

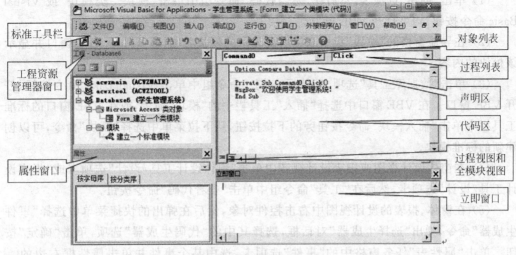

图 8.19　VBE 窗口

（1）标准工具栏。VBE 窗口上方有标准工具栏，常用的按钮介绍如下。

① "视图切换"按钮：单击该按钮，由 VBE 窗口切换到数据库窗口。

② "插入模块"按钮：用于插入一个模块。

③ "运行"按钮：运行模块程序。

④ "中断"按钮：暂停正在运行的程序。

⑤ "重新设置"按钮：结束正在运行的程序。

⑥ "设计模式"按钮：打开或退出模块的设计模式，属于形状键。

⑦ "工程资源管理器"按钮：打开或关闭工程资源管理器窗口。

⑧ "属性窗口"按钮：打开或关闭属性窗口。

⑨ "对象浏览器"按钮：打开或关闭对象浏览器。

（2）工程资源管理器窗口。以树形结构管理工程用到的所有模块对象。在 Access 中，模块分为类模块和标准模块。窗体和报表模块属于类模块。双击某个模块对象后，在代码窗口中显示该对象所有的过程代码。

该窗口顶部有 3 个按钮，从左到右依次为查看代码、查看对象和切换文件。

（3）属性窗口。列出在工程资源管理器窗口中所选对象的各种属性。在该窗口可以设置或修改对象的属性。

（4）代码窗口。由对象列表、过程列表、声明区、代码区构成。对象列表中列出本模块中所有的控件对象；过程列表列出了当前对象所能响应的各种事件；代码区用于输入和编辑 VBA 代码。

（5）立即窗口。在立即窗口中，可使用"?"或 Print 命令输出表达式，执行简单方法操作，辅助程序测试。代码中 Debug.Print 语句输出的信息也显示在立即窗口中。

2. VBE 窗口的打开

在 Access 2010 主窗口中，打开 VBE 的方法有很多，常用的有以下 6 种。

(1) 单击"创建"选项卡,然后在"宏与代码"命令组中单击"模块""类模块"或 Visual Basic 命令按钮,均可打开 VBE 窗口。

(2) 在导航窗格的"模块"组中双击所要显示的模块名称,即可打开 VBE 窗口并显示该模块的内容。

(3) 单击"数据库工具"选项卡,然后在"宏"命令组中单击 Visual Basic 命令按钮,打开 VBE 窗口。在 VBE 窗口中选择"插入"工具栏中的"模块"命令,或在 VBE 窗口的标准工具栏中单击"插入模块"命令按钮旁的下拉按钮,从下拉菜单中选择"模块"命令,可以创建新的标准模块。

(4) 在窗体设计视图或报表设计视图中单击"窗体设计工具/设计"选项卡或"报表设计工具/设计"选项卡,然后在"工具"命令组中单击"查看代码"命令按钮。

(5) 在窗体、报表的设计视图中右击控件对象,然后在弹出的快捷菜单中选择"事件生成器"命令,弹出"选择生成器"对话框,选择其中的"代码生成器"选项,单击"确定"按钮。单击"属性表"任务窗格中的"事件"选项卡,选中某个事件并单击属性框右边的 按钮,也可以弹出"选择生成器"对话框,选择其中的"代码生成器"选项,单击"确定"按钮。

(6) 使用 Alt＋F11 组合键,可以在 Access 2010 主窗口和 VBE 窗口之间进行切换。

8.2 VBA 程序设计基础

8.2.1 面向对象程序设计

目前,有两种编程思想,即面向过程程序设计和面向对象程序设计。

(1) 面向过程程序设计将数据和数据处理相分离,程序由过程和过程调用组成。

(2) 面向对象程序设计则将数据和数据处理封装成一个对象整体。对象是面向对象程序的基本元素,由对象和消息组成,程序中的一切操作都是通过向对象发送消息实现的,对象接收到消息后,启动方法完成相应的操作。

VBA 是 Access 系统内置的 VB 语言,VB 语言是可视化、面向对象、事件驱动的高级程序设计语言,采用面向对象的程序设计思想。

在面向对象的程序设计中,基本概念包括类和对象、属性、事件、方法等。

1. 类和对象

自然界的一切事物都是分类的,类是一个抽象的概念。比如"马"就是一个分类,是一个抽象的概念,但谈到某些具体的马时,这些具体的马就是"马"类的一个对象。

现实世界的任何事物都是对象。面向对象程序设计的主要任务是以"对象"为中心设计模块。

Access 中的对象代表应用程序中的元素,如表、窗体等。

Access 数据库窗口左边的对象(表、查询、窗体、报表、宏、模块等),准确地应该称为对象类,通过每一个类可以创建多个该类型的对象。

2. 属性

属性是对象的特征，描述了对象的当前状态。

在面向对象程序设计中，可以直接在"属性表"窗口定义对象属性，也可以用代码设置对象属性。在 VBA 代码中使用属性时，对象名与属性名之间用"."分隔。例如：

```
Label1.caption="欢迎学习 Access!"
```

此语句将 Label1 标签的标题设置为"欢迎学习 Access!"。

每个对象都有自己的属性，对象的类别不同，属性也会不同。同一类型的不同对象，属性也存在差异。

3. 事件

事件是对象能够识别的动作。例如，"单击"事件是按钮能够识别的运作。

有些事件能被多个对象识别，如"单击"事件和"双击"事件，可以被按钮等多个对象识别。

响应事件的方式有以下两种。

(1) 用宏对象响应对象的事件；

(2) 给事件编写 VBA 代码，用事件过程响应对象的事件。

类模块每个过程的开始行都会显示对象名和事件名。例如：

```
Private Sub Command0_Click()
```

其中，Command0 是对象名，Click 是事件名。

面向对象程序设计使用事件驱动程序。代码不是按预定顺序执行，而是在响应不同事件时执行不同的代码。

对象能响应多种类型的事件，每种类型的事件又由若干种具体事件组成。

4. 方法

方法是对象能够执行的操作，不同对象有不同的方法，不同的方法能完成不同的任务。

在代码中调用对象方法时，对象名与方法名之间用"."分隔。例如：

```
DoCmd.OpenTable "学生信息"
```

其中，OpenTable 是系统对象 DoCmd 的内置方法。

8.2.2　用代码设置窗体属性和事件

1. 关键字 Me

Me 是"包含这段代码的对象"的简称，可以代表当前对象。在类模块中，Me 代表当前窗体或当前报表。例如：

```
Me.Label1.Caption="欢迎学习 Access!"
```

此语句定义了窗体中 Label1 标签的标题（Caption）属性。

Me.Caption="欢迎学习 Access!"

此语句定义了窗体本身的标题(Caption)属性。

2. 用代码设置窗体属性

能用代码设置的窗体属性主要有标题、数据源等。

【例 8.3】 创建一个窗体,标题为"用代码设置窗体属性",包含一个命令按钮和一个文本框控件。其功能是单击命令按钮时,在文本框中显示"学生信息"表中第 1 条记录的"姓名"字段。

例 8.3

操作步骤如下。

(1) 在"学生管理系统"数据库中使用"窗体设计"类型创建一个窗体,窗体标题为"用代码设置窗体属性",窗体中包含一个命令按钮和一个文本框控件,命令按钮标题为"开始",文本框控件附属的标签标题为"第一条记录的姓名:",如图 8.20 所示。

图 8.20 窗体设计

(2) 在"属性表"的"所选内容的类型"列表中选择"窗体",如图 8.21 所示。选择"事件"选项卡,单击"加载"属性右侧的 ... 按钮,打开"选择生成器"对话框,选择"代码生成器"选项,单击"确定"按钮,进入代码窗口,在 Form_Load()中输入"Me.Caption="用代码设置窗体属性"",在 Command2_Click()中输入"Me.RecordSource="学生信息"",回车后再输入"Text0.Text=[姓名]",如图 8.22 所示。

图 8.21 选择"窗体"

图 8.22 输入代码

(3) 单击"保存"按钮,弹出"另存为"对话框,输入窗体名称为"用代码设置窗体属性",单击"确定"按钮。

(4) 在导航窗格中双击"用代码设置窗体属性"窗体,显示如图 8.23 所示,单击"开始"按钮,运行效果如图 8.24 所示。

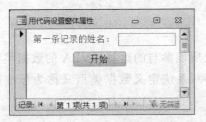

图 8.23　运行"用代码设置窗体属性"窗体

图 8.24　单击"开始"按钮运行效果

8.2.3　编程步骤

VBA 是 Access 的内置编程语言,因此不能脱离 Access 创建独立的应用程序,也就是说,VBA 编程必须在 Access 的环境内。VBA 编程有以下 5 个步骤。

(1) 创建用户界面。创建 VBA 程序的第一步是创建用户界面,用户界面的基础是窗体以及窗体上的控件。

(2) 设置对象属性。属性的设置可以通过两种方法实现:一种是在窗体设计视图中,通过对象的属性表设置;另一种是通过代码设置。

(3) 对象事件过程的编写。建立用户界面并为每个对象设置属性后,重点考虑的就是需要操作哪个对象? 激活什么事件? 事件代码如何编写?

(4) 运行和调试。事件过程编写完成后,就可运行程序了。若在程序运行过程中出错,系统会显示出错信息,这时应针对出错信息查找事件代码进行修改,然后再运行,直到正确为止。

(5) 保存窗体。保存时不仅保存了窗体和控件,还保存了事件代码。

8.2.4　DoCmd 对象

Access 除了提供数据库的对象之外,还提供了一个重要对象 DoCmd。DoCmd 是系统对象,主要作用是调用系统提供的内置方法,在 VBA 程序中实现对 Access 的操作。

DoCmd 对象的大多数方法都有参数,除了必选参数之外,其他参数可以省略,用系统提供的默认值即可。

使用 DoCmd 调用方法的格式为

`DoCmd.方法名 参数`

DoCmd 对象的常用方法如表 8.1 所示。

表 8.1　DoCmd 对象的常用方法

方　　法	功　能	举　　　例
OpenTable	打开表	DoCmd.OpenTable"学生信息"
OpenForm	打开窗体	DoCmd.OpenForm"信息管理"
OpenReport	打开报表	DoCmd.OpenReport"学生情况报表"
RunMacro	运行宏	DoCmd.RunMacro"操作序列宏"
Close	关闭对象	DoCmd.Close

8.2.5　VBA 的数据类型

数据类型反映了数据在内存中的存储形式及所能参与的运算。VBA 的数据类型分为系统定义数据类型和用户自定义数据类型两种,系统定义数据类型又称为标准数据类型。

1. 标准数据类型

VBA 支持多种标准数据类型,为用户进行程序设计提供了方便。在 VBA 中,不同类型的数据有不同的操作方式和不同的取值范围。VBA 标准数据类型如表 8.2 所示。

表 8.2　VBA 标准数据类型

数据类型	类型标识	类型符	字 节 数	取 值 范 围
字节	Byte		1B	0～255
整型	Integer	%	2B	-32768～32767
长整型	Long	&	4B	-2^{31}～$+2^{31}-1$
单精度	Single	!	4B	-3.4×10^{38}～3.4×10^{38}
双精度	Double	#	8B	-1.7×10^{308}～1.7×10^{308}
货币型	Currency	@	8B	$-2^{96}-1$～$+2^{96}-1$
字符串	String	$	与字符串长度有关	0～65535 个字符
布尔型	Boolean		2B	True/False
日期型	Date		8B	100 年 1 月 1 日～9999 年 12 月 31 日
变体型	Variant		与数据有关	任何整型或实数型
对象型	Object		4B	任何对象引用

其中,Variant 数据类型是一种特殊的数据类型,具有极大的灵活性,可以表示多种数据类型,其最终的数据类型由赋予它的值确定。如果变量在使用前未加类型说明,默认为 Variant 型。此外,还有对象型(Object),字节数为 4B,代表对某个对象的引用(地址),可对任何对象引用。

2. 用户自定义数据类型

VBA 允许用户自定义数据类型,使用 Type 语句可以实现这个功能。用户自定义数据类型可包含一个或多个某种数据类型的数据元素。Type 语句的语法格式如下:

```
Type 数据类型名
    数据元素定义语句
End Type
```

例如,用 Type 语句定义一个 StudentType 数据类型,它由 No、Name、Sex、BirthDate 4 个数据元素组成:

```
Type StudnetType
    No As String
```

```
    Name As String
    Sex As String
    BirthDate As Date
End Type
```

声明和使用变量的形式如下。

```
Dim Student As StudentType
Student.No="2018010101"
Student.Name="李明"
Student.Sex="男"
Student.BirthDate=#1999/10/12#
```

8.2.6 常量与变量

常量与变量是两种最基本的运算对象,在程序设计中用户要注意各种类型的常量的表示形式及变量的使用方法。

1. 常量

VBA 的常量分为直接常量、符号常量、系统常量 3 种类型。一般情况下,对于程序中使用的常量应尽量使用符号常量表示,这样可以用有意义的符号表示数据,增强程序的可读性。

(1) 直接常量。不同的直接常量有不同的表示方法,在使用时应遵循相应的规则,常用的表示方法有以下 4 种。

① 十进制整数由数字 0~9 和正、负号组成,实数可采用小数表示形式和科学计数表示形式。科学计数表示形式用 E 表示 10 的乘幂。例如,$2.14E+5$ 表示 $2.14×10^5$。

② 字符串常量是用双引号括起来的字符序列。例如,"欢迎学习 Access!"。在字符串中,字母的大小写是有区别的。例如,ACCESS 与 Access 代表两个不同的字符串。

③ 布尔常量有 True 和 False 两个值。在将布尔型数据转换成其他类型数据时,True 转换为 -1,False 转换为 0;在将其他类型数据转换成布尔型数据时,0 转换为 False,非 0 转换为 True。

④ 日期常量用一对 # 括起来的日期和时间的字符表示。例如,#2019-07-22#、#2019-07-22 20:00:29#。

(2) 符号常量。符号常量用标识符表示常量,用户一旦定义了符号常量,在以后的程序中就不能再用赋值语句改变它们的值,否则在运行程序时会出现错误。

标识符是用来表示用户所定义的常量、变量、过程、函数等程序要素的符号。在 VBA 中,标识符的命名必须以字母或汉字开头,且只能由汉字、字母(a~z 或 A~Z)、数字(0~9)或下划线组成,其最大长度为 255 个字符。此外,不能使用 VBA 的关键字作为标识符,标识符不区分大小写。

在 VBA 中声明常量的语句格式如下:

Const 常量名 [As 类型标识|类型符]=表达式[,常量名 [As 类型标识|类型符]=表达式]

　　其中,常量用标识符命名。"As 类型标识|类型符"用来说明常量的数据类型,可以是常量名后接"As 类型标识"或在常量名后直接加类型符。若省略该项,则由系统根据表达式的求值结果确定最合适的数据类型。表达式由运算量和运算符组成,也可以包含前面定义过的符号常量。例如:

```
Const PI As Double=3.1415926
Const DDate=#2019-09-15#
Const EDate=DDate+7
```

　　(3) 系统常量。系统常量是 VBA 预先定义好的常量,用户可以直接使用。例如,VBA 用 VBCrLf 表示换行。

2. 变量

　　变量是指程序在运行过程中其值可以改变的量,用来存储程序运行时的数据。程序利用变量保存数据、传递数据、处理数据,才能实现其设计目的。

　　变量实际是内存中的临时存储单元,一个变量对应一块内存空间。为了操作方便,要对每个变量取一个变量名。在程序中,通过变量名就可以对变量的值进行存取,不必知道它的具体地址。

　　(1) 变量的命名规则。为了区别不同数据的变量,需要对变量命名,VBA 的变量名要遵循标识符的命名规则。为了增加程序的可读性和可维护性,可以在命名变量时使用前缀的约定,这样通过变量名就可以知道变量的数据类型。例如,IntScore、StrName 分别作为整型、字符串型变量的名字。

　　(2) 变量的声明。使用变量前,必须声明变量名和变量类型,使系统分配相应的内存空间,并确定该空间可存储的数据类型。如果在程序中没有明确地声明变量,VBA 会默认将它声明为 Variant 数据类型。

　　在 VBA 中,可以强制要求在使用变量前进行变量的声明,方法是在模块通用声明部分包含一个 Option Explicit 语句,从而要求在模块级别中强制对模块中使用的所有变量进行显式声明。

　　声明变量要使用 Dim 语句,其格式如下:

```
Dim 变量名 [As 类型标识|类型符][, 变量名 [As 类型标识|类型符]]
```

　　例如:

```
Dim total%,cj as string,Amount
```

　　其中,total 的数据类型为整型;cj 为字符串型;Amount 为变体类型,因为声明时没有指定它的类型。

　　字符串型变量可以分为定长和变长两种类型。

　　例如:

```
Dim s1 as string,s2 as string * 50
```

　　其中,s1 是变长字符串型变量;s2 是定长字符串型变量。

（3）变量的赋值。在声明了变量以后，变量就指向了内存的某个单元。在程序的执行过程中，可以向这个内存单元写入数据，这就是变量的赋值，其格式如下：

变量名=表达式

例如：

```
Dim a%
a=10
```

8.2.7 运算符与表达式

运算符是代表某种运算功能的符号，它表明所要进行的运算。表达式是指由常量、变量、运算符、函数和圆括号等组成的式子，通过运算后会得出一个明确的结果。

1. 算术运算符与算术表达式

算术运算符是常用的运算符，用来执行简单的算术运算。VBA 提供了 8 个算术运算符，除了负号是单目运算符外，其他均为双目运算符。VBA 中的算术运算符如表 8.3 所示。

表 8.3 VBA 中的算术运算符

运算符	说 明	实 例	结 果
^	幂	7^2	49
—	负号	—7	—7
*	乘	7 * 2	14
/	除	7/2	3.5
\	整除	7\2	3
Mod	取余	7 Mod 2	1
+	加	7+2	9
—	减	7—2	5

算术表达式就是按照一定的规则用算术运算符将数值连接而成的式子。在进行算术运算的过程中，需要注意以下 4 点。

（1）"/"是浮点数除法运算符，结果为浮点数；

（2）"\"是整数除运算符，结果为整数；

（3）Mod 是取模运算符，用来求余数，结果为第一个操作数除第二个操作数所得的余数；

（4）如果表达式中含有括号，则先计算括号内表达式的值，然后严格按照运算符的优先级别进行运算。

2. 比较运算符与比较表达式

比较运算符的作用是对两个表达式的值进行比较，比较的结果是一个逻辑值，即真（True）或假（False）。如果表达式比较结果成立，返回 True；否则返回 False。VBA 中的比较运算符如表 8.4 所示。

表 8.4　VBA 中的比较运算符

运算符	说　明	实　例	结　果
=	等于	"number"="no"	False
<>	不等于	"number"<>"no"	True
>	大于	"number">"no"	True
>=	大于等于	"number">="no"	True
<	小于	"number"<"no"	False
<=	小于等于	"number"<="no"	False
Like	字符串匹配	"number"Like"no"	False

　　Like 运算符有特定的比较功能,它把一个字符串表达式与一个给定模式进行匹配,如果字符串表达式 String 与模式表达式 Pattern 匹配,则运算结果为 True;如果不匹配,则为 False;如果 String 或 Pattern 中有一个为 Null,则结果为 Null。

　　在进行比较运算时,需要注意以下 4 点。

　　(1) 数值型数据按其数值大小进行比较;

　　(2) 日期型数据将日期看成 yyyymmdd 的 8 位整数,按数值大小进行比较;

　　(3) 汉字按区位码顺序进行比较;

　　(4) 字符型数据按其 ASCII 码值进行比较。

3. 字符串连接运算符与字符串连接表达式

　　字符串连接运算符是用于连接字符串的运算符,VBA 中提供了两个连接运算符,如表 8.5 所示。

表 8.5　VBA 中的字符串连接运算符

运算符	实　例	结　果
+	"access"+456	数据类型不匹配
&	"access"&456	"access456"

　　"+"运算符既可以作为算术运算符,也可用于字符串连接运算符。在作为字符串连接运算符时,与"&"运算符的区别在于:"&"可强制将两个表达式(类型可能不同)做字符串连接;而"+"运算符做连接运算时,连接符两边只能为字符串,如果有一边为字符串,而另一边为数值,则会提示类型不匹配;如果一边为数字字符串,而另一边为数字,则按算术运算,如""12"+12"的结果为 24。

　　"&"运算符强制两个表达式做字符串连接。如果两个变量或表达式有不是字符串的表达式,则将其转换成 String 变体。如果两个表达式都是字符串表达式,则结果的数据类型是 String,否则是 String 变体。如果两个表达式都是 Null,则结果也是 Null。但是,只要有一个表达式是 Null,那么在与其他表达式连接时,都将其作为长度为零的字符串处理。

4. 逻辑运算符与逻辑表达式

　　逻辑运算符又称为布尔运算符,用作逻辑表达式之间的逻辑操作,结果是一个布尔类型的量。VBA 中的逻辑运算符如表 8.6 所示。

表 8.6　VBA 中的逻辑运算符

运算符	说　明
Not	非,即取反,真变假,假变真
And	与,两个表达式同时为真时,结果为真,否则为假
Or	或,两个表达式中有一个表达式为真则结果为真,否则为假
Xor	异或,两个表达式同时为真或同时为假时,结果为假,否则为真
Eqv	等价,两个表达式同时为真或同时为假时,结果为真,否则为假
Imp	蕴含,当第一个表达式为真,第二个表达式为假时,结果为假,否则为真

5. 对象运算符与对象表达式

引用了对象或对象属性的表达式称为对象表达式。对象运算符有"!"和"."两种。

(1)"!"运算符用于指出随后为用户定义的内容。使用它可以引用一个开启的窗体、报表或其上的控件。例如,对象表达式"Report![学生情况报表]"表示引用开启"学生情况报表"报表;"Report![学生情况报表]![学号]"表示引用"学生情况报表"报表中的名称为"学号"的控件。

(2)"."运算符通常用于引用窗体、报表或控件等对象的属性。例如,Label0.Caption表示引用标签控件 Label0 的 Caption 属性。

6. 运算符的优先顺序

当一个表达式中同时出现多种运算符时,即同时出现算术运算符、逻辑运算符和关系运算符时,将按照何种方式进行运算呢? VBA 中的运算顺序是按运算符的优先级决定的,优先级高的运算符先进行运算。如果优先级相同的运算符同时出现,则按照从左向右的顺序进行运算。当表达式中有括号时,其优先顺序通常会发生改变,此时应优先计算括号中的表达式。VBA 中各种运算符的优先级如表 8.7 所示。

表 8.7　VBA 中各种运算符的优先级

优先级	运算符类型	运算符
1		^
2		−(负号)
3	算术运算符	*、/
4		\
5		Mod
6		+(加)、−(减)
7	字符串连接运算符	&、+(字符串连接)
8	比较运算符	=、<>、<、<=、>、>=、Like
9		Not
10		And
11	逻辑运算符	Or、Xor
12		Eqv
13		Imp

8.2.8 常用的内部函数

内部函数是 VBA 系统为用户提供的标准过程,能够完成许多常见的运算。根据内部函数的功能,可以将其分为数学函数、字符串函数、日期或时间函数、类型转换函数和测试函数等类型。

1. 数学函数

数学函数用于完成数学计算功能,常用的数学函数如表 8.8 所示。

表 8.8 常用的数学函数

函数名	功　　能	实　　例	结　　果
Abs(x)	取绝对值	Abs(−4)	4
Sin(x)	求正弦值	Sin(0)	0
Cos(x)	求余弦值	Cos(0)	1
Tan(x)	求正切值	Tan(0)	0
Exp(x)	求 e^x	Exp(3)	20.086
Int(x)	返回不大于 x 的最大整数	Int(−4.2) Int(4.2)	−5 4
Fix(x)	返回 x 的整数部分	Fix(−4.2) Fix(4.2)	−4 4
Log(x)	取自然对数	Log(8)	2.079
Rnd(x)	产生[0,1)区间均匀分布的随机数	Rnd	[0,1)之间的随机数
Sgn(x)	返回正/负 1 或 0	Sgn(5) Sgn(−5) Sgn(0)	1 −1 0
Round(x)	四舍五入取整	Round(4.6)	5
Sqr(x)	求平方根	Sqr(9)	3

说明:

(1) 在三角函数中,参数 x 为一个数值表达式,必须以弧度表示。例如,数学表达式 $\sin45°$ 通常写成 $\sin(45*3.14/180)$。

(2) Log()和 Exp()互为反函数,即 Log(Exp(x))和 Exp(Log(x))的结果仍是原来的参数 x 的值。

(3) Rnd()函数返回 0 和 1(包括 0 但不包括 1)之间的双精度随机数。

2. 字符串函数

常用的字符串函数如表 8.9 所示。

表 8.9 常用的字符串函数

函数名	功能	实例	结果
Ltrim(s)	删除字符串 s 左边的空格	Ltrim(" VB")	"VB"
Rtrim(s)	删除字符串 s 右边的空格	Rtrim("VB ")	"VB"
Trim(s)	删除字符串 s 两边的空格	Trim(" VB ")	"VB"
Left(s,n)	取字符串 s 左边的 n 个字符	Left("VBScript",2)	"VB"
Right(s,n)	取字符串 s 右边的 n 个字符	Right("VBScript",6)	"Script"
Mid(s,n1,n2)	取字符串 s 中从 n1 位置起的 n2 个字符	Mid("VBScript",3,4)	"Scri"
Len(s)	计算字符串 s 的长度	Len("VBScript")	8
Space(n)	生成 n 个空格字符	Space(2)	" "
InStr(s1,s2)	在字符串 s1 中查找字符串 s2 首次出现的位置	InStr("VBScript","S")	3
LCase(s)	将字符串 s 中的字母转换为小写	LCase("VBScript")	"vbscript"
UCase(s)	将字符串 s 中的字母转换为大写	UCase("VBScript")	"VBSCRIPT"
String(n,character)	生成 n 个重复的 character 字符	string(3,"w") string(2,"Run!") string(3,"lab")	"www" "RR" "lll"

说明：

（1）VBA 中的字符串长度是以字为单位的，每个西文字符和每个汉字都作为一个字，占两个字节。

（2）InStr(s1,s2) 函数常用来进行字符串查找，返回字符串 s2 在 s1 中首次出现的位置。如果 s2 不是 s1 的子字符串，即 s1 中没有 s2，则返回值为 0。

（3）仅函数返回值的类型来说，表 8.9 中的函数，除了 Len() 和 InStr() 函数返回整型值外，其余都返回字符串。

3. 日期或时间函数

常用的日期或时间函数如表 8.10 所示。

表 8.10 常用的日期或时间函数

函数名	功能	实例	结果
Date()	取系统当前的日期	Date()	
Now()	取系统当前的日期和时间	Now()	
Time()	取系统当前的时间	Time()	
Year(d)	计算日期 d 的年份	Year(#2019-07-23#)	2019
Month(d)	计算日期 d 的月份	Month(#2019-07-23#)	7
Day(d)	计算日期 d 的日期	Day(#2019-07-23#)	23
Hour(t)	计算时间 t 的小时	Hour(#20:35:20#)	20
Minute(t)	计算时间 t 的分钟	Minute(#20:35:20#)	35
Second(t)	计算时间 t 的秒	Second(#20:35:20#)	20

续表

函数名	功 能	实 例	结 果
DateAdd(c,n,d)	对日期 d 增加特定时间 n	DateAdd("D",3,♯2019-07-23♯) DateAdd("M",3,♯2019-07-23♯)	♯2019-07-26♯ ♯2019-10-23♯
DateDiff(c,d1,d2)	计算日期 $d1$ 与 $d2$ 的间隔时间	DateDiff("D",♯2019-07-23♯, ♯2019-08-23♯) DateDiff("M",♯2019-07-23♯, ♯2019-08-23♯)	31 1
Weekday(d)	计算日期 d 是星期几	Weekday(♯2019-07-23♯)	3

说明:

(1) 在表 8.10 中,d、$d1$、$d2$ 可以是日期常量、日期变量或日期表达式;t 可以是时间常量、时间变量或时间表达式;c 为字符串,表示要增加时间的形式或间隔时间形式,YYYY 表示年,Q 表示季,M 表示月,D 表示日,WW 表示星期,H 表示时,N 表示分,S 表示秒。

(2) 用 Weekday(d) 计算日期 d 是星期几,如果结果为 1,表示是星期日;如果结果为 2,表示是星期一;如果结果为 3,表示是星期二;以此类推。

4. 类型转换函数

常用的类型转换函数如表 8.11 所示。

表 8.11　常用的类型转换函数

函数名	功 能	实 例	结 果
Asc(s)	将字符串 s 的首字符转换为对应的 ASCII 码值	Asc("Access")	65
Chr(n)	将 ASCII 码值 n 转换为对应的字符	Chr(65)	"A"
Str(n)	将数值 n 转换为字符串	Str(123)	"123"
Val(s)	将字符串 s 转换为数值	Val("456")	456

说明:

(1) Asc() 和 Chr() 互为反函数,Chr(Asc(c))＝c,Asc(Chr(n))＝n。需要强调的是,如果 Asc() 函数中的参数是含有多个字符的字符串,则只取首字母的 ASCII 码值作为函数的返回值。

(2) Val() 函数可以将数字字符串转换为相应的数字。如果字符串中出现数值规定以外的字符,则只将最前面的符合数值型规定的字符转换为对应的数值;如果第 1 个字符为非数值类型规定的字符,则函数的返回值为 0。例如,Val("123ABC") 的返回值为 123,Val("ABC123") 的返回值为 0。

(3) Str() 函数返回数值型数据转换后的字符串,字符串的第 1 位可以是空格(参数为正数)或负号(参数为负数),小数点最后的 0 将被去掉。

5. 测试函数

常用的测试函数如表 8.12 所示。

表 8.12 常用的测试函数

函数名	功 能	实 例	结 果
IsArray(a)	测试 a 是否为数组	Dim a(10,10) IsArray(a)	True
IsDate(a)	测试 a 是否为日期类型	IsDate(Date())	True
IsNumeric(a)	测试 a 是否为数值类型	IsNumeric(10)	True
IsNull(a)	测试 a 是否为空值	IsNull(Null)	True
IsEmpty(a)	测试 a 是否已经被初始化	Dim a IsEmpty(a)	True

8.3 VBA 流程控制语句

8.3.1 语句的书写规则

VBA 语句以过程形式存在,除一些声明语句出现在模块声明部分外,其他语句都必须出现在某个具体过程中。语句的书写是在 VBE 编辑器的代码区域进行的,主要的书写规则有以下 3 个。

(1) 语句的连写与换行。通常情况下,在程序中一行只写一个语句,有时十分短的语句可以在一行写多个语句,这时语句之间需要有冒号";"进行分隔。对于一行写不完的语句,可以用空格加下划线将其截断为多行。

(2) 采用缩进格式书写程序。采用缩进格式可以明确地表示程序中语句的结构层次,可以使用 VBE 中的"编译"命令下的"缩进"或"凸出"命令进行设置。

(3) 在语句代码中添加注释。为了增加程序的可读性,在程序中可以添加适当的注释。VBA 在执行程序时,并不执行注释文字。注释方式有 Rem 和"'"两种。注释可以写在语句的后面,也可单占一行。

例如,下面语句中进行了注释。

```
Rem 举例说明
Dim a As String          '声明一个字符串变量 a
a="欢迎使用 Access!"       '对字符串变量 a 进行赋值
```

8.3.2 VBA 常用语句

1. 赋值语句

赋值语句是最简单、最常用的语句,它用来为变量指定一个值。其语句格式如下:

```
变量名=表达式
```

该语句的功能是计算右边表达式的值,并将值赋给左边的变量。

例如:

```
r=2
s=3.14 * r^2
a=sqr(s)
```

如果变量未被赋值而直接引用,则数值型变量的值为 0,字符型变量的值为空串,逻辑型变量的值为 False。

2. 输入和输出语句

任何一个有意义的程序都离不开输入与输出,程序的原始数据一般都是通过输入确定的,程序的运行结果一般也需要以某种可视的方式输出。VBA 程序的输入与输出是通过相应的函数所提供的图形化界面实现的,其中,输入函数是 InputBox(),输出函数是MsgBox()。另外,Print()也可以实现输出,在窗体中使用文本框等控件也可以实现输入与输出。

(1) InputBox()函数。InputBox()函数的作用是显示一个输入对话框,对话框中有提示信息及文本框,等待用户输入信息后可单击"确定"按钮并在按钮事件发生后返回文本框的内容,返回值的类型为文本类型。InputBox()函数的调用格式如下:

```
InputBox(Prompt,[Title],[Default],[XPos],[YPos])
```

其中,Prompt 指定在对话框中显示的信息;Title 指定对话框标题栏中显示的信息,如果省略,则在标题栏中显示应用程序名;Default 显示在文本框中的信息,如果用户没有输入数据,就是默认值;XPos 和 YPos 为整型表达式,指定对话框左上角在屏幕上的坐标位置(屏幕左上角为坐标原点)。Prompt 参数是必须的,其他参数可以省略。

例如,通过 InputBox()函数给变量 name 赋值:

```
Dim name
name=InputBox("请输入姓名:","输入","lisi")
```

运行结果如图 8.25 所示。

(2) MsgBox()函数。MsgBox()函数的作用是打开一个对话框,等待用户单击按钮并返回一个整数,说明用户单击了哪一个按钮。MsgBox()函数的调用格式如下:

图 8.25　InputBox()函数对话框

```
变量名=MsgBox(Prompt,[Buttons],[Title])
```

MsgBox()在 VBA 程序中也可以作为语句使用,其格式如下:

```
MsgBox( Prompt,[Buttons],[Title])
```

其中,Prompt 参数用于设置提示信息,是字符串表达式。Prompt 参数不可以省略,其他两个参数可以省略。Buttons 是整型表达式,决定对话框中显示的按钮数目、图标类型、默认按钮及模式等,Buttons 的设置如表 8.13 所示。Title 用于设置对话框标题,也是字符串表达式,如果省略,则将应用程序名作为标题。

表 8.13 MsgBox()函数的 Buttons 设置值

分　组	系统常数	按钮值	描　　述
按钮数目	vbOKOnly	0	显示"确定"按钮
	vbOKCancel	1	显示"确定"和"取消"按钮
	vbAbortRetryIngore	2	显示"终止""重试"和"忽略"按钮
	vbYesNoCancel	3	显示"是""否"和"取消"按钮
	vbYesNo	4	显示"是"和"否"按钮
	vbRetryCancel	5	显示"重试"和"取消"按钮
图标类型	vbCritical	16	显示"停止"图标
	vbQuestion	32	显示"询问"图标
	vbExclamation	48	显示"感叹"图标
	vbInformation	64	显示"信息"图标
默认按钮	vbDefaultButton1	0	第1个按钮是默认值
	vbDefaultButton2	256	第2个按钮是默认值
	vbDefaultButton3	512	第3个按钮是默认值
	vbDefaultButton4	768	第4个按钮是默认值
模式	vbApplicationModal	0	应用程序强制返回,应用程序一直被挂起,直到用户对消息框做出响应才继续工作
	vbSystemModal	4096	系统强制返回,全部应用程序都被挂起,直到用户对消息框做出响应才继续工作

例如:

a=MsgBox("你的输入错误,请重新输入!",1+64+0,"提示")

等价的另一种形式为

a=MsgBox("你的输入错误,请重新输入!", vbOKCancel+vbInformation+
vbDefaultButton1,"提示")

上面语句指打开一个含有"确定"和"取消"按钮的"信息"图标对话框,"确定"按钮为默认值。

MsgBox()函数的返回值如表 8.14 所示。例如,如果函数值为1,表示用户单击了"确定"按钮。

表 8.14 MsgBox()函数的返回值

系统常数	值	描述	系统常数	值	描述
vbOK	1	确定	vbIgnore	5	忽略
vbCancel	2	取消	vbYes	6	是
vbAbort	3	终止	vbNo	7	否
vbRetry	4	重试			

8.3.3 顺序结构

计算机程序的执行控制流程有顺序结构、分支结构和循环结构 3 种基本结构。面向对象程序设计增加了事件驱动机制,由用户触发某事件去执行相应的事件过程。这些事件处理过程之间并不形成特定的执行顺序,但对每一个事件过程内部而言,又包含这 3 种基本结构。

顺序结构是最简单的一种结构,计算机按照语句的排列顺序依次执行每一条语句。

【例 8.4】 编写程序计算圆的面积。

操作步骤如下。

(1) 单击"创建"选项卡,然后在"宏与代码"命令组中单击"模块"按钮,进入 VBE 编程环境。

例 8.4

(2) 在代码窗口中输入以下代码:

```
Sub area()
  Dim r!, s!
  Const PI=3.14
  r=InputBox("请输入圆的半径:")
  s=PI * r ^ 2
  MsgBox ("圆的面积是"&s)
End Sub
```

如图 8.26 所示。

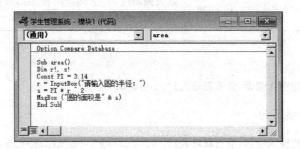

图 8.26 计算圆面积的代码

(3) 保存模块并命名为"计算圆的面积",按 F5 键或单击工具栏中的"运行"按钮运行该程序,如图 8.27 所示,输入圆的半径 2,单击"确定"按钮,计算结果如图 8.28 所示。

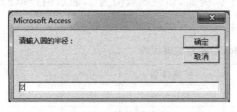

图 8.27 输入圆半径   图 8.28 圆半径为 2 的结果

8.3.4 分支结构

分支结构根据给定的条件是否成立决定程序的执行流程,在不同的条件下执行不同的操作。根据分支数的不同,分支结构又分为简单分支结构和多分支结构。

1. 简单分支结构

简单分支结构是指对一个条件进行判断后根据所得的两种结果进行不同的操作,简单分支结构用If语句实现,其语法格式如下:

```
If 条件 Then
  语句块 1
[Else
  语句块 2]
End If
```

其中,中括号中的内容可以省略。当条件成立时,执行Then后面的语句块1,然后执行整个If语句后面的语句。当条件不成立时,则执行Else后面的语句块2,再执行整个If语句后面的语句。如果没有Else分支,当条件不成立时直接执行If语句后面的语句。

如果语句块1和语句块2都只有一条语句,可以采用以下单行格式:

```
If 条件 Then 语句 1[Else 语句 2]
```

【例8.5】 输入两个数 a 和 b,比较两数的大小,并按从大到小的顺序输出。

操作步骤如下。

(1) 单击"创建"选项卡,然后在"宏与代码"命令组中单击"模块"按钮,新建一个VBA模块,并进入VBE编程环境。

例 8.5

(2) 在代码窗口中输入以下代码:

```
Sub cmp()
  Dim a!, b!, t!
  a=Val(InputBox("请输入第一个数:"))
  b=Val(InputBox("请输入第二个数:"))
  If a<b Then
    t=a
    a=b
    b=t
  End If
  MsgBox ("降序值为:" & a & "," & b)
End Sub
```

(3) 保存模块并命名为"例8.5",按F5键或单击工具栏中的"运行"按钮运行该程序,运行结果如图8.29所示。输入第一个数,如输入6,单击"确定"按钮,如图8.30所示,输入第二个数,如输入8,单击"确定"按钮,计算结果如图8.31所示。

图 8.29　输入第一个数

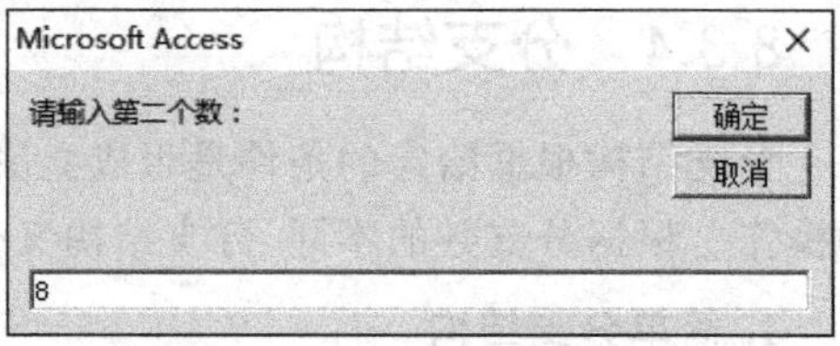

图 8.30　输入第二个数

图 8.31　例 8.5 计算结果

图 8.32　例 8.6 窗体的运行界面

【例 8.6】　创建如图 8.32 所示的窗体,其功能是在文本框中输入一个3位整数,然后单击"判断"按钮,判断其是否为水仙花数。水仙花数是指各位数字的立方和等于该数本身的 3 位整数,如 $153 = 1^3 + 5^3 + 3^3$。

例 8.6

操作步骤如下。

(1) 创建如图 8.32 所示的窗体,窗体"标题"属性设为"例 8.6"。窗体上包括 1 个标签控件(Label1)、2 个文本框控件(Text0 和 Text2)和 2 个命令按钮控件(Command4 和 Command5)。Label1 的"标题"属性设为"请输入一个 3 位整数:",Command4 的"标题"属性设为"判断",Command5 的"标题"属性设为"退出"。

(2) 在 Command4 的单击事件(Click)中输入以下代码:

```
Private Sub Command4_Click()
  Dim a%
  a=Text0.Value
  x=Int(a/100)
  y=Int(a/10) Mod 10
  z=a Mod 10
  If a=x ^ 3+y ^ 3+z ^ 3 Then
    Text2.Value=a & "是水仙花数"
  Else
    Text2.Value=a & "不是水仙花数"
  End If
End Sub
```

(3) 在 Command5 的单击事件(Click)中输入以下代码:

```
Private Sub Command5_Click()
  DoCmd.Close
End Sub
```

(4) 保存窗体名称为"例 8.6"。运行该窗体,输入数字进行验证,如输入 153,显示结果如图 8.33 所示;输入 200,显示结果如图 8.34 所示。

图 8.33　输入 153 的验证结果　　　　　图 8.34　输入 200 的验证结果

2. 多分支结构

(1) 多分支 If 结构。虽然用嵌套的 If 语句也能实现多分支结构程序,但用多分支 If 结构程序更加简洁、明了。多分支 If 结构的语法格式如下:

```
If 条件 1 Then
  语句块 1
ElseIf 条件 2 Then
    语句块 2
…
[ElseIf 条件 n Then
    语句块 n]
[Else
    语句块 n+1]
End If
```

执行过程:首先测试条件 1,如果为假则测试条件 2,以此类推,直到找到一个为真的条件为止。当找到一个为真的条件时执行相应的语句块,然后执行 End If 后面的语句。如果条件测试都为假时,则 VBA 执行 Else 语句块。

【例 8.7】 创建如图 8.35 所示窗体,其功能是在文本框中输入一个正数作为一名员工一个月的工资数额,根据应交税款的计算公式求出该工资应交的税款并显示。设应交税款的计算公式如下:

例 8.7

$$y = \begin{cases} 0 & x \leqslant 5000 \\ (x - 5000) \times 3\% & 5000 < x \leqslant 36000 \\ (x - 5000) \times 10\% - 2520 & 36000 < x \leqslant 144000 \\ (x - 5000) \times 20\% - 16920 & x > 144000 \end{cases}$$

图 8.35　例 8.7 窗体的运行界面

操作步骤如下。

① 创建如图 8.35 所示的窗体,窗体的标题属性设为"例 8.7"。窗体上包括 2 个标签控件（Label1 和 Label4）、2 个文本框控件（Text0 和 Text3）和 1 个命令按钮控件（Command5）。Label1 的"标题"属性设为"请输入工资:",Label4 的"标题"属性设为"应交税款:",Command5 的"标题"属性设为"计算"。

② 在 Command5 的单击事件（Click）中输入以下代码:

```
Private Sub Command5_Click()
    Dim x!, y!
    x=Val(Text0.Value)
    If x>0 And x<=5000 Then
        y=0
    ElseIf x>5000 And x<=36000 Then
        y=(x-5000) * 0.03
    ElseIf x>36000 And x<=144000 Then
        y=(x-5000) * 0.1-2520
    ElseIf x>144000 Then
        y=(x-5000) * 0.2-16920
    End If
    Text3.Value=y
End Sub
```

③ 保存窗体名称为"例 8.7"。运行该窗体,根据交税款公式的取值范围进行验证,如输入 7500,显示结果如图 8.36 所示。

（2）Select Case 结构在有些情况下,对某个条件进行判断后可能会出现多种取值,此时再使用多分支 If 结构,判断条件会很长。在 VBA 中,专门为此种情况设计了 Select Case 结构。在这种结构中,只有一个用于判断的表达式,根据此表达式的不同计算结果,执行不同的语句块。其语法格式如下:

图 8.36　输入 7500 的验证结果

```
Select Case 表达式
    Case 表达式列表 1
```

```
        语句块 1
    [Case 表达式列表 2
        语句块 2]
    ...
    [Case 表达式列表 n
        语句块 n]
    [Case Else
        语句块 n+1]
End Select
```

执行过程：首先计算表达式的值，然后将表达式的值依次与各 Case 列表中的值进行比较，若与其中的某个值相等，执行该列表后的相应语句块部分，然后执行 End Select 后的语句；若出现与列表中的所有值都不相等的情况，则执行 Case Else 的语句块部分，然后退出 Select Case 结构，执行其他的语句。

说明：

(1) 表达式可以是数值表达式，也可以是字符串表达式。

(2) 表达式列表可以有以下 3 种格式。

值 1[,值 2]...

这种格式在表达式列表中有一个或多个值与表达式的值进行比较，多个取值之间用逗号分隔。如果表达式的值与这些值中的一个相等，即可执行此表达式列表后相应的语句块。

值 1 To 值 2

这种格式在表达式列表中提供了一个取值范围，可以将此范围内的所有取值与表达式的值进行比较。如果表达式的值与此范围内的某个值相等，即可执行此表达式列表后的相应语句块。

Is 关系运算符 值 1[,值 2]...

这种格式将表达式的值与关系运算符后的值进行关系比较，检验是否满足该关系运算，若满足，则执行此表达式列表后的相应语句块。

在实际应用中，以上 3 种格式允许混合使用。

【例 8.8】　创建如图 8.37 所示窗体，其功能是将学生的百分制成绩按要求转换成相应的等级输出。成绩大于等于 90 分为"优秀"；成绩大于等于 80 分，小于 90 分为"良"；成绩大于等于 70 分，小于 80 分为"中"；成绩大于等于 60 分，小于 70 分为"及格"；成绩小于 60 分为"不及格"。

例 8.8

操作步骤如下。

(1) 创建如图 8.37 所示的窗体，窗体的标题属性设为"例 8.8"。窗体上包括 1 个标签控件（Label1）、2 个文本框控件（Text0 和 Text4）和 1 个命令按钮控件（Command6）。Label1 的"标题"属性设为"请输入分数："，Command6 的"标题"属性设为"转换"。

(2) 在命令按钮 Command6 的单击事件（Click）中输入以下代码：

```
Private Sub Command6_Click()
    Dim s!, g$
    s=Val(Text0.Value)
    Select Case s
        Case Is >=90
            g="优秀"
        Case Is >=80
            g="良"
        Case Is >=70
            g="中"
        Case Is >=60
            g="及格"
        Case Else
            g="不及格"
    End Select
    Text4.Value=g
End Sub
```

图 8.37　例 8.8 窗体的运行界面

（3）保存窗体名称为"例 8.8"。运行该窗体,根据成绩转换等级要求输入值进行验证,如输入 82,显示结果如图 8.38 所示。

图 8.38　输入 82 的验证结果

3. 具有选择功能的函数

VBA 提供了 3 种具有选择功能的函数,分别是 IIf() 函数、Switch() 函数和 Choose() 函数。

（1）IIf() 函数。IIf() 函数是一个根据条件的真假确定返回值的内部函数,其语法格式如下:

```
IIf(条件,表达式 1,表达式 2)
```

执行过程:如果条件为真,则函数返回表达式 1 的值;否则返回表达式 2 的值。

例如,求 a,b 两个数中的最大数,将其存放在 max 变量中,使用语句为

```
max=IIf(a>b,a,b)
```

（2）Switch() 函数。Switch() 函数根据不同的条件值决定函数的返回值,其语法格式如下:

```
Switch(条件 1,表达式 1,条件 2,表达式 2, …,条件 n,表达式 n)
```

执行过程:该函数从左向右依次判断条件是否为真,而表达式则会在第 1 个相关的条件为真时作为函数返回值返回。

例如,根据变量 province 的值求与省份相对应的省会名称 city,使用语句为

```
city=Switch(province="福建","福州", province="江西","南昌", province="湖南",
"长沙")
```

（3）Choose() 函数。Choose() 函数是根据索引的值返回选项列表中的值,其语法格

式如下：

Choose(索引,选项 1,选项 2, ..., 选项 n)

执行过程：当索引的值为 1 时,函数返回选项 1 的值;当索引的值为 2 时,函数返回选项 2 的值;以此类推。若没有与索引相匹配的选项,则会出现编译错误。

例如,根据 weekday 变量的值,求对应星期的中文名称 weekname,使用语句为

weekname=Choose(weekday,"星期一", "星期二", "星期三", "星期四", "星期五", "星期六", "星期日")

8.3.5　循环结构

顺序结构和分支结构中的语句只执行一次,但在实际应用中有时需要重复执行某些语句,使用循环结构可以实现此功能。

循环结构是一种十分重要的程序结构。循环结构的基本思想是重复执行某些语句,以完成大量的计算或处理要求。当然,这种重复不是简单机械的重复,每次重复都有新的内容。也就是说,虽然每次循环执行的语句相同,但语句中一些变量的值是在变化的,而且会在循环到一定次数或满足条件后结束循环。在 VBA 中,用于实现循环控制结构的语句主要有 For 语句和 Do 语句。

1. For 语句

对于一些问题可提前确定循环次数,这时使用 For 语句实现十分方便。For 循环属于计数型循环,程序按照此种结构中指明的循环次数执行循环体部分。For 循环的格式如下：

```
For 循环变量=初值 To 终值 [Step 步长]
    循环体
Next 循环变量
```

其中,循环变量为数值型变量,用于统计循环次数,此变量可以从初值变化到终值,每次变化的差值由步长决定。如果步长为 1,Step 1 可以省略。循环体是在循环过程中被重复执行的语句组。

执行过程：执行 For 循环时,如果循环参数为表达式,则先计算表达式的值,然后将初值赋给循环变量,再检验循环变量的取值是否超出终值。若循环变量没有超出终值,则执行一次内部的循环体,将循环变量加步长后赋给循环变量,再与终值进行比较。重复以上步骤,直到循环变量超过终值,则退出循环。

这里的超过有两种含义：①当步长大于 0 时,循环变量的值大于终值;②当步长小于 0 时,循环变量的值小于终值。

【例 8.9】　求 1~100 的平方和。

操作步骤如下。

(1) 创建如图 8.39 所示的窗体,窗体上包括 1 个文本框控件 (Text0) 和 1 个命令按钮控件(Command2)。Command2 的"标题"属性

例 8.9

设为"求和"。

（2）在 Command2 的单击事件（Click）中输入以下代码：

```
Private Sub Command2_Click()
    Dim i%, s&
    For i=1 To 100
        s=s+i*i
    Next i
    Text0.Value=Str(s)
End Sub
```

（3）保存窗体名称为"例 8.9"。运行该窗体，单击"求和"按钮，显示结果如图 8.40 所示。

图 8.39　例 8.9 窗体的运行界面　　　图 8.40　例 8.9 运行结果

【例 8.10】　求 1～10 的阶乘和。

操作步骤如下。

例 8.10

（1）创建如图 8.41 所示的窗体，窗体包括 1 个文本框控件（Text0）和 1 个命令按钮控件（Command2）。Command2 的"标题"属性设为"求 1～10 的阶乘和"。

（2）在命令按钮 Command2 的单击事件（Click）中输入以下代码：

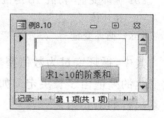

图 8.41　例 8.10 窗体的运行界面

```
Private Sub Command2_Click()
    Dim i%, t#, s#
    t=1
    s=0
    For i=1 To 10
        t=t*i
        s=s+t
    Next i
  Text0.Value=Str(s)
End Sub
```

（3）保存窗体名称为"例 8.10"。运行该窗体，单击"求 1～10的阶乘和"按钮，显示结果如图 8.42 所示。

2. Do 语句

对于循环次数确定的循环问题使用 For 语句比较方便，

图 8.42　例 8.10 运行结果

但是,有些循环问题无法确定循环次数,只能通过给定的条件决定是否继续循环,这时可以使用 Do 语句实现。

Do 语句根据某个条件是否成立决定能否执行相应的循环体部分,它有以下 4 种格式。

(1) Do While...Loop 语句。其语句格式如下:

```
Do While 条件表达式
    循环体
Loop
```

执行过程:若条件表达式的值为真,则执行循环体,直到条件表达式的值为假结束循环。

【例 8.11】 用以下近似公式求自然对数的底数 e 的值,直到最后一项的绝对值小于 10^{-6} 为止。

$$e \approx 1 + \frac{1}{1!} + \frac{1}{2!} + \cdots + \frac{1}{n!}$$

操作步骤以下。

① 在"创建"选项卡下的"宏与代码"组中单击"模块"按钮,打开模块代码窗口,输入以下代码:

```
Sub e()
    Dim i%, t#, e#
    i=1
    t=1
    e=1
    Do While Abs(1 / t) >=10 ^ (-6)
        t=t * i
        e=e+1 / t
        i=i+1
    Loop
    MsgBox ("e 的近似值为" & e)
End Sub
```

如图 8.43 所示。

② 保存模块名称为"例 8.11"。运行该模块,显示结果如图 8.44 所示。

图 8.43 例 8.11 过程代码

图 8.44 例 8.11 运行结果

（2）Do Until...Loop 语句。其语句格式如下：

```
Do Until 条件表达式
    循环体
Loop
```

执行过程：若条件表达式的值为假，则执行循环体，直到条件表达式的值为真结束循环。

【例8.12】 将例8.11的过程代码用 Do Until...Loop 语句完成。

程序代码如下：

```
Sub e()
Dim i%, t#, e#
i=1
t=1
e=1
Do Until Abs(1/t)<10 ^ (-6)
    t=t*i
    e=e+1 / t
    i=i+1
Loop
MsgBox ("e的近似值为" & e)
End Sub
```

例8.12

比较下面两个程序段，分析循环执行的次数。

程序段1：

```
k=0
Do While k<=5
    k=k+1
Loop
```

程序段2：

```
k=0
Do Until k<=5
    k=k+1
Loop
```

程序段1执行次数为6次；程序段2执行次数为0次，因为当$k=0$时，条件表达式的值为真，循环体不执行。

（3）Do...Loop While 语句。其语句格式如下：

```
Do
    循环体
Loop While 条件表达式
```

执行过程：首先执行一次循环体，执行到 Loop While 时判断条件表达式的值，如果为真，继续执行循环体，否则结束循环。

比较下面两个程序段，分析循环执行的次数。

程序段1：

```
k=0
Do While k>5
    k=k+1
Loop
```

程序段2：

```
k=0
Do
    k=k+1
Loop While k>5
```

程序段1执行次数为0次，因为当 $k=0$ 时，条件表达式的值为假，循环体不执行；程序段2执行次数为1次，因为它先执行一次循环体，然后再判断条件表达式的值为假，循环结束。

(4) Do...Loop Until 语句。其语句格式如下：

```
Do
    循环体
Loop Until 条件表达式
```

执行过程：首先执行一次循环体，执行到 Loop Until 时判断条件表达式的值，如果为假，继续执行循环体，否则结束循环。

比较下面两个程序段，分析程序的运行结果。

程序段1：

```
k=0
Do
    k=k+1
Loop While k>5
Msgbox(k)
```

程序段2：

```
k=0
Do
    k=k+1
Loop Until k>5
Msgbox(k)
```

对于程序段1，首先执行一次 Do 和 Loop While 之间的循环体，变量 k 的值变为1，然后判断条件 $k>5$ 是否成立，当条件表达式的值为假时退出循环，并在提示窗口中显示变

量 k 的值为 1；对于程序段 2，首先执行一次 Do 和 Loop Until 之间的循环体，变量 k 的值变为 1，然后判断条件 $k>5$ 是否成立，这时，条件表达式为假，继续执行循环体 $k=k+1$，k 的值由 1 变成 2，依次循环判断，当条件表达式的值为真时退出循环，最后在提示窗口中显示变量 k 的值为 6。

【**例 8.13**】 假设现在的人口为 14 亿，如果每年的人口自然增长率为 0.4%，求多少年后人口将达到或超过 18 亿。

例 8.13

操作步骤以下。

① 在"创建"选项卡下的"宏与代码"组中单击"模块"按钮，打开模块代码窗口，输入以下代码：

```
Sub population()
Dim i%, s#, k#
i = 0
s = 14
k = 0.4/100
Do Until s >= 18
    s = s * (1 + k)
    i = i + 1
Loop
MsgBox i & "年后，人口将达到" & s & "亿。"
End Sub
```

如图 8.45 所示。

② 保存模块名称为"例 8.13"。运行该模块，显示结果如图 8.46 所示。

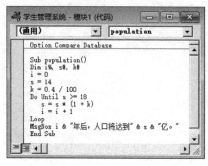

图 8.45 population()过程代码

图 8.46 例 8.13 运行结果

3. While…Wend 语句

在循环结构中，还有一类语句是 While…Wend 语句，只要条件表达式为真就会循环执行。其语法格式如下：

```
While 条件表达式
    循环体
Wend
```

这类语句和前面的循环语句一样,在结尾通过一个关键字将程序转回到前面循环开始时,该语句在循环的主体部分对表达式的某些参数作了改动,循环到条件表达式的值不再为真时,循环结束。

4. For Each…Next 语句

For Each…Next 语句是对于数组中的每个元素或对象集合中的每一项重复执行一组语句,这在不知道数组或集合中元素的数目时非常有用。其语法格式如下:

```
For Each 元素名 In 名称
    循环体
Next [元素名]
```

其中,元素名是用来枚举数组元素或集合中所有成员的变量。对于数组,元素名只能是 Variant 变量;对于集合,元素名可能是 Variant 变量、Object 变量等。名称是指数组或对象集合的名称。

5. 多重循环

如果一个循环语句的循环体中嵌套了另一个循环语句,这种循环结构称为多重循环。

【例8.14】　打印如图 8.47 所示的九九乘法表。

(1) 程序包含二重循环。外部的循环称为外循环,由循环变量 i 控制;内部的循环称为内循环,由循环变量 j 控制。

(2) 程序执行从 i 循环开始,i 每取一个值,内循环 j 就要从 $1\sim i$ 取一遍值。变量 i 控制行数,变量 j 控制每行输出的列数。

例 8.14

```
1*1=1
1*2=2    2*2=4
1*3=3    2*3=6    3*3=9
1*4=4    2*4=8    3*4=12   4*4=16
1*5=5    2*5=10   3*5=15   4*5=20   5*5=25
1*6=6    2*6=12   3*6=18   4*6=24   5*6=30   6*6=36
1*7=7    2*7=14   3*7=21   4*7=28   5*7=35   6*7=42   7*7=49
1*8=8    2*8=16   3*8=24   4*8=32   5*8=40   6*8=48   7*8=56   8*8=64
1*9=9    2*9=18   3*9=27   4*9=36   5*9=45   6*9=54   7*9=63   8*9=72   9*9=81
```

图 8.47　九九乘法表

(3) Debug.Print 语句用于在立即窗口输出信息。其语法格式如下:

```
Debug.Print 输出项列表
```

其中,输出项列表由一个或多个表达式组成,各项之间的分隔符有逗号","和分号";"两种形式。逗号表示与下一个输出项间距为一个 Tab 键;分号表示与下一个输出项间距为一个空格键。若"输出项列表"最后没有符号,则下一个输出项将换行输出。

操作步骤如下。

① 在"创建"选项卡下的"宏与代码"组中单击"模块"按钮,打开模块代码窗口,输入以下代码。

```
Sub cfb()
Dim i%, j%, k%
```

```
For i=1 To 9
    For j=1 To i
        k=i * j
        Debug.Print j & " * " & i & "=" & k,
    Next j
    Debug.Print ""
Next i
End Sub
```

如图 8.48 所示。

图 8.48　cfb()过程代码

② 保存模块名称为"例 8.14"。运行该模块,显示如图 8.47 所示。

8.3.6　跳转语句

跳转语句用于跳出循环语句,常用的跳转语句有 GoTo 语句和 Exit 语句。

1. GoTo 语句

通过 GoTo 语句可以无条件地将程序流程转移到 VBA 代码中的指定行。首先在相应的语句前加入标号,然后在程序需要转移的地方加入 GoTo 语句,这类语句一般跟随在条件表达式之后,以防止出现死循环。其语法格式如下:

GoTo 行号

其中,行号可以是任何字符的组合,以字母开头,以冒号结尾。行号必须从第 1 列开始输入。GoTo 语句将程序执行流程转移到行号的位置,并从该点继续执行。

注意:应尽量避免使用 GoTo 语句,因为 GoTo 语句会降低程序代码的可读性,不是良好的编程习惯,一般 GoTo 语句都可以通过在前面所介绍的选择语句和循环语句来代替。

2. Exit 语句

使用 Exit 语句可以方便地退出循环、函数或过程,直接跳过相应语句或结束命令。通过 Exit 关键字可以终结一部分程序的执行,更灵活地控制程序的流程。

在程序执行过程中,如果程序的执行已经达到目的,其后的语句也不需要继续执行了,这时就可以通过 Exit 语句强行结束相应代码的执行。

例如：

```
Sub toexit()
Dim i%, num%
num=Int(Rnd * 100)
Do
    For i=1 To 100
        Select Case num
            Case 10: Exit For
            Case 20: Exit Do
            Case 30: Exit Sub
        End Select
    Next i
Loop
End Sub
```

可以针对不同的情况，在 Exit 后加入一定的关键字退出相应的代码段，以便控制程序流程。

8.4　数组

数组是由具有相同数据类型的数据所构成的集合，其中单个数据称为数据元素。数组必须先声明再使用，数组声明即定义数组名、类型、维度和各维的大小。在定义数组后，数组名代表所有数组元素，数组名加下标表示一个数组元素，也称为下标变量，它和普通变量可以等价使用。

8.4.1　数组的声明

数组的声明方式和其他变量的声明方式是一样的，可以使用 Dim 语句来声明。其语法格式如下：

Dim 数组名([下标 1 下界 To]下标 1 上界[,[下标 2 下界 To]下标 2 上界]…)[As 类型标识]

下标下界的默认值为 0，在使用数组时，可以在模块的通用声明部分使用 Option Base 1 语句指定数组的下标下界从 1 开始。

数组分为固定大小数组和动态数组两种类型。若数组的大小被指定，则它是固定大小数组；若程序运行时数组的大小可以被改变，则它是动态数组。

(1) 声明固定大小数组。若定义一个固定大小的单精度型的一维数组 myArray，它的数据容量为 5，即它可以存储 5 个变量，其语句为"Dim myArray(4)as Single"。

"Dim myArray(2,3) as Single"语句定义了一个字符的二维数组，数组名为 myArray，它是一个含有 3×4 个元素的 Single 类型的二维数组。

(2) 声明动态数组。若声明为动态数组，则可以在执行程序时改变数组的大小。用户可以使用 Dim 语句声明数组，不需要给出数的大小。当需要时，可以使用 ReDim 语句更改动态数组,此时数组中存在的值会丢失。若要保存数组中已有的值,可以使用 ReDim Preserve 语句扩充数组。例如:

```
Dim mystring() as single
ReDim mystring(2)
mystring(0)=10
mystring(1)=20
mystring(2)=30
ReDim Preserve mystring(3)
```

8.4.2 数组的使用

【例 8.15】 创建如图 8.49 所示窗体,其功能是单击"统计"按钮随机产生 10 个范围在 0~100 的整数,通过文本框(Text0)显示出来,并在文本框(Text2)中显示出大于 50 的数。

例 8.15

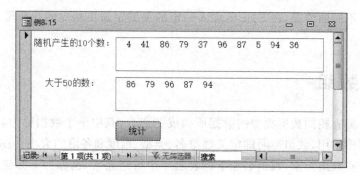

图 8.49　例 8.15 窗体的运行界面

操作步骤如下。

(1) 创建如图 8.49 所示的窗体,窗体包括 2 个标签控件(Label1 和 Label3)、2 个文本框控件(Text0 和 Text2)和 1 个命令按钮控件(Command4)。Label1 的"标题"属性设为"随机产生的 10 个数:",Label3 的"标题"属性设为"大于 50 的数:",Command4 的"标题"属性设为"统计"。

(2) 在命令按钮 Command4 的单击事件(Click)中输入以下代码。

```
Option Compare Database
Option Base 1
Private Sub Command4_Click()
    Text0.Value=""
    Text2.Value=""
    Dim a(10) As Integer, i%
    For i=1 To 10
        a(i)=Int(Rnd * 100)
        Text0.Value=Text0.Value & "  " & a(i)
    Next i
```

```
For i=1 To 10
    If a(i) >=50 Then
        Text2.Value=Text2.Value & "   " & a(i)
    End If
    Next i
End Sub
```

如图 8.50 所示。

图 8.50 Command4_Click()事件代码

(3) 保存窗体名称为"例 8.15"。运行该窗体,显示如图 8.49 所示。

【例 8.16】 输出如图 8.51 所示的杨辉三角形。

操作步骤如下。

(1) 在"创建"选项卡下的"宏与代码"组中单击"模块"按钮,打开模块代码窗口,输入以下代码。

例 8.16

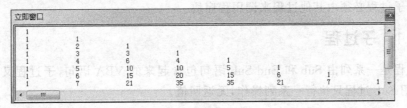

图 8.51 杨辉三角形

```
Sub trignale()
Dim a(7, 7) As Integer, i%, j%
For i=0 To 7
    For j=0 To i
        If i=j Or j=0 Then
            a(i, j)=1
        Else
            a(i, j)=a(i-1, j-1)+a(i-1, j)
        End If
```

```
            Debug.Print a(i, j),
        Next j
        Debug.Print ""
Next i
End Sub
```

如图 8.52 所示。

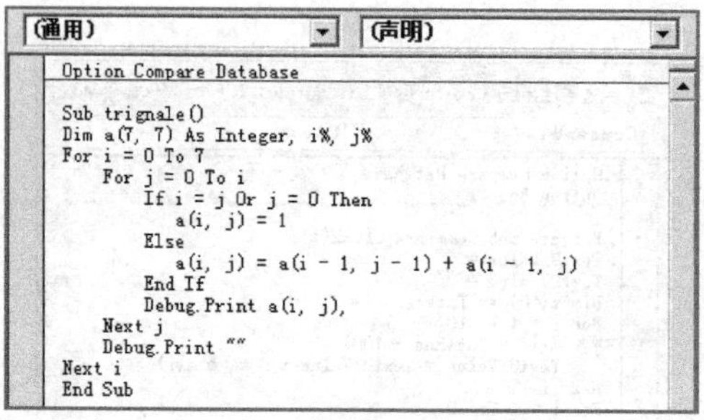

图 8.52　例 8.16 程序代码

(2) 保存模块名称为"例 8.16"。运行该模块,显示如图 8.51 所示。

8.5　VBA 过程调用与参数传递

模块是用 VBA 语言编写的过程的集合,而过程是 VBA 语句的集合。每个过程是一个可执行的程序片段,包含一系列的语句和方法。在 VBA 中,过程分为子过程、函数过程和属性过程 3 种。子过程没有返回值,函数过程返回一个值。子过程属于 Sub 过程,Sub 过程还包括事件过程。事件过程附加在窗体、报表或控件上,是在响应事件时执行的程序块。子过程必须由其他过程来调用程序块。

8.5.1　子过程

子过程是一系列由 Sub 和 End Sub 语句包含起来的 VBA 语句,子过程又称为 Sub 过程,调用 Sub 过程只执行一系列操作,无返回值。

1. 子过程的声明

子过程的声明格式如下:

```
Sub 子过程名([形式参数列表])
    [局部常量或变量的定义]
    [语句序列]
    [Exit Sub]
    [语句序列]
End Sub
```

说明:

(1) 子过程名须遵循标识符命名规则,它只用来标识一个子过程,没有值,当然也就没有类型。

（2）形式参数简称形参，形参列表的格式如下：

变量名［()］As 类型标识［，变量名［()］As 类型标识］…

形参可以是变量名（后面不加括号）或数组名（后面加括号）。如果子过程没有形参，则子程序名的后面必须跟一个空的圆括号。

（3）Exit Sub 表示退出子过程。

2. 子过程的创建

子过程的创建有以下两种方法。

（1）直接在窗体模块、报表模块或标准模块的代码窗口输入"Sub 子过程名"，然后按 Enter 键，系统会自动生成过程的起始语句和结束语句。

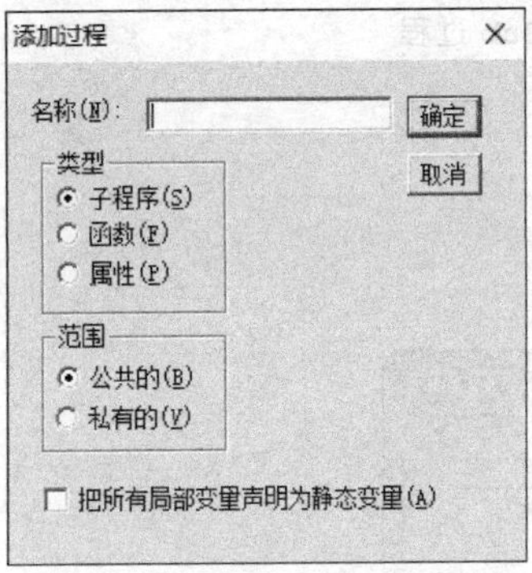

（2）在 VBE 的工程资源管理器窗口中双击需要创建的过程窗体模块、报表模块或标准模块，然后选择"插入"工具栏中的"过程"命令，弹出如图 8.53 所示的对话框，根据需要设置参数。

图 8.53 "添加过程"对话框

3. 子过程的调用

子过程的调用有两种方式：一种是使用 Call 语句调用；另一种是把子过程名作为一个语句直接调用。

使用 Call 语句调用子过程的语法格式如下：

Call 子过程名（［实际参数列表］）

使用子过程名作为语句的子过程调用方法的语法格式如下：

子过程名［实际参数列表］

实际参数简称为实参，它与形参的个数、位置和类型必须一一对应，在调用时把实参的值传递给形参。

【例 8.17】 在立即窗口上输出由"＊"号构成的等腰三角形。其中，输出行数由用户通过输入来指定。

例 8.17

操作步骤如下。

（1）在"创建"选项卡下的"宏与代码"组中单击"模块"按钮，打开模块代码窗口，在菜单栏中单击"插入"菜单，弹出"添加过程"对话框，在"名称"框中输入 space，"类型"默认选中"子程序"单选按钮，"范围"默认选中"公共的"单选按钮，单击"确定"按钮，打开模块代码窗口，输入以下代码。

```
'以下代码用于在某一行上输出空格
Sub space(n%, l%)
Dim i%
For i=1 To l-n
    Debug.Print " ";
Next i
```

```
End Sub
'以下代码用于在某一行上输出"*"
Sub start(n%)
  Dim i%
  For i=1 To 2 * n-1
    Debug.Print " * ";
  Next i
End Sub
Sub pr()
  Dim lines%, i%
  lines= InputBox("请输入要显示的三角形的行数:")
  For i=1 To lines
    Call space(i, lines)        '用 Call 语句调用 Sub 过程
    start i                     '使用子过程名语句调用 Sub 过程
    Debug.Print ""
  Next i
End Sub
```

如图 8.54 所示。

图 8.54　输出由"＊"号构成的等腰三角形代码

（2）保存模块名称为"例 8.17"。运行该模块,在弹出的输入对话框中输入数字 5,如图 8.55(a)所示,单击"确定"按钮,输出如图 8.55(b)所示。

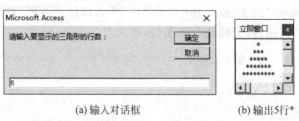

(a)输入对话框　　　　　(b)输出5行*

图 8.55　例 8.17 运行结果

8.5.2 函数过程

函数过程是一系列由 Function 和 End Function 语句包含的 VBA 语句。Function 过程又称为自定义函数,因为 Function 过程有返回值,所以建立过程时要给返回值定义数据类型。Function 过程通常在标准模块中定义,使用方法与内置函数相似。

1. 函数过程的声明

函数过程的声明格式如下:

Function 函数过程名 (［形式参数列表］［As 类型标识符］)
　　［局部常量或变量的定义］
　　［语句序列］
　　［Exit Function］
　　［语句序列］
　　函数名=表达式
End Function

其中,函数过程名有值和类型,在过程体内至少要被赋值一次;"As 类型标识符"为函数返回值的类型;Exit Function 表示退出函数过程。

函数过程的创建方法与子过程的创建方法相同。

2. 函数过程的调用

与子过程的调用方法不同,函数不能作为单独的语句进行调用,而是作为一个运算量出现在表达式中。调用函数过程的方法语法格式如下:

函数过程名 (［实际参数列表］)

【例 8.18】 编写一个函数过程,判断整数 x 是否为素数。调用过程找出 200 以内的所有素数并显示结果,要求每一行显示 5 个数。

操作步骤如下。

(1) 添加一个新模块,输入以下代码。

```
'用于判断 x 是否为素数
Function prime(x%) As Boolean
  Dim flag As Boolean, i%
  flag=True
  For i=2 To Sqr(x)
    If x Mod i=0 Then
        flag=False
        Exit For
    End If
  Next i
  If flag Then prime=True
End Function
Sub prt()
```

```
    Dim n%, c%, sum%
    For n=2 To 200
        If prime(n)=True Then
            c=c+1
            Debug.Print n;
            If c Mod 5=0 Then Debug.Print ""
        End If
    Next n
    Debug.Print ""
End Sub
```

如图 8.56 所示。

（2）保存模块名称为"例 8.18"。运行该模块，显示结果如图 8.57 所示。

图 8.56　判断整数 x 是否为素数的代码

图 8.57　例 8.18 运行结果

8.5.3　参数传递

在调用过程中，一般主调用过程和被调用过程之间有数据传递，也就是主调用过程的实参传递给被调用过程的形参，然后执行被调用过程。实参向形参的数据传递有传值方式和传址方式两种。

1. 传值方式

在形参前面加 ByVal 说明符，表示参数传递是传值方式，是一种单向的数据传递，即调用时只能由实参将值传递给形参，调用结束后不能由形参将操作结果返回给实参。

【例 8.19】　阅读下面的程序语句，分析程序的运行结果。

子过程代码如下。

```
Sub swap1(ByVal x%, ByVal y%)
Dim t%
t=x
```

```
x=y
y=t
End Sub
```

事件过程代码如下。

```
Sub cmd_click()
Dim a%, b%
a=10
b=20
Debug.Print "调用前: a=" & a & ",b=" & b
Call swap1(a, b)
Debug.Print "调用后: a=" & a & ",b=" & b
End Sub
```

在调用 swap1 子过程时,参数传递是传值方式。在调用子过程时,首先将实参 a 和 b 的值分别传递给形参 x 和 y,然后执行子过程 swap1,子过程执行完毕后,x 的值为 20,y 的值为 10,但形参 x 和 y 的值不返回给 a 和 b,因此,调用前和调用后值不变。在立即窗口中的显示结果如图 8.58 所示。

图 8.58 传值结果

2. 传址方式

在形参前面加 ByRef 说明符或省略不写,表示参数传递是传址方式,是一种双向的数据传递,即调用时由实参将值传递给形参,调用结束后由形参将操作结果返回给实参。实参只能是变量。

【例 8.20】 阅读下面的程序语句,分析程序的运行结果。

子过程代码如下。

```
Sub swap2(ByRef x%, ByRef y%)
Dim t%
t=x
x=y
y=t
End Sub
```

事件过程代码如下。

```
Sub cmd_click()
Dim a%, b%
a=10
b=20
Debug.Print "调用前: a=" & a & ",b=" & b
Call swap2(a, b)
Debug.Print "调用后: a=" & a & ",b=" & b
End Sub
```

在调用 swap2 子过程时,参数传递是传址方式。在调用子过程时,首先将实参 a 和 b

图 8.59　传址结果

的值分别传递给形参 x 和 y,然后执行子过程 swap2,子过程执行完毕后,x 的值为 20,y 的值为 10,子过程调用结束后,将形参 x 和 y 的值返回给 a 和 b,因此,调用前 $a=10,b=20$;调用后 $a=20,b=10$。在立即窗口中的显示结果如图 8.59 所示。

在使用参数传递时,需要特别注意以下两点。

(1) 形参和实参的数据类型要求必须相同,而且一般要求说明形参的数据类型。

(2) 除了使用说明符修饰参数外,实参的使用形式也决定着数据的传递方式。在子过程和函数过程调用时,如果实参是常量、表达式或者使用了圆括号,则无论在定义时使用哪种说明符修饰,都是传值方式,将常量或表达式计算的值传递给形参变量。

【**例 8.21**】　阅读下面的程序语句,分析程序的运行结果。

子过程代码如下。

```
Sub f(x%)
x=100
End Sub
```

事件过程代码如下。

```
Sub cmd_click()
Dim a%
a=10
b=20
c=30
Debug.Print "调用 f(a)前: a=" & a
Call f(a)
Debug.Print "调用 f(a)后: a=" & a
Debug.Print "调用 f((b))前: b=" & b
Call f((b))
Debug.Print "调用 f((b))后: b=" & b
Debug.Print "调用 f(b+c)前: b+c=" & (b+c)
Call f(b+c)
Debug.Print "调用 f(b+c)后: b+c=" & (b+c)
End Sub
```

本例中定义的过程 $f(x\%)$,形参 x 前面不带任何说明符修饰,默认应该属于传址方式,调用 f(a)语句时,实参 a 受到了形参 x 的影响,其值发生了改变。但是,调用 f((b))语句时,由于实参使用了圆括号,此时是传值方式,所以实参 b 不会受到影响;调用 f(b+c)语句时,由于实参是表达式,同样是传值方式,因此,调用 f(a)前 $a=10$,调用 f(a)后 $a=100$;调用 f((b))前 $b=20$,调用 f((b))后 $b=20$;调用 f(b+c)前 $b+c=50$,调用 f(b+c)后 $b+c=50$。在立即窗口中的显示结果如图 8.60 所示。

图 8.60　实参是常量、表达式和圆括号的传递结果

8.5.4 变量的作用域

变量可被访问的范围称为变量的作用范围,也称为变量的作用域。除了可以使用 Dim 语句声明变量外,还可以使用 Static、Private 和 Public 语句声明变量。根据声明语句和声明变量的位置不同,可以将变量的作用域分为局部范围、模块范围和全局范围 3 个层次。

1. 局部范围

在模块的过程内部用 Dim 或 Static 关键字声明的变量称为局部变量。局部变量的作用范围是局部的,只在过程执行期间才存在。

2. 模块范围

变量定义在模块的所有子过程或函数过程的外部,在模块的通用声明区域,用 Dim 或 Private 关键字声明的变量称为模块级变量。模块级变量在声明它的整个模块中的所有过程都能使用,但其他模块过程不能访问。一旦模块运行结束,模块级变量的内容自动消失。

3. 全局范围

在标准模块的通用声明段用 Public 关键字声明的变量称为全局变量。全局变量在声明它的数据库中所有的类模块和标准模块的所有过程中都能使用。

8.5.5 变量的生存期

变量的生存期是指变量从存在(执行变量声明并分配内存单元)到消失的时间段。变量根据生存期可分为动态变量和静态变量。

1. 动态变量

在过程中,用 Dim 语句声明的局部变量属于动态变量。动态变量的生存期为从变量所在的过程第一次执行到过程执行完毕。在这个时间段中,变量存在并可访问。在过程执行完毕后,会自动释放该变量所占的内存单元。

2. 静态变量

在过程中,用 Static 关键字声明的局部变量属于静态变量。静态变量在过程运行时可保留变量的值,即每次调用过程时,用 Static 说明的变量保持上一次的值。

【例 8.22】 阅读下面的程序语句,分析程序的运行结果。

```
Private Sub Command0_Click()
Dim x%
Static y%
x=x+1
y=y+1
Debug.Print "x=" & x & ",y=" & y
End Sub
```

连续单击"运行"按钮,输出的 x 的值始终为 1,y 的值依次为 $1,2,3,\cdots$ 这是因为 x 为动态变量,它的值总是从 0 开始,所以值总为 1;变量 y 为静态变量,它的值从上一个过程结果开始,所以值会依次增加,在立即窗口中的显示结果如图 8.61 所示。

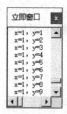

图 8.61　动态变量与静量变量运行结果

8.6　VBA 数据库访问技术

通过 Access 提供的设计器和向导等工具,可以轻松地创建表、查询、窗体、报表和宏等对象。在此基础上,利用 VBA 编程技术,可以比较方便地开发系统。当然,如果希望功能更加强大,使用更加方便,可以使用数据访问接口。

通过数据访问接口,可以在 VBA 代码中处理打开的或没有打开的数据库、表、查询、字段、索引等对象,可以编辑数据库中的数据,也就是将数据的管理和处理完全代码化。

8.6.1　常用的数据库访问技术

数据库访问是复杂的软件技术,通过数据库本地接口与底层数据进行交互直接编程非常困难,数据库访问技术可简化这一过程。数据库访问技术可以通过编写相对简单的程序实现非常复杂的任务,并且为不同类别的数据库提供统一的接口。常用的数据库访问技术有 ODBC、DAO 和 ADO 等。

1. ODBC

ODBC(Open Database Connectivity,开放数据库互联)是 WOSA(Windows Open Services Architecture,Microsoft 公司开放服务结构)中有关数据库的一个组成部分。它建立了一组规范,并提供了一组对数据库访问的标准 API(Application Programming Interface,应用程序编程接口),这些 API 可使用 SQL 完成大部分任务。ODBC 本身也提供了对 SQL 的支持,用户可以直接将 SQL 语句提交给 ODBC。

一个基于 ODBC 的应用程序对数据库的操作不依赖任何数据库管理系统,不直接与数据库管理系统"打交道",所有的数据库操作均由对应的数据库管理系统的 ODBC 驱动程序完成。也就是说,不论是 Access,还是 SQL 或 Oracle 数据库,均可用 ODBC API 进行访问。由此可见,ODBC 最大的优点是能以统一的方式处理所有的数据库。

2. DAO

DAO(Data Access Objects,数据访问对象)是 Visual Basic 最早引入的数据库访问技术。它普遍使用 Microsoft Jet 数据库引擎(由 Microsoft Access 所使用),并允许

Visual Basic 开发者像通过 ODBC 对象直接连接到其他数据库一样直接连接到 Access
表。DAO 最适用于单系统应用程序或小范围本地分布使用。

3. ADO

ADO(ActiveX Data Object)又称为 ActiveX 数据对象,是 Microsoft 公司开发数据
库应用程序面向对象的新接口。ADO 扩展了 DAO 所使用的对象模型,具有更加简单、
灵活的操作性能。ADO 在 Internet 方案中使用最少的网络流量,并在前端和数据源之间
使用最少的层数,提供轻量、高性能的数据访问接口,可通过 ADO Data 控件非编程和利
用 ADO 对象编程访问各种数据库。

目前,Microsoft 的数据库访问一般用 ADO 的方式,ODBC 和 DAO 正在逐渐被淘
汰。在本书中将着重介绍如何在 VBE 环境中使用 ADO 数据库访问技术访问 Access
2010 数据库。

8.6.2 ADO 对象模型

ADO 是一个组件对象模型,模型中包含了一系列用于连接和操作数据库的组件对
象。系统已经完成了组件对象的类定义,只需在程序
中通过相应的类型声明对象变量,就可以通过对象变
量调用对象方法、设置对象属性,从而实现对数据库
的各项访问操作,如图 8.62 所示。

VBA ⟷ ADO ⟷ 数据库

图 8.62　通过 ADO 数据库访问
技术访问数据库

ADO 对象模型定义了一个可编程的分层对象集合,主要由 3 个对象成员 Connection、
Command 和 Recordset 对象,以及几个集合对象 Errors、Parameters 和 Fields 所组成,如
图 8.63 所示。

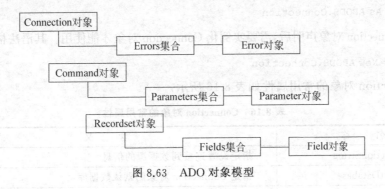

图 8.63　ADO 对象模型

ADO 对象模型提供的 6 个对象功能说明如表 8.15 所示。

表 8.15　ADO 对象模型功能说明

对象名称	功　能　说　明
Connection	建立与数据库的连接,通过连接可以从应用程序中访问数据库
Command	在建立与数据库的连接后,发出命令操作数据源
Recordset	与连接数据库中的表或查询相对应,所有对数据的操作基本都在记录中完成

续表

对象名称	功能说明
Error	访问数据源时返回的错误信息
Parameter	与命令对象有关的参数
Field	记录集中某个字段的信息

在使用 ADO 之前,必须引用包含 ADO 对象和函数的库,其引用设置方法如下:

(1) 进入 VBE 编程环境;

(2) 单击工具栏中的"引用"命令,打开"引用"对话框;

(3) 在可使用的引用中,选择 Microsoft ActiveX Data Objects 2.1 Library,单击"确定"按钮。

8.6.3 ADO 访问数据库的基本步骤

在 VBA 中使用 ADO 访问数据库的基本步骤如下:首先使用 Connection 对象建立应用程序与数据源的连接,然后使用 Command 对象执行对数据源的操作命令(通常用 SQL 命令),接下来使用 Recordset 和 Field 等对象对获取的数据进行查询或更新操作,最后使用窗体中的控件向用户显示操作的结果,操作完成后关闭连接。

1. 数据库连接对象(Connection)

在 VBA 中,通过 ADO 访问数据库的第 1 步就是建立应用程序与数据库之间的连接,这时必须用到 ADO 的连接对象(Connection)。

Connection 对象在使用之前必须声明。其语法格式如下:

```
Dim cn As ADODB.Connection
```

在 Connection 对象声明后,需要实例化 Connection 对象才能使用。其语法格式如下:

```
Set cn=New ADODB.Connection
```

Connection 对象的常用属性如表 8.16 所示。

表 8.16　Connection 对象的常用属性

名称	含义
ConnectionString	指定设置连接到数据源的信息
DefaultDatabase	指定 Connection 对象的默认数据库
Provider	指定 Connection 对象的提供者的名称
State	返回当前 Connection 对象打开数据库的状态

说明:

(1) 与 Access 2010 数据库连接时,Provider 的属性值为 Microsoft.ACE.OLEDB.12.0。

(2) 如果 Connection 对象已经打开数据库,则 State 属性值为 adStateOpen(值为 1),否则为 adStateClosed(值为 0)。

例如,如果要连接"学生管理系统"数据库,设置 Connection 对象 DefaultDatabase 属性值可以使用以下语句：

```
cn.DefaultDatabase="学生管理系统.accdb"
```

Connection 对象的常用方法如表 8.17 所示。

表 8.17 Connection 对象的常用方法

名 称	含 义
Open	创建与数据库的连接
Execute	用于执行指定的 SQL 语句
Close	关闭已经打开的数据库

说明：

(1) Open 方法的语法格式如下：

```
连接对象名.Open ConnectionString,UserID,Password,Options
```

其中，ConnectionString 是必选项，其他项为可选项。

(2) Execute 方法的语法格式如下：

```
连接对象名.Execute CommandText,RecordsAffected,Options
```

其中，CommandText 用于指定要执行的 SQL 命令；RecordsAffected 是可选项，用于返回操作影响的记录数；Options 也是可选项，用于指定 CommandText 参数的运算方式。

(3) Close 方法的语法格式如下：

```
连接对象名.Close
```

2. 数据库命令对象（Command）

ADO 的 Command 对象代表对数据源执行的查询、SQL 语句或存储过程。

Command 对象的常用属性如表 8.18 所示。

表 8.18 Command 对象的常用属性

名 称	含 义
ActiveConnection	指定当前命令对象所属的 Connection 对象
CommandText	指定向数据提供者发出的命令文本
State	返回 Command 对象的运行状态

说明：

(1) 若要为已经定义的 Connection 对象单独创建一个 Command 对象，必须将其 ActiveConnection 属性设置为有效的连接字符串。

(2) CommandText 属性通常是 SQL 语句，也可以是提供者能识别的任何其他类型的命令语句。

(3) 如果 Command 对象处于打开状态，则 State 的属性值为 adStateOpen（值为 1）；否则为 adStateClosed（值为 0）。

Command 对象的常用方法为 Execute()，该方法用来执行 CommandText 属性中指定的查询、SQL 语句或存储过程。其语法格式如下：

（1）以记录集返回的 Command 对象。

```
Set RecordSet=Command.Execute(RecordsAffected,Parameters,Optinos)
```

（2）不以记录集返回的 Command 对象。

```
Command.Execute RecordsAffected,Parameters,Optinos
```

其中，RecordsAffected 为长整型变量，返回操作所影响的记录数目；Parameters 为数组，为 SQL 语句传递的参数值；Optinos 为长整型值，表示 CommandText 的属性类型。这 3 个参数都是可选项。

3. 数据集对象（Recordset）

Recordset 对象是数据记录的集合，而数据记录又是字段的集合，因此使用 Recordset 对象可以存取所有数据记录中每一个字段的数据。在 ADO 中，Recordset 对象是用于数据库操作的重要对象。

Recordset 对象的常用属性如表 8.19 所示，其中，EditMode 和 State 属性的返回值如表 8.20 和表 8.21 所示。

表 8.19 Recordset 对象的常用属性

名　称	含　义
Bof	如果为真，记录指针在数据表中的第一条记录前
Eof	如果为真，记录指针在数据表中的最后一条记录后
RecordCount	返回 Recordset 对象中的记录个数
EditMode	返回当前记录的编辑状态
Filter	指定记录集的过滤条件，只有满足了这个条件的记录才会显示出来
State	返回当前记录集的操作状态

表 8.20 EditMode 属性的返回值

系统常数	含　义
AdEditNone	提示当前没有编辑操作
AdEditInProgress	提示当前记录中的数据已被修改但未保存
AdEditAdd	提示 AddNew()方法已被调用，并且复制缓冲区中的当前记录是尚未保存到数据库中的新记录
AdEditDelete	提示当前记录已被删除

表 8.21 State 属性的返回值

系统常数	含　义
AdStateClosed	默认值，提示对象是关闭的
AdStateOpen	提示对象是打开的
AdStateConnection	提示 Recordset 对象正在连接
AdStateExecuting	提示 Recordset 对象正在执行命令
AdStateFetching	提示 Recordset 对象的行正在被读取

Recordset 对象的常用方法如表8.22所示。

表8.22 Recordset 对象的常用方法

名 称	含 义
Move	将当前记录位置移到指定的位置
MoveFirst	将当前记录位置移到记录集中的第一条记录
MoveLast	将当前记录位置移到记录集中的最后一条记录
MovePrevious	将当前记录位置向后移动一条记录(向记录集的顶部)
MoveNext	将当前记录位置向前移动一条记录(向记录集的底部)
AddNew	向记录集中添加一条新记录
Find	在记录集中查找满足条件的记录
Open	打开一个记录集
Close	关闭打开的对象
Delete	删除记录集中的当前记录或记录组
Update	将记录集缓冲区中的记录真正写到数据库中
CancelUpdate	取消对当前记录所做的任何更改或放弃新添加的记录

说明:

(1) Open 方法的语法格式如下:

记录集对象.Open Source,ActiveConnection,CursorType,LockType,Options

其中,Source 是数据源,它可以是 Command 对象、SQL 语句、表名、存储过程等;ActiveConnection 是连接字符串或 Connection 连接变量;CursorType 用来确定当打开 Recordset 时提供者应使用的游标类型,取值见表8.23;LockType 确定打开 Recordset 时提供者应使用的锁定类型,取值见表8.24;Options 指定 Source 参数的类型,取值见表8.25。这5个参数均为可选项。

表8.23 CursorType 参数的取值和说明

CursorType 参数	值	说 明
adOpenForwardOnly	0	默认值,向前移动指针,只能利用 MoveNext 或 GetRows 方法向前移动指针
adOpenKeyset	1	键盘指针,可以向前或向后移动指针,分布显示必须使用键盘指针。一个客户端做了修改(除了增建记录)时,会立刻显示给其他客户端
adOpenDynamic	2	动态指针,可以向前或向后移动指针,所有修改都会立刻显示给其他客户端
adOpenStatic	3	静态指针,可以向前或向后移动指针,所有的修改都不会显示给其他客户端

表8.24 LockType 参数的取值和说明

LockType 参数	值	说 明
adLockReadOnly	1	默认值,只读,不可修改记录集
adLockPessimistic	2	只能同时被一个客户端修改,修改时锁定,修改完毕后释放
adLockOptimistic	3	可同时被多个客户端修改
adLockBatchOptimistic	4	可修改记录集,但不锁定其他客户端

表 8.25　Options 参数的取值和说明

Options 参数	值	说　　明
adCmdText	1	Source 参数的类型是 SQL 语句
adCmdTable	2	Source 参数的类型是一个表名
adCmdStoreProc	4	Source 参数的类型是一个存储过程名
adCmdUnknown	8	默认值，Source 参数的类型无法确定

（2）Close 方法的语法格式如下：

记录集对象.Close

其中，用此方法关闭不是将其从内存中清除，需要时可以重新打开它。要彻底从内存中删除，必须使用 Nothing 方法。

【例 8.23】　使用 ADO 编程，完成对"班级信息"表记录的添加、查找、删除和退出功能。

操作步骤如下。

（1）创建如图 8.64 所示的窗体，窗体的"标题"属性设为"例 8.23"。窗体中包含 1 个标签控件 Label0（"标题"属性设为"班级信息管理"，"字体"属性设为"楷体"，"字号"属性设为 28），3 个文本框控件 Text1、Text3 和 Text5（Text1 的"标题"属性设为"班级编号："，Text3 的"标题"属性设为"班级名称："，Text5 的"标题"属性设为"学院编码："）和 4 个命令按钮控件 Command7、Command9、Command10、Command11（Command7 的"标题"属性设为"添加"，Command9 的"标题"属性设为"查找"，Command10 的"标题"属性设为"删除"，Command11 的"标题"属性设为"退出"）。

图 8.64　例 8.23 窗体界面

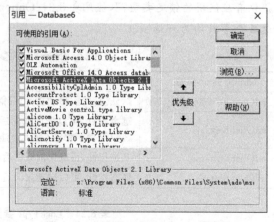

图 8.65　"引用 — Database6"对话框

（2）进入 VBE 编程环境。单击"工具"工具栏中的"引用"命令，打开"引用 — Database6"对话框。在"可使用的引用"中，勾选 Microsoft ActiveX Data Objects 2.1 Library 复选框，如图 8.65 所示。单击"确定"按钮，打开代码编写窗口。

（3）在代码编写窗口中，声明模块级变量，输入以下代码。

```
Dim cn As ADODB.Connection
Dim rs As ADODB.Recordset
Dim temp As String
```

如图 8.66 所示。

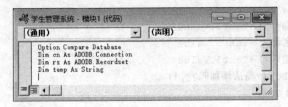

图 8.66 声明模块代码

（4）在窗体加载时，为对象变量赋值。在代码编写窗口中输入以下代码。

```
Private Sub Form_Load()
Set cn=CurrentProject.Connection
Set rs=New ADODB.Recordset
temp="select * from 班级信息"
rs.Open temp, cn, adOpenKeyset, adLockOptimistic
Text1.Value=""
Text3.Value=""
Text5.Value=""
End Sub
```

如图 8.67 所示。

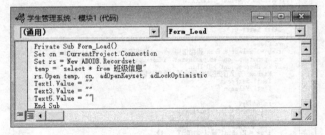

图 8.67 对象变量赋值代码

（5）在代码编写窗口中输入"添加"按钮事件，代码如下。

```
Private Sub Command7_Click()
Dim flag%
If Text1.Value="" Or Text3.Value="" Or Text5.Value="" Then
    MsgBox "输入的数据为空,请重新输入!"
    Text1.SetFocus
Else
    rs.Close
    temp="select * from 班级信息 where 班级编号='" & Text1.Value & "'"
    rs.Open temp, cn, adOpenKeyset, adLockOptimistic
```

```
        If rs.RecordCount>0 Then
            MsgBox "输入的班级编号重复,请重新输入!"
            Text1.SetFocus
            Text1.Value=""
        Else
            rs.AddNew
            rs("班级编号")=Text1.Value
            rs("班级名称")=Text3.Value
            rs("学院编码")=Text5.Value
            flag=MsgBox("确认添加吗?",1)
            If flag=1 Then
                rs.Update
            Else
                rs.CancelUpdate
            End If
            Text1.Value=""
            Text3.Value=""
            Text5.Value=""
        End If
    End If
End Sub
```

如图 8.68 所示。

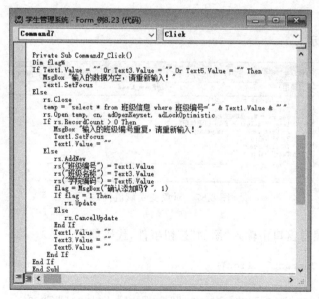

图 8.68 "添加"按钮事件代码

（6）在代码编写窗口中输入"查找"按钮事件，代码如下。

```
Private Sub Command9_Click()
Dim search$
search=InputBox("请输入要查找的班级编号:")
```

```
temp="select * from 班级信息 where 班级编号='" & search & "'"
rs.Close
rs.Open temp, cn, adOpenKeyset, adLockOptimistic
If Not rs.EOF Then
    MsgBox "找到了!"
    Text1.Value=rs("班级编号")
    Text3.Value=rs("班级名称")
    Text5.Value=rs("学院编码")
Else
    MsgBox "没有找到!"
End If
End Sub
```

如图 8.69 所示。

图 8.69 "查找"按钮事件代码

(7) 在代码编写窗口中输入"删除"按钮事件,代码如下。

```
Private Sub Command10_Click()
Dim search$
search=InputBox("请输入要查找的班级编号:")
temp="select * from 班级信息 where 班级编号='" & search & "'"
rs.Close
rs.Open temp, cn, adOpenKeyset, adLockOptimistic
If Not rs.EOF Then
    MsgBox "找到了!"
    Text1.Value=rs("班级编号")
    Text3.Value=rs("班级名称")
    Text5.Value=rs("学院编码")
    If MsgBox("确定要删除该记录内容吗?", vbYesNo)=vbYes Then
        rs.Delete
        Text1.Value=""
        Text3.Value=""
        Text5.Value=""
    End If
```

```
Else
    MsgBox "没有找到!"
End If
End Sub
```

如图 8.70 所示。

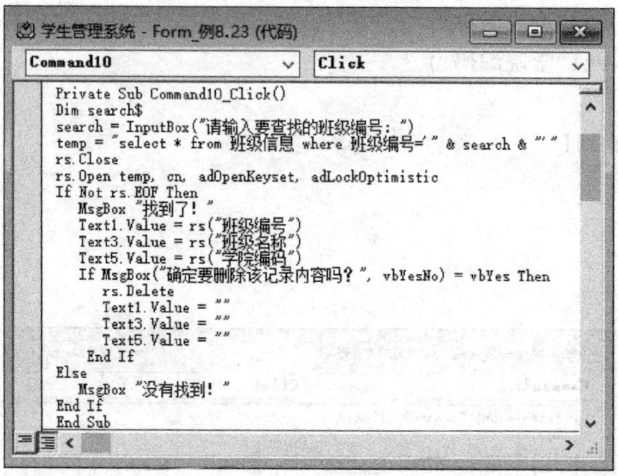

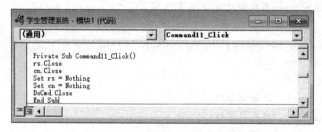

图 8.70 "删除"按钮事件代码

(8) 在代码编写窗口中输入"退出"按钮事件,代码如下。

```
Private Sub Command11_Click()
rs.Close
cn.Close
Set rs=Nothing
Set cn=Nothing
DoCmd.Close
End Sub
```

如图 8.71 所示。

图 8.71 "退出"按钮事件代码

(9) 保存窗体名称为"例 8.23"。运行该窗体,在窗体中分别输入"班级编号"为 180203,"班级名称"为"物联网","学院编码"为 01,如图 8.72 所示,单击"添加"按钮,弹出 如图 8.73 所示信息框,单击"确定"按钮,信息被添加到"班级信息"表中。打开"班级信 息"表查看添加信息是否成功,如图 8.74 所示,若添加的班级编号已存在,则弹出如图 8.75

所示信息框。

图 8.72 输入添加信息

图 8.73 添加提示信息

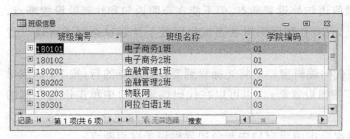

图 8.74 信息已添加到表中

图 8.75 班级编号重复提示

8.7 VBA 调试

编写程序并上机运行往往很难做到一次成功,所以在编写程序的过程中需要不断地检查和纠正错误并上机调试,这个过程就是程序的调试。

8.7.1 常见错误类型

编写程序不可避免地会发生错误,常见的错误有以下 3 种。

1. 语法错误

语法错误是指输入了不符合程序设计语言语法要求的代码,这是初学者经常犯的错误。例如,语句配对错误(If…End If 或 For…Next);编程的错误,违反了 Visual Basic 的规则(拼写错误、少一个分隔符或类型不匹配等)。

由于 Access 的代码编辑窗口是逐行检查的,如果在输入时发生了此类错误,编辑时系统会随时用红色显示出现错误的语句。根据出错提示,及时改正错误就可以了。

2. 运行错误

运行错误是指在程序运行中发现的错误。如被零除或向不存在的文件中写入数据。

这时系统会在出现错误的地方停下来,并打开代码窗口,给出运行时错误提示信息并告知错误类型。修改了错误以后,选择"运行"工具栏中的"继续"命令,继续运行程序;也可以选择"运行"工具栏中的"重新设置"命令退出中断状态。

3. 逻辑错误

程序运行时没有发生错误,但程序没有按照所期望的结果执行。产生逻辑错误的原因很多,一般难以查找和排除,有时需要修改程序的算法排除错误。

8.7.2 调试方法

1. 设置断点

在程序发生错误后,如果错误不明显,就应该对程序进行调试,找到错误并改正。在 VBA 中,可以通过设置断点,然后通过单步执行调试模块代码。

设置断点可以挂起代码的执行。挂起代码时,程序仍然在运行中,只是在断点位置暂停下来。此时可以进行调试工作,检查当前变量值或者单步执行的每行代码。

可以在任何执行语句和赋值语句处设置断点,但不能在声明语句和注释处设置断点,也不能在程序运行时设置断点,只有在程序编辑状态或程序处于挂起状态时才可以设置断点。

(1) 设置断点的方法是在代码编辑窗口中将光标移到要设置断点的行,按 F9 键或单击"调试"工具栏的"切换断点"按钮设置断点,也可以在代码编辑窗口中单击语句左侧的灰色边界标识条设置断点。

(2) 取消断点的方法是再次单击编辑窗口中灰色边界标识条取消断点。

2. 单步跟踪

单步跟踪是指每执行一条语句后都进入中断状态。通过单步执行每一条语句,可以及时、准确地跟踪变量的值,从而发现错误。

单步跟踪的方法是将光标置于要执行的过程内,单击"调试"工具栏中的"逐语句"按钮或按 F8 键,执行当前语句(用黄色亮条显示),同时将程序挂起。

3. 设置监视窗口

在调试程序的过程中,可以通过监视窗口对调试中的程序变量或表达式的值进行跟踪,主要用来判断逻辑错误。一旦监视表达式的值为真或发生了改变,程序也会自动进入中断状态。设置监视表达式的方法如下。

(1) 选择"调试"工具栏中的"添加监视"命令,弹出"添加监视"对话框。

(2) 在"模块"下拉列表中选择被监视过程所在的模块;在"过程"下拉列表中选择要监视的过程;在"表达式"文本框中输入要监视的表达式。

(3) 在"监视类型"选项区域中选择监视类型。

(4) 设置完成后屏幕会出现监视窗口,在该窗口中能反映出在调试过程中相应表达式的状态。

可以通过上述方法设置多个监视表达式。如果要修改或删除监视表达式,首先在"监视窗口"中选择该表达式,然后选择"调试"工具栏中的"编辑监视"命令,打开"编辑监视"

对话框,在该对话框中可以编辑或删除监视表达式。

8.7.3 错误处理

在系统发出警告之前截获该错误,在错误处理程序中提示用户是解决问题还是取消操作。如果用户解决了问题,程序继续执行;如果用户选择取消操作,跳出这段程序,继续执行后面的程序。这就是处理运行时错误的方法,这个过程称为错误处理。

错误处理的一般步骤是先设置错误陷阱,然后编写错误处理代码。

1. 设置错误陷阱

设置错误陷阱是在代码中使用 On Error 语句,当发生运行错误时捕获错误。On Error 语句的形式有以下 3 种。

① On Error GoTo 行号

此语句的功能是在发生运行错误后,程序将跳转到"行号"位置,然后再执行错误处理程序。

② On Error Resume Next

此语句的功能是忽略错误,继续向下执行。它设置错误陷阱,但并不指定错误处理程序。当发生错误时不做任何处理,直接执行产生错误的下一行程序。

③ On Error GoTo 0

此语句用来强制取消错误捕获功能。当发生错误时,不使用错误处理程序块。

2. 编写错误处理代码

在捕获到运行错误后将进入错误处理程序进行相应的处理。在编写错误处理程序时经常会用到 VBA 中的 Err 对象,用于发现和处理错误。Err 对象的重要属性之一是 Number 属性,它返回或设置错误代码;另一个重要属性是 Description,它是对错误的描述。

8.8 任务实现

任务 1 程序编写 1

第 8 章 任务 1

打开 D8(1)源.accdb 数据库中的"字符统计"窗体,实现以下功能:
在文本框 Text1 中输入一个字符串,单击"统计个数"命令按钮 Command1 后,在文本框 Text2、Text3、Text4 和 Text5 中依次显示该字符串中字母、数字、空格和其他字符的个数,运行界面如图 8.76 所示。

操作步骤如下。

(1) 打开"字符统计"窗体的设计视图,右击"统计个数"按钮,选择"事件生成器"命令,进入 VBE 编辑环境。

(2) 在代码编写窗口中输入 Command1 命令按钮 Click 事件代码如下。

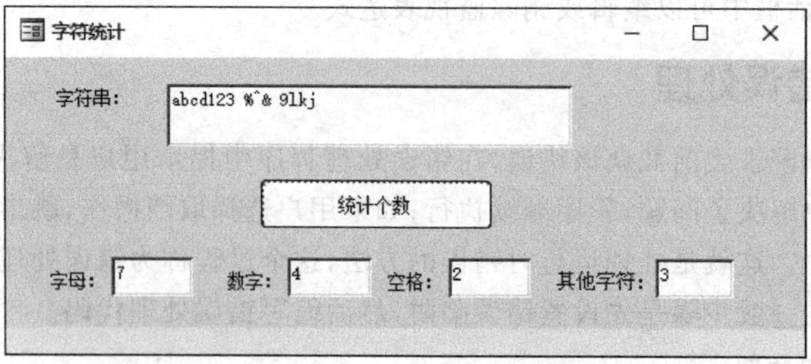

图 8.76 "字符统计"窗体

```
Private Sub Command1_Click()
Dim s$, c$, letters%, space%, digit%, other%
s=Text1.Value
letters=0
space=0
digit=0
other=0
For i=1 To Len(s)
    c=Mid(s, i, 1)
    If (("a"<=c And c<="z") Or ("A"<=c And c<="Z")) Then
        letters=letters+1
    ElseIf (c>="0" And c<="9") Then
            digit=digit+1
      ElseIf c=" " Then
              space=space+1
            Else
                other=other+1
    End If
Next i
Text2.Value=letters
Text3.Value=digit
Text4.Value=space
Text5.Value=other
End Sub
```

(3) 保存并运行窗体。

任务 2　程序编写 2

打开 D8(2)源.accdb 数据库,在窗体 FormSum 中编写"求和"按钮的 Click 事件代码,实现以下功能:根据输入的两位正整数 n,计算 $1\sim n$ 个位为 6 的正整数之和(如 $n=30$,和为 $6+16+26=48$),结果显示在 Label2 中,如图 8.77 所示。

第 8 章 任务 2

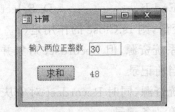

图 8.77 FormSum 窗体

操作步骤如下。

(1) 打开 FormSum 窗体的设计视图,右击"求和"按钮 ,选择"事件生成器"命令,进入 VBE 编辑环境。

(2) 在代码编写窗口中输入 Command1 命令按钮的 Click 事件代码如下。

```
Private Sub Command1_Click()
Dim n%, d%, sum%
sum=0
n=Val(Text1.Value)
For i=1 To n
    d=i Mod 10
    If d=6 Then
        sum=sum+i
    End If
Next i
Label2.Caption=sum
End Sub
```

(3) 保存并运行窗体。

8.9 习题

1. 选择题

(1) 系统默认设置下,定义数组 A(4,-1 to 2),则 A 含有( )个元素。

  A. 16   B. 20   C. 15   D. 12

(2) ADO 中 3 个最主要的对象是( )。

  A. Data、Recordset 和 Field

  B. Data、Parameter 和 Command

  C. Recordset、Field 和 Command

  D. Connection、Recordset 和 Command

(3) 下列选项中,变量 a 的数据类型为字符型的是( )。

  A. Dim a&   B. Dim a%   C. Dim a!   D. Dim a$

(4) 下列( )不是分支结构的语句。

  A. Do...Loop Until...   B. If...Then...End If

C. If...Then...Else...End If   D. Select Case...End Select

(5) 设 rs 为记录集对象变量,则 rs.Close 的作用是(   )。

    A. 只关闭 rs 相关的系统资源,但 Recordset 对象并未从内存中释放

    B. 关闭 rs 对象中的当前记录

    C. 关闭 rs 相关的系统资源,同时 Recordset 对象从内存中释放

    D. 关闭 rs 对象中的第一条记录

(6) 以下合法的变量名是(   )。

    A. _xy   B. integer   C. x—y   D. abc123

(7) 下列一维数组声明语句错误的是(   )。

    A. Dim b(10) As Double   B. Dim b(−3 To −5) As Integer

    C. Dim b(3 To 3) As String   D. Dim b(−5 To 0)

(8) 设 rs 为记录集对象,下列(   )可以正确完成记录集的清理任务。

    A. rs.Append   B. Set rs＝Nothing

    C. rs.Close   D. Set rs＝Nothing

       Set rs＝Nothing   rs.Close

(9) 表达式值为 True 的是(   )。

    A. "10"＞"4"   B. 13/4＞13\4

    C. "杨"＜"冬"   D. Int(8.63)＝Round(8.63,0)

(10) 下列选项中,(   )产生的结果是不同的。

    A. "Access"＋"ABC"与"Access"＆"ABC"

    B. 9 MOD 8 与 5\4

    C. Int(10.56)与 Round(10.56,0)

    D. Left("Access",3)与 Mid("Access",1,3)

(11) 下列程序段中,不执行 x＝x∗i 语句的是(   )。

    A. For i＝1 to 10 Step −3   B. For i＝−5 to 10

       x＝x∗i   x＝x∗i

       Next   Next i

    C. For i＝10 to 1 Step −3   D. For i＝−5 to 10 Step 2

       x＝x∗i   x＝x∗i

       Next i   Next

(12) 以下关于 ADO 对象的叙述中,错误的是(   )。

    A. 用 Recordset 对象只能查询数据,不能删除数据

    B. Command 对象用于定义并执行对数据源的具体操作,如增加、删除、更新、筛选记录

    C. Connection 对象用于连接数据源

    D. Recordset 对象用于存储取自数据库源的记录集

(13) 向记录集对象 m_rs 中添加一条新记录,可使用(   )命令。

    A. m_rs.Append   B. m_rs.Add

　　　　C. m_rs.MoveNext　　　　　　　　　　　　　D. m_rs.AddNew

(14) 函数 Len("Round") 的值是(　　　)。

　　　　A. 10　　　　　　　　B. 3　　　　　　　　C. 5　　　　　　　　D. 7

(15) (　　　)是合法的变量名。

　　　　A. 12_fuzhou　　　　B. _12fuzhou　　　　C. @fuxhou　　　　D. fuzhou_12

(16) ADO 用于实现应用程序与数据源相连接的对象是(　　　)。

　　　　A. Connection　　　　B. Errors　　　　　C. Command　　　　D. Parameters

(17) Recordset 对象的 BOF 属性值为"假",记录指针当前位置不可能在(　　　)。

　　　　A. Recordset 对象第一条记录　　　　　　B. Recordset 对象第一条记录之前

　　　　C. Recordset 对象最后一条记录之后　　　D. Recordset 对象最后一条记录

(18) 在 VBA 中,表达式 3 * 12 mod 2^(7\3)−2 的值为(　　　)。

　　　　A. −2　　　　　　　　B. 3　　　　　　　　C. 0　　　　　　　　D. 1

(19) 二维数组 M(5,6) 中有(　　　)个元素。

　　　　A. 30　　　　　　　　B. 5　　　　　　　　C. 42　　　　　　　　D. 6

(20) 在 VBA 中,函数表达式 Ucase(String(3,"BA")) 的值为(　　　)。

　　　　A. bbb　　　　　　　　B. BABABA　　　　　C. bababa　　　　　D. BBB

(21) 在 VBA 中,函数表达 Mid("Fuzhou",4,4) 的值为(　　　)。

　　　　A. zhou　　　　　　　B. Fuzh　　　　　　C. houu　　　　　　D. hou

(22) 返回记录集对象 rs 的记录个数,应使用的命令是(　　　)。

　　　　A. rs.RecordCount　　　　　　　　　　　　B. rs.RecordSum

　　　　C. rs.RecordMax　　　　　　　　　　　　　D. rs.RecordTotal

(23) 在 VBA 中,类型为 Variant 表示(　　　)数据类型。

　　　　A. 逻辑型　　　　　　B. 变体型　　　　　　C. 对象型　　　　　D. 字符型

(24) "rs.open sql,conn,2,2"语句中,最后一个参数 2 表示记录集的锁定类是(　　　)。

　　　　A. 只读锁定类型,不能做任何修改

　　　　B. 只有在调用 Update 时才锁定记录集

　　　　C. 当编辑时立即锁定记录,是最安全的方式

　　　　D. 当编辑时记录不会被锁定,而且更改、插入和删除操作是在批处理方式下完
　　　　　　成的

(25) Recordset 对象的 BOF 和 EOF 属性值均为 True,表示(　　　)。

　　　　A. 记录集为空　　　　　　　　　　　　　B. 记录集只有一条记录

　　　　C. 记录指针在末条记录　　　　　　　　　D. 记录指针在首条记录

(26) 将记录集对象 rs 当前记录的"年龄"字段更新为 60,可使用(　　　)命令。

　　　　A. rs!年龄=60　　　B. rs!年龄=60　　　C. rs.AddNew　　　D. rs.MovNext

　　　　　 rs.Update　　　　　　　 rs.Insert　　　　　　 rs("年龄")=60　　　　 rs.Update

(27) 设 rs 为记录集对象,下列(　　　)可以正确完成删除最后一条记录。

　　　　A. rs.MoveLast　　 B. rs.MoveBottom　 C. rs.MovePrivios　 D. rs.MoveLast

　　　　　 rs.EraseRecord　　　　　　　　　　　　 rs.Delete　　　　　　 rs.Delete

(28) 在 VBA 中,"&"表示的数据类型是(　　)。

　　A. 整型　　　　　　B. 长整型　　　　　　C. 字符型　　　　　　D. 货币型

(29) 函数 MID("ABCDEFG",3,2)的返回值是(　　)。

　　A. CD　　　　　　B. BCD　　　　　　C. CDE　　　　　　D. ABC

(30) 下列一维数组声明语句错误的是(　　)。

　　A. Dim B(100) As Double　　　　　　B. Dim B(-20 To -50) As Integer

　　C. Dim B(-15 To 0)　　　　　　D. Dim B(5 To 5) As String

2. 填空题

(1) 执行下列程序段后,变量 y 的值为_____。

```
Dim y As Integer
Dim x As Single
x=5.5
if x>=0 Then
  y=x+1
Else
  y=x-1
End If
```

(2) 执行下列程序段后,变量 y 的值为_____。

```
x=36
y=30
r=x Mod y
While r<>0
    x=y
    y=r
    r=x Mod y
Wend
```

(3) 执行下列程序段后,变量 y 的值为_____。

```
x=14
y=10
r=x Mod y
Do Until r=0
  x=y
  y=r
  r=x Mod y
Loop
```

(4) 设有下列函数,S(5)*2 的值为_____。

```
Function S(n As Integer) As Integer
  While n>0
    S=S+n
```

```
      n=n-1
   Wend
End Function
```

(5) 执行下列程序段后，变量 Result 的值为_____。

```
n=5
s=0
For i=1 To n
   If n Mod i=0 Then s=s+i
Next i
If n=s Then
   Result="True"
Else
   Result="False"
End If
```

(6) 执行下列程序段后，变量 y 的值为_____。

```
Dim x%,y%
x=7
y=3
Do
  x=x+1
  y=y+x
Loop While x<9
```

(7) 执行下列程序段后，数组元素 x(4) 的值为_____。

```
Dim x(9) As Integer
For i=0 To 8
  x(i)=i^3
Next i
```

(8) 执行下列程序段后，变量 y 的值为_____。

```
Dim x As Integer,y As String
x=7
y="3"
If x>7 Then
  y=x&y
Else
  y=x-y
End If
```

(9) 有以下过程：

```
Sub S(ByVal a As Integer,ByVal b As Single)
  b=a+b
End Sub
```

执行下列程序段后,变量 n 的值为_____。

```
Dim m!,n&
m=0.3
n=7
Call S(m,n)
```

(10) 执行下列程序段后,变量 Result 的值为_____。

```
v=75
Select Case v
Case Is<60
  Result="不合格"
Case 60 To 74
  Result="合格"
Case 75 To 84
  Result="中等"
Case Else
  Result="优良"
End Select
```

(11) 执行下列程序段后,循环体被执行_____次。

```
For i=0 to 10 step 2
  x=x+1
Next i
```

(12) 执行下列程序段后,变量 y 的值为_____。

```
Dim x%,y%
x=5
If x<=3 Then
  y=x-10
Else
  y=x+2
End If
```

(13) 执行下列程序段后,变量 x 的值为_____。

```
x=3
y=5
While Not y>5
  x=x*y
  y=y+1
Wend
```

(14) 执行下列程序段后,变量 f 的值为_____。

```
f=2
For i=2 to 4
```

第 **9** 章 —————————————————————— **Chapter 9**

学生成绩管理系统开发案例

学习目标

1. 掌握系统的功能、模块设计；

2. 掌握表字段、表关系的设计；

3. 掌握查询、窗体、报表的创建；

4. 能够将宏命令和 VBA 代码应用到系统中；

5. 会对系统进行调试和运行等。

9.1 系统分析与设计

随着科学技术的不断提高,计算机科学日趋成熟,它已进入人类社会的各个领域,并发挥着越来越重要的作用。使用计算机对学生成绩进行管理,具有手动管理所无法比拟的优点,这些优点不仅能够极大地提高学生档案管理的效率,也是企业科学化、正规化管理以及与世界接轨的重要条件。

9.1.1 需求分析

了解需求十分重要。一个学校到底需要什么样的学生成绩管理系统呢?每一所学校都有自己的不同需求,即使有同样的需求也很可能有不同的工作习惯,因此在程序开发之前,和学校进行充分的沟通和交流十分必要。

一般情况下在开发学生成绩管理系统时主要应注意以下 3 个方面。

（1）学生成绩管理系统首先应该能够对相关的基本状况进行记录,包括学生、教师、班级、课程、学院等相关信息。

（2）系统应该能够根据需要进行相关内容的查询,以便相关人员进行查阅。

（3）系统应该能够对需要保存的内容进行报表形式的打印,以便存档保存。

```
    f=f*i
Next i
```

(15) 执行下列程序段后,变量 i 和 s 的值分别为_____。

```
s=1
For i=5 To 1
  s=s*i
Next i
```

(16) 设有下列函数,F(6)-F(4)的值为_____。

```
Function F(n As Integer) As Integer
  Dim s,i As Integer
  F=0
  For i=1 to n
    F=F+i
  Next i
End Function
```

(17) 有以下过程:

```
Sub Area(ByVal a As Single,ByRef s As Single)
  s=a*a
End Sub
```

执行下列程序段后,变量 s 的值为_____。

```
Dim a!,s!
a=3
s=5
Call Area(a,s)
```

3. 操作题

(1) 打开数据库 Prog8(1).accdb,在窗体 FrmSeason 中编写"配对"按钮的 Click 事件代码,实现以下功能:根据 Combo1 的选中项,实现"桃花—春天""荷花—夏天""菊花—秋天""梅花—冬天"的配对,结果显示在 Text1 中。

(2) 打开数据库 Prog8(2).accdb,在窗体 FormNewStr 中编写"重组"按钮的 Click 事件代码,实现以下功能:根据 Text1 中输入的字符串,依次取出奇数位上的字符,重新组成新串并显示在 Text2 中(如字符串"1t3r5y7"重组后的新串为"1357")。

(3) 打开数据库 Prog8(3).accdb,在窗体 FormString 中编写"判断串首"按钮的 Click 事件代码,实现以下功能:根据 Text1 中输入的字符串,判断其首字符是否为英文字母,若是显示 Yes,否则显示 No,结果显示在 Label2 中。

(4) 打开数据库 Prog8(4).accdb,在窗体 FormAvg 中编写"平均值"按钮的 Click 事件代码,实现以下功能:根据输入的两位正整数 n,计算 $1 \sim n$ 个位为 5 的正整数的平均值(如 $n=36$,平均值为 $(5+15+25+35)\div 4=20$),结果显示在 Label2 中。

9.1.2 系统功能分析

学生成绩管理系统应具有以下功能。

(1) 数据录入。管理员通过该功能可以对学生信息、学生成绩、班级信息、学院信息、课程信息、教师信息进行相关数据的录入工作。

(2) 数据查询。通过该功能可以进行学生信息、成绩信息的查询。

(3) 报表打印。通过该功能可以打印出相关的学生信息、学生成绩以及班级成绩。

9.1.3 系统设计

该系统分为 3 个主要功能模块,如图 9.1 所示。

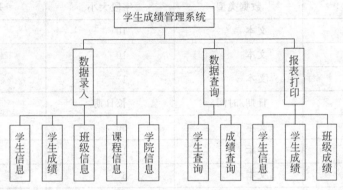

图 9.1 系统功能模块

9.2 数据库设计

进行系统需求分析及明确系统功能后,接下来就是设计合理的数据库。数据库设计最重要的就是数据表的设计。数据表作为数据库中其他对象的数据源,表结构设计是否合理直接影响到数据库的性能和整个系统设计的复杂程度,因此设计既要满足需求,又要具有良好的结构。所以设计具有良好表关系的数据表在系统开发过程中非常重要。

9.2.1 设计数据表

表是特定主题的数据集合,它将具有相同性质的数据存储在一起。按照这一原则,根据各个模块所要求的各种具体功能,设计各个数据表。

1. "用户"表

"用户"表存储该系统的用户信息,如用户账号、密码等。

"用户"表的字段结构如表 9.1 所示。

表 9.1 "用户"表

字段名称	数据类型	字段大小	是否主键
用户账号	文本	5	是
密码	文本	3	否

2. "学生信息"表

"学生信息"表存储学生的个人信息,如学号、姓名、性别等。

"学生信息"表的字段结构如表 9.2 所示。

表 9.2 "学生信息"表

字段名称	数据类型	字段大小	是否主键
学号	文本	10	是
姓名	文本	10	否
性别	文本	1	否
出生日期	日期/时间	长日期	否
籍贯	文本	50	否
政治面貌	文本	10	否
班级编号	文本	6	否
入学分数	数字	整型	否
简历	备注		否
照片	OLE 对象		否

3. "班级信息"表

"班级信息"表存储各个班级的信息,如班级编号、班级名称等。

"班级信息"表的字段结构如表 9.3 所示。

表 9.3 "班级信息"表

字段名称	数据类型	字段大小	是否主键
班级编号	文本	6	是
班级名称	文本	10	否
学院编码	文本	2	否

4. "教师信息"表

"教师信息"表存储教师的个人信息,如教师编号、姓名、性别等。

"教师信息"表的字段结构如表 9.4 所示。

表 9.4 "教师信息"表

字段名称	数据类型	字段大小	是否主键
教师编号	文本	4	是
姓名	文本	10	否
性别	文本	1	否
参加工作时间	日期/时间		否
政治面貌	文本	10	否
学历	文本	5	否
职称	文本	5	否
学院编码	文本	2	否
毕业院校	超链接		否
婚否	是/否		否

5. "课程信息"表

"课程信息"表存储各门课程的信息,如课程号、课程名、学分等。

"课程信息"表的字段结构如表 9.5 所示。

表 9.5 "课程信息"表

字段名称	数据类型	字段大小	是否主键
课程号	文本	4	是
课程名	文本	20	否
学分	数字	整型	否
选修课	文本	20	否

6. "身份证"表

"身份证"表存储学生的身份信息,如学号、身份证号。

"身份证"表的字段结构如表 9.6 所示。

表 9.6 "身份证"表

字段名称	数据类型	字段大小	是否主键
学号	文本	10	是
身份证号	文本	255	否

7. "学生成绩"表

"学生成绩"表存储学生的成绩信息,如学号、课程号、成绩等。

"学生成绩"表的字段结构如表 9.7 所示。

表 9.7 "学生成绩"表

字段名称	数据类型	字段大小	是否主键
学号	文本	10	是
课程号	文本	4	是
学期	文本	1	否
成绩	数字	整型	否

8. "学院信息"表

"学院信息"表存储各学院的信息,如学院编码、学院名称。

"学院信息"表的字段结构如表 9.8 所示。

表 9.8 "学院信息"表

字段名称	数据类型	字段大小	是否主键
学院编码	文本	2	是
学院名称	文本	10	否

9.2.2 创建表间关系

数据表中按主题存放了各种数据记录。使用时,用户从各个数据表中提取一定的字段进行操作,这其实也就是关系数据的工作方式。

从各个数据表中提取数据时,应当先设定数据表关系。Access 作为关系数据库,支持灵活的关系建立方式。

用户在"学生管理系统"数据库中完成数据表字段设计后,需要建立各表之间的关系,如图 9.2 所示。其中,"学生信息"表和"学生成绩"表按照"学号"字段建立一对多联系;"学生信息"表和"身份证"表按照"学号"字段建立一对一联系;"课程信息"表和"学生成绩"表按照"课程号"字段建立一对多联系;"班级信息"表和"学生信息"表按照"班级编号"

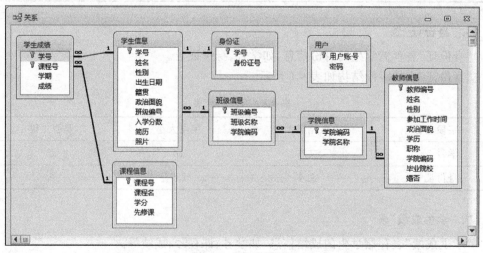

图 9.2 "关系"窗口

字段建立一对多联系;"学院信息"表和"班级信息"表按照"学院编码"字段建立一对多联系;"学院信息"表和"教师信息"表按照"学院编码"字段建立一对多联系。

9.3 学生成绩管理系统实现

窗体对象是直接与用户交流的数据库对象。窗体作为一个交互平台和窗口,用户通过它查看和访问数据库,实现数据的输入。

在学生成绩管理系统中,根据设计目标,需要建立多个不同的窗体。

9.3.1 "学生信息管理"窗体的设计与实现

操作步骤如下。

(1) 设计如图9.3所示的窗体。其中,"班级编号"组合框控件的"行来源类型"属性设置为"表/查询","行来源"属性设置为"SELECT 班级信息.班级编号,班级信息.班级名称 FROM 班级信息";"政治面貌"组合框控件的"行来源类型"属性设置为"值列表","行来源"属性设置为"党员;团员;无党派";"第一条""上一条""下一条""最后一条""添加""删除""查找""保存"命令按钮均使用"命令按钮向导"选择对应的类别与操作。

图9.3 "学生信息管理"窗体的设计

(2) "查找"命令按钮需要添加事件过程,参考代码如下。

```
Option Compare Database
Dim cn As ADODB.Connection
Dim rs As ADODB.Recordset
Dim temp$

Private Sub Command19_Click()
```

```
Dim search$
search=InputBox("请输人要查找的学号或姓名")
temp="SELECT * FROM 学生信息 WHERE 学号='" & search & "' or 姓名='" & search & "'"
rs.Close
rs.Open temp, cn, adOpenKeyset, adLockOptimistic
If Not rs.EOF Then
  MsgBox "找到了!"
  学号.Value=rs("学号")
  姓名.Value=rs("姓名")
  性别.Value=rs("性别")
  出生日期.Value=rs("出生日期")
  籍贯.Value=rs("籍贯")
  班级编号.Value=rs("班级编号")
  入学分数.Value=rs("入学分数")
  政治面貌.Value=rs("政治面貌")
  照片.Value=rs("照片")
  简历.Value=rs("简历")
Else
  MsgBox "没找到!"
End If
End Sub

Private Sub Form_Load()
Set cn=CurrentProject.Connection
Set rs=New ADODB.Recordset
temp="SELECT * FROM 学生信息"
rs.Open temp, cn, adOpenKeyset, adLockOptimistic
End Sub
```

(3) 将窗体保存为"学生信息管理"。

依照上述方法并结合例 8.23,可设计"班级信息""课程信息""学院信息""教师信息"等窗体。

9.3.2 "成绩录入"窗体的设计与实现

操作步骤如下。

1. 创建"成绩查询"查询

(1) 使用查询设计视图创建查询,分别添加"学生信息""课程信息"和"学生成绩" 3 个表。

(2) 依次选择"学生信息"表中的"学号""姓名"和"班级编号","课程信息"表中的"课程号""课程名"以及"学生成绩"表中的"成绩"等字段,如图 9.4 所示。

(3) 保存查询并命名为"成绩查询"。

2. 创建"成绩录入"子窗体

(1) 使用窗体设计视图创建窗体。在窗体属性表窗口中选择"数据"选项卡,将"记录源"属性修改为"成绩查询"。

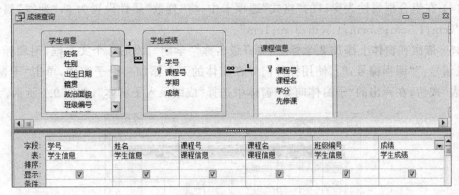

图 9.4 "成绩查询"设计窗口

（2）单击"窗体设计工具/设计"选项卡，然后在"工具"命令组中单击"添加现有字段"命令按钮，将"学号""姓名"和"成绩"3个字段拖到窗体上，调整位置，如图9.5所示。

（3）修改"窗体"属性，将其属性表窗口的"全部"选项卡中的"默认视图"属性设置为"数据表"。修改"学号"文本框属性，将其属性表窗口的"数据"选项卡中"是否锁定"属性设置为"否"，"可用"属性设置为"否"。

（4）保存窗体并命名为"成绩录入子窗体"。

图 9.5 "成绩录入子窗体"设计窗口

3. 创建"成绩录入"主窗体

（1）使用窗体设计视图创建窗体。

（2）在窗口中拖动鼠标，绘制一个组合框。修改组合框属性，选择"数据"选项卡中"行来源"最右侧的按钮，在弹出的"显示表"窗口中选择"班级信息""学生信息""学生成绩"和"课程信息"4个表。

（3）在"查询生成器"下面的网络中，添加新字段"开课学期及班级：［学生成绩］!［学期］& "学期 "+［课程信息］!［课程名］+" "+［班级信息］!［班级名称］"；依次双击"课程信息"表中的"课程号""课程名"，"班级信息"表中"班级编号""班级名称"和"学生成绩"表中的"成绩"，如图9.6所示。

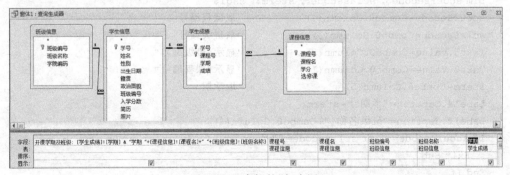

图 9.6 组合框的"行来源"

(4) 在组合框属性表窗口的"格式"选项卡中,将"列数"属性设置为 6,"列宽"属性设置为"7cm;1.5cm;3.5cm;1.5cm;3cm;1cm"。

(5) 依次在窗体上添加 2 个标签:"班级名称""学期";添加 2 个文本框,附属标签为"班级编号:""课程编号:"。使用控件向导在窗体的下面添加一个子窗体,单击"子窗体/子报表"按钮,在弹出的"子窗体向导"窗体中选择"成绩录入子窗体",如图 9.7 所示。

图 9.7 "成绩录入"设计窗体

(6) 单击"工具"组中的"查看代码"按钮,进入代码编辑 VBE 环境,输入以下事件过程代码。

```
Private Sub Form_Load()
'窗体刚打开时不显示数据
成绩录入子窗体.Form.Filter="1=2"
成绩录入子窗体.Form.FilterOn=True
End Sub


Private Sub Combo0_Change()
Dim rs As Recordset
Set rs=Me.Form.Recordset
Dim scoursecode$, sclasscode$, sterm$, ssql$
scoursecode=Combo0.Column(1)            '取课程编号
sclasscode=Combo0.Column(3)             '取班级编号
Text5.Value=Combo0.Column(3)            '显示"班级编号"
Text7.Value=Combo0.Column(1)            '显示"课程编号"
sterm=Combo0.Column(5)                  '取学期
Label4.Caption="学期:"+sterm
Label2.Caption="班级名称:"+Combo0.Column(4)
If scoursecode="" Or sclasscode="" Then
   Exit Sub
End If
ssql="INSERT INTO 学生成绩(学号,课程号) SELECT 学号,'"+scoursecode+"' FROM 学生
```

信息 WHERE 班级编号='"+sclasscode+"'"
ssql=ssql+"And 学号 Not In(SELECT 学号 FROM 学生成绩 WHERE 课程号='"+scoursecode+"')"
                                        '屏蔽警告
DoCmd.SetWarnings False
DoCmd.RunSQL ssql   '允许警告
DoCmd.SetWarnings True   '过滤数据
成绩录入子窗体.Form.Filter="班级编号='"+Combo0.Column(3)+"' And 课程号=
'"+ Combo0.Column(1)+"'"
成绩录入子窗体.Form.FilterOn=True
End Sub

（7）保存窗体并命名为"成绩录入主窗体"。

9.3.3 "成绩查询"窗体的设计与实现

操作步骤如下。

（1）使用窗体设计视图创建窗体，如图 9.8 所示。其中包含 1 个标签、1 个组合框和
1 个列表框。

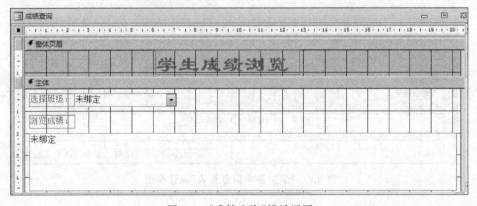

图 9.8 "成绩查询"设计视图

（2）设置"窗体"的相关属性，不显示记录选择器、导航按钮和分隔线。设置 Combo1
组合框的"行来源类型"属性为"表/查询"，"行来源"属性为"SELECT 班级编号，班级名
称 FROM 班级信息；"，"绑定列"属性为 2，列数设置为 2；设置 List3 列表框的"列标题"
属性为"是"。

（3）单击工具栏中的"查看代码"按钮，进入代码编辑 VBE 环境，输入事件过程代码
如下。

```
Private Sub Combo1_Change()
Dim ssql$
ssql="Transform Sum(学生成绩.成绩) AS 成绩之总计"
ssql=ssql+" SELECT 学生信息.学号,学生信息.姓名"
ssql=ssql+" FROM 学生信息 Inner Join (课程信息 Inner Join 学生成绩 On 课程信息.课程
号=学生成绩.课程号) On 学生信息.学号=学生成绩.学号"
ssql=ssql+" Where 班级编号='" & Trim(Combo1.Column(0)) & "'"
```

```
ssql=ssql+"Group By 学生信息.学号,学生信息.姓名"
ssql=ssql+"Pivot 课程信息.课程名"
List3.RowSourceType="Table/Query"
List3.RowSource=ssql
List3.ColumnCount=8
End Sub
```

（4）保存窗体并命名为"成绩查询"。

9.3.4 "学生基本信息报表"的设计与实现

操作步骤如下。

（1）选择报表向导创建报表。选择"学生信息"表中的"学号""姓名""性别""出生日期""政治面貌""籍贯""班级编号"字段。

（2）单击"下一步"按钮。在打开的对话框中选择"班级编号"字段。

（3）单击"下一步"按钮。选择"学号"字段升序排序。单击"完成"按钮，如图9.9所示。

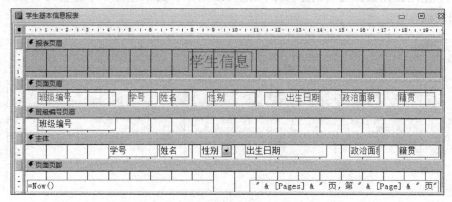

图 9.9 "学生基本信息报表"设计视图

（4）保存报表并命名为"学生基本信息报表"。

依照上述方法，可创建"学生成绩报表"，设计视图如图9.10所示。

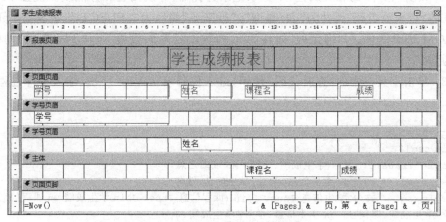

图 9.10 "学生成绩报表"设计视图

9.3.5 "班级成绩报表"的设计与实现

操作步骤如下。

(1) 复制"成绩录入主窗体",粘贴为"班级成绩报表"窗体。

(2) 创建名为"成绩报表查询"的查询,将"班级成绩报表"窗体中选择的班级编号、课程号作为查询的条件,如图9.11所示。

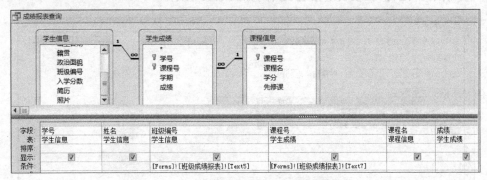

图9.11 "成绩报表查询"设计视图

(3) 使用报表设计视图创建报表,打开报表属性表窗口,将"数据"选项卡上的"记录源"属性设置为"成绩报表查询"。单击功能区的"报表设计工具/设计"选项卡,然后在"分组与汇总"组中单击"分组与排序"按钮,打开"分组、排序和汇总"对话框,选择"班级编号"字段作为分组字段,排序顺序为"升序",如图9.12所示。

(4) 将"课程号""课程名"字段放入报表"页面页眉";"班级编号"字段放入报表"班级编号页眉";"学号""姓名""成绩"字段放入报表"主体"中;"页面页脚"中插入日期时间及页码,如图9.13所示。

图9.13 "班级成绩报表"设计视图

图9.12 设置分组字段

(5) 修改"班级成绩报表"窗体,使用控件向导添加一个命令按钮。在"命令按钮向导"对话框"类别"中选择"报表操作",在"操作"中选择"预览报表"。不使用控件向导添加一个按钮,标题为"关闭报表"。进入代码设计窗口,编写该按钮的事件过程代码,参考代码如下。

```
Private Sub Command12_Click()
DoCmd.Close acReport, "班级成绩报表"
End Sub
```

(6)保存并运行"班级成绩报表"窗体,如图 9.14 所示。

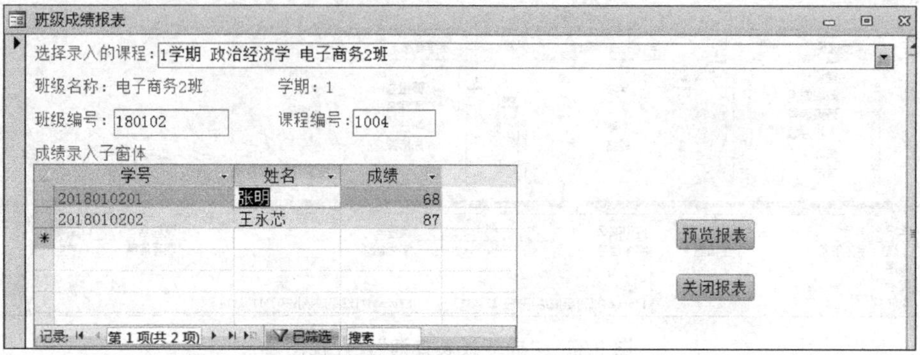

图 9.14 "班级成绩报表"窗体运行结果

(7)单击"预览报表"按钮,生成如图 9.15 所示的报表。

图 9.15 "班级成绩报表"运行结果

9.3.6 系统主窗体的设计与实现

数据库应用系统的主窗体是整个系统中最高级的工作窗体,在系统运行期间该窗体始终处于打开状态。系统主窗体用来显示和调用各个功能窗体,如图 9.16 所示。

操作步骤如下。

(1)使用窗体设计视图创建窗体。

(2)在窗体上放置一个选项组,并设置标题为"数据录入"。

(3)在选项组中使用"控件向导"创建命令按钮。在弹出的"命令按钮向导"对话框中,"类别"选择"窗体操作","操作"选择"打开窗体",选择"学生信息管理"窗体,并将按钮标题改为"学生信息"。使用此方法,创建其他命令按钮。

(4)使用上述方法创建"数据查询"选项组。

图 9.16　"学生成绩管理系统"主窗体

（5）在"报表打印"选项组中，创建"学生信息"与"学生成绩"命令按钮时，"类别"选择"报表操作"，"操作"选择"预览报表"，分别选择"学生基本信息报表"和"学生成绩报表"；创建"班级成绩"命令按钮时，"类别"选择"窗体操作"，"操作"选择"打开窗体"，选择"成绩报表打印"窗体。

（6）创建"退出系统"命令按钮时，"类别"选择"窗体操作"，"操作"选择"关闭窗体"。

（7）保存窗体并命名为"学生成绩管理系统"。

9.3.7 "登录"窗体的设计与实现

系统"登录"窗体主要提供口令输入功能，可以防止非法用户使用系统，如图 9.17 所示。

操作步骤如下。

（1）使用窗体设计视图创建窗体。

（2）在窗体中添加 2 个文本框，附属标签的文本分别设置为"用户名："和"密码："，其中在 Text2 密码文本框的属性表窗口中，将"数据"选项卡中的"输入掩码"改为"密码"。在窗体上放置 2 个命令按钮，第一个名称为 Command4，标题为"确定"，第二个名称为 Command5，标题为"取消"。

图 9.17　"登录"窗体

（3）进入代码设计窗口，编写事件过程代码如下。

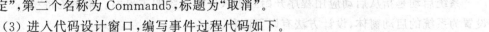

```
Option Compare Database
Dim cn As ADODB.Connection
Dim rs As New ADODB.Recordset
Dim strsql$
```

```
Private Sub Command4_Click()
Set cn=CurrentProject.Connection
Set rs=New ADODB.Recordset
strsql="select * from 用户"
rs.Open strsql, cn, adOpenKeyset, adLockOptimistic
If Text0.Value="" Or Text2.Value="" Then
    MsgBox "请输入用户名或密码", "提示"
Else
    strsql="用户账号='" & Trim(Text0.Value) & "'"
    rs.MoveFirst
    rs.Find strsql
    If rs.EOF Then
        MsgBox "用户名不存在,请重新输入!", "提示"
        Text0.Value=""
        Text2.Value=""
        Text0.SetFocus
    Else
        If rs("密码") <>Trim(Text2.Value) Then
            MsgBox "用户名或密码出错,请重新输入!", "提示"
            Text0.Value=""
            Text2.Value=""
            Text0.SetFocus
        Else
            DoCmd.Close
            DoCmd.OpenForm ("学生成绩管理系统")
        End If
    End If
End If
End Sub

Private Sub Command5_Click()
Quit
End Sub
```

（4）保存窗体并命名为"登录"。

9.3.8　设置系统的启动窗体

系统启动是指从启动应用程序开始到进入应用系统的主界面。本系统将"登录"窗体设置为系统的启动窗体,设计方法有以下两种。

（1）使用 Autoexec 宏实现。创建一个新的宏,在宏中使用 OpenForm 操作,打开"登录"窗体,保存宏,并命名为 Autoexec。

（2）使用"Access 选项"实现。单击功能区"文件"选项卡下"选项"命令,打开"Access 选项"对话框,单击"当前数据库"按钮,在"显示窗体"列表框中选择"登录"窗体,如图 9.18 所示。

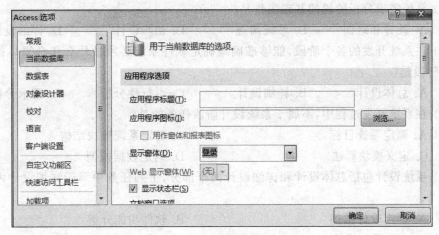

图 9.18 "Access 选项"对话框

9.4 习题

1. 选择题

(1) 开发数据库应用系统时,需求分析阶段的主要任务是确定(　　)。

　　A. 开发技术　　　　　　B. 开发成本　　　　C. 数据模型　　　　　　D. 系统功能

(2) 软件(程序)调试的任务是(　　)。

　　A. 判断和改正程序中的错误　　　　　　B. 尽可能多地发现程序中的错误

　　C. 发现并改正程序中的所有错误　　　　D. 确定程序中错误的性质

(3) 在调试 VBA 程序时,能自动被检查出来的错误是(　　)。

　　A. 语法错误　　　　　　　　　　　　　B. 逻辑错误

　　C. 运行错误　　　　　　　　　　　　　D. 语法错误和逻辑错误

(4) 利用 ADO 访问数据库包括以下 6 个步骤:

① 定义和创建 ADO 实例变量

② 设置连接参数并打开连接

③ 设置命令参数并执行命令

④ 设置查询参数并打开记录集

⑤ 操作记录集

⑥ 关闭、回收有关对象

这些步骤的执行顺序应该是(　　)。

　　A. ①④③②⑤⑥　　　　　　　　　　　B. ①③④②⑤⑥

　　C. ①③④⑤②⑥　　　　　　　　　　　D. ①②③④⑤⑥

(5) 软件生命周期中的活动不包括(　　)。

　　A. 市场调研　　　　　　　　　　　　　B. 需求分析

　　C. 软件测试　　　　　　　　　　　　　D. 软件维护

(6) 系统需求分析阶段的基础工作是(　　)。

　　A. 教育和培训　　　B. 系统调查　　　C. 初步设计　　　D. 详细设计

(7) 在系统开发的各个阶段,能够准确地确定软件系统必须做什么和必须具备哪些功能的阶段是(　　)。

　　A. 总体设计　　　B. 详细设计　　　C. 可行性分析　　　D. 需求分析

(8) 在系统开发过程中,不属于系统设计阶段任务的是(　　)。

　　A. 确定系统目标　　　　　　　B. 确定系统模块结构

　　C. 定义模块算法　　　　　　　D. 确定数据模型

(9) 系统设计包括总体设计和详细设计两个部分,下列任务中属于详细设计内容的是(　　)。

　　A. 确定软件结构　　　　　　　B. 软件功能分解

　　C. 确定模块算法　　　　　　　D. 制订测试计划

(10) 数据库应用系统设计完成后将进入系统实施阶段。在下述工作中,不属于实施阶段的工作的是(　　)。

　　A. 建立库结构　　　B. 系统调试　　　C. 加载数据　　　D. 扩充功能

2. 填空题

(1) 数据库中的"工资"表包括"姓名""工资"和"职称"等字段,现要给不同职称的职工涨工资,规定教授职称增加15%,副教授职称增加10%,其他人员增加5%。以下程序的功能是按照上述规定调整每位职工的工资,并显示所有涨工资的总和。请在空白处填入适当的语句,使程序可以完成指定的功能。

```
Private Sub Command5_Click()
Dim ws As DAO.Workspace
Dim db As DAO.Database
Dim rs As DAO.Recordset
Dim gz As DAO.Field
Dim zc As DAO.Field
Dim sum As Currency
Dim rate As Single
Set db=CurrentDb()
Set rs=db.OpenRecordset("工资表")
Set gz=rs.Fields("工资")
Set zc=rs.Fields("职称")
sum=0
Do While Not _____
    rs.Edit
    Select Case zc
        Case Is="教授"
            rate=0.15
        Case Is="副教授"
```

```
          rate=0.1
      Case Else
          rate=0.05
   End Select
   sum=sum+gz * rate
   gz=gz+gz * rate
   _____
   rs.MoveNext
Loop
rs.Close
db.Close
Set rs=Nothing
Set db=Nothing
Msgbox "涨工资总计:" & sum
End Sub
```

(2) 数据库中的"平时成绩"表包括"学号""姓名""平时作业""小测试""期中考试""平时成绩"和"能否考试"等字段,其中,平时成绩＝平时作业×50％＋小测验×10％＋期中成绩×40％,如果学生平时成绩大于等于60分,则可以参加期末考试("能否考试"字段为真),否则学生不能参加期末考试。下面的程序按照上述要求计算每名学生的平时成绩并确定是否能够参加期末考试。请在空白处填入适当的语句,使程序可以完成所需要的功能。

```
Private Sub Command0_Click()
Dim db As DAO.Datebase
Dim rs As DAO.Recordset
Dim pszy As DAO.Field,xcy As DAO.Field,qzks As DAO.Field
Dim ps As DAO.Field,ks As DAO.Field
Set db=CurrentDb()
Set rs=db.OpenRecordset("平时成绩表")
Set pszy=rs.Fields("平时作业")
Set xcy=rs.Fields("小测验")
Set qzks=rs.Fields("期中考试")
Set ps=rs.Fields("平时成绩")
Set ks=rs.Fields("能否考试")
Do While Not rs.Eof
   rs.Edit
   ps=_____
   If ps>=60 Then
     ks=True
   Else
     ks=False
   End If
```

```
    rs._____
    rs.MoveNext
Loop
rs.Close
db.Close
Set rs=Nothing
Set db=Nothing
End Sub
```

(3) 当前数据库文件"学生"表中有"身高"(都大于 100cm)字段。下列子过程的功能是显示学生的标准体重,标准体重=(身高-100)×0.90。请在空白处填入适当的语句,使程序可以完成所需要的功能。

```
Private Sub SetAgePlus1_Click()
Dim db As DAO.Database
Dim rs As DAO.Recordset
Dim sg As DAO.Field
Dim tz As DAO.Field
Set db=CurrentDb()
Set rs=db.OpenRecordset("学生表")
Set sg=rs.Fields("身高")
Set tz=rs.Fields("标准体重")
Do While Not rs.Eof
    _____
    tz=(sg-100) * 0.9
    _____
    rs.MoveNext
Loop
rs.Close
db.Close
Set rs=Nothing
Set db=Nothing
End Sub
```

(4) 数据库应用系统的需求包括对_____的需求和系统功能的需求,它们分别是数据库设计和_____设计的依据。

(5) 数据库应用系统的开发过程一般包括系统需求分析、_____、系统实现、_____和系统交付 5 个阶段。

3. 操作题

(1) 打开 D9(1)源.accdb 数据库,其中含有"学生"表、"成绩"表和 FormScore 窗体。编写"查询成绩"按钮 Command1 的 Click 事件代码,单击时根据文本框 Text1 中输入的学号,在 Text2 和 Text3 中显示学生所选课程的最高分和最低分。

（2）打开 D9（2）源.accdb 数据库，其中含有"学生"表、"课程"表、"选修"表和 FormCourse 窗体。编写组合框 Combo1 的 Change 事件代码，根据 Combo1 中选中的姓名，在列表框 List1 中列出该学生选修的课程名。

（3）打开 D9（3）源.accdb 数据库，其中含有 course 表和 FormTJ 窗体。编写组合框 Combo1 的 Change 事件代码，根据 Combo1 选中的专业名称，在文本框 Text1、Text2 中分别显示对应专业的课程数和课程总学时。

参 考 文 献

[1] 费岚,王峰,黄仙姣. Access 2010 数据库应用教程[M]. 北京：人民邮电出版社,2015.

[2] 刘卫国,奎晓燕. 数据库技术与应用——Access 2010[M]. 北京：清华大学出版社,2014.

[3] 芦扬. Access 数据库应用基础教程[M]. 4 版. 北京：清华大学出版社,2014.

[4] 罗娜,蒲东兵,韩毅,等. Access 2010 数据库技术与应用[M]. 北京：人民邮电出版社,2015.

[5] 杜松江,张佳,汪莉,等. Visual Basic 程序设计[M]. 北京：人民邮电出版社,2017.

[6] 王海宾,郑成栋,安述照. 数据库基础与应用——Access 2010[M]. 北京：人民邮电出版社,2014.

[7] 刘东晓. 数据库应用基础(Access 2010)实验实训指导[M]. 北京：人民邮电出版社,2014.

[8] 刘炳文. Visual Basic 程序设计教程[M]. 4 版. 北京：清华大学出版社,2011.

[9] 郑小玲. Access 数据库实用教程[M]. 北京：人民邮电出版社,2018.

[10] 李湛. Access 2010 数据库应用教程[M]. 北京：清华大学出版社,2013.

[11] 陈薇薇,巫张英. Access 基础与应用教程(2010 版)[M]. 北京：人民邮电出版社,2013.

[12] 刘垣. Access 2010 数据库应用技术案例教程[M]. 北京：人民邮电出版社,2018.

[13] 刘垣. Access 2010 数据库应用技术案例教程学习指导[M]. 北京：人民邮电出版社,2018.

[14] 张欣. Access 2010 数据库应用案例教程[M]. 北京：清华大学出版社,2017.

[15] 刘志丽,尚冠宇. Access 2010 数据库应用[M]. 北京：清华大学出版社,2017.

[16] 韩相军,梁艳荣. 二级 Access 2010 与公共基础知识教程[M]. 2 版. 北京：清华大学出版社,2013.